中国城市科学研究系列报告
Serial Reports of China Urban Studies

城市雨污管网建设的进步与展望

中国城市科学研究会水环境与水生态分会　主编

科学出版社

北 京

内 容 简 介

本书为中国城市科学研究会水环境与水生态分会年度系列报告（2023年），对我国城市雨污管网发展历程展开系统回顾、梳理和总结，对行业未来发展方向提出预判与建议。全书共 8 章，介绍国内外雨污排水管网发展历程与现状；指出当前我国雨污管网建设运维管控瓶颈；在全面剖析雨污管网与城市水环境、水资源、安全等关系基础上，明确管网发展的功能和目标；对我国雨污管网政策与标准体系进行梳理，并结合案例，介绍国内主要城市雨污管网资产管理模式。

本书可供从事城市水环境与水生态、城市排水、雨污管网等行业专业人员、政府管理部门工作人员及大专院校相关专业师生参考使用。

图书在版编目（CIP）数据

城市雨污管网建设的进步与展望 / 中国城市科学研究会水环境与水生态分会主编.—北京：科学出版社，2024.5

（中国城市科学研究系列报告）

ISBN 978-7-03-078472-8

Ⅰ.①城⋯　Ⅱ.①中⋯　Ⅲ.①城市污水处理-管网-市政工程-研究报告-中国　Ⅳ.①X703

中国国家版本馆 CIP 数据核字(2024)第 086186 号

责任编辑：杨　震　杨新改 / 责任校对：何艳萍

责任印制：赵　博 / 封面设计：东方人华

科 学 出 版 社 出版

北京东黄城根北街 16 号
邮政编码：100717
http://www.sciencep.com

北京市金木堂数码科技有限公司印刷
科学出版社发行　各地新华书店经销

*

2024 年 5 月第　一　版　开本：720×1000　1/16
2025 年 6 月第二次印刷　印张：18 1/4
字数：300 000

定价：**128.00 元**

（如有印装质量问题，我社负责调换）

《城市雨污管网建设的进步与展望》
编写委员会

主　　任：曲久辉（中国工程院院士、中国城市科学研究会副理事长、中国城市
科学研究会水环境与水生态分会会长）

委　　员：张　辰　郑兴灿　李一平　李俊奇

刘艳臣　谢琤琤　何　强

统　　稿：李一平　陈湘静　李俊奇　刘艳臣

程　月　马一祎　王　煜

执　　笔（按章节排序）：

刘艳臣　李一平　周玉璇　黄　源　尹海龙

闵红平　黄文海　张质明　李小静　王　宇

黄　胜　马保松　何　强　柴宏祥　王　绕

王万琼　张　帅　方　帅　王家卓　赵　晔

谭学军　李春鞠　司　帅　王建龙　宫永伟

序

  城镇排水系统是重要的城市公共基础设施，在保障城市安全运行、改善城市水环境质量和防控介水疾病传播方面发挥着重要作用。改革开放以来，我国在城镇基础设施建设领域展现了极大的动员和推进能力，城镇排水管网长度持续增长，设施规模不断提升，相关管理、技术、产业等环节，也在开放、内省中不断提升水平，有力支撑了我国城市化的高速发展。

  但随着我国城市水环境治理、城市水安全构建等工作的深入拓展，由于历史原因导致的管网建设历史欠账多、质量低、管理粗放等缺陷，我国城镇排水管网系统建设和运行的种种问题也逐步从地下"浮现"，集中爆发，如管网破损、雨污混接和错接、收集管网不完善等，导致大量污水直排地表水体，成为我国水污染防治攻坚战的瓶颈问题。

  城镇排水管网，是隐于城镇地下、错综复杂的大系统，相比其他地上基础设施，其提质增效、全面提升的工作，牵扯众多、投资巨大。从发达国家的经验看，其发展进步是"时间的工程"，避免大拆大建、从未一蹴而就，往往是科学比对、综合考量、谨慎实施的一个长期过程；通过科学、精细、精准管理，对存量设施效能和效益的提升和发挥，日渐成为这一时期城市排水系统发展主流。与此同时，城市水安全构建和水环境治理，既是系统工程，更是社会工程。在这一事业图景中，城镇排水管网既有着自身能力和功能的边界，必须正视社会经济要素的限制；同时也有着参与城镇水、热能等资源循环利用的巨大潜力，其进步必然也不是孤立、局部的。

  党的十八大以来，围绕以人为本的新型城镇化，党和国家领导人高度重视城镇水安全、水环境等工作，一系列政策部署科学、务实、有效，相关政策、标准、管理体系逐步完备、完善。国家发展和改革委员会、住房和城乡建设部、生态环境部等先后出台了《城镇污水处理提质增效三年行动方案（2019—2021 年）》（建城〔2019〕52 号）、《关于推进污水处理减污降碳协同增效的实施意见》（发改环资〔2023〕1714 号）、《关于加强城市生活污水管网建设和运行维护的通知》（建城〔2024〕18 号）等，极大地推动了我国城镇排水管网系统在规划、设计、建设、运维等的全面提升与系统优化，极大促进了城市雨污水管网补短板、建立运行维护长效机制，切实提升了城市生活污水收集效能。

面对城镇排水管网系统提质增效、减污降碳这一世界性课题，我国有经验、有教训，也有给出中国方案的巨大发展空间与机遇，我国排水行业也因此正在迎来新的蓬勃发展时期。在此转折的节点，中国城市科学研究会水环境与水生态分会组织专业力量，编写《城市雨污管网建设的进步与展望》，尝试对行业展开一次系统的回顾、梳理和总结，以期描画未来、厘清方向、锚定目标、明晰路径，更广泛、深入地发动相关各方共同参与，推动行业的再出发。

2024 年 3 月

目　录

第1章

国内外雨污排水管网发展历程与现状

在人类文明的历史进程中，排水管网的雏形形成较早，并在后续发展中呈现较为清晰的阶段性和地区差异（图 1-1）。总体上，城市排水管网的发展呈现以下特点：

古代文明时期，黄河、长江流域的典型中国大城市如长安、洛阳等，采用了较为简单的排水系统，包括明渠和地下排水沟；同一时期的古代罗马，则成为排水系统典范，采用石头铺设下水道，已经有精湛的工程设计。

中世纪时期，中国古代排水系统排水治污能力较为领先；欧洲则因为战乱、罗马帝国覆灭等原因，当地公共卫生工程停滞不前，并成为当时霍乱集中暴发的直接导火索。

工业革命推动了欧美城市的大规模发展，相应基础设施建设，包括现代化排水系统在内也得到了极大的发展；中国则在这一时期进入早期城市化进程，开始引入国外先进经验，但城市排水基础设施相对滞后。

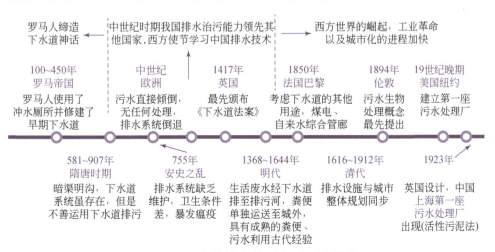

图 1-1　国内外排水管网发展历史脉络

20 世纪至今，中国经历了城市化高速发展，大规模推进了包含城市污水处理厂、雨污管网在内的现代化城市排水系统；这一时期，发达国家对排水系统进行了提升改进，强调绿色、环保、可持续性，探索应用雨水管理和再生水利用等技术。

回顾国内外排水管网发展历程，可以认识到不同地区在水资源管理、环境可持续性、城市规划等方面存在的共同挑战以及各自的应对策略。面向未来，在借鉴先进经验的同时，我们也需要结合国情，采取切实可行的措施，不断提高排水系统的韧性和适应性，为城市健康可持续发展提供坚实保障。

1.1　排水管网与城市发展

排水管网在城市化进程中扮演着关键角色，对城市居民的生活质量和城市环境卫生至关重要。国内外排水管网的发展历程反映了不同国家和地区在城市规划、技术创新、环境管理等方面的差异和共同挑战。

1.1.1　城市规模发展

城市的早期形态是人类聚集定居点。目前已知最早定居者是 1.3 万年前的纳图猎人（已灭绝），他们沿着约旦河的走向迁徙，最终在西岸（巴勒斯坦）建立第一个部落，逐渐诞生了世界上第一座城市的雏形。杰里科被认为最早出现的城市形态，其在 1 万年前就有人类聚居，在公元前 8000 年形成了约 3000 人规模的社区，四周筑有城墙，并且形成了已知最早的农业生产组织模式[1]。

城市规模在人类历史中的演变呈现阶段性。从 3 万人到 20 万人的过渡，经历了 1500 年，而从 20 万人到百万级的城市也历经了相似的时间跨度[2]。最早超过百万人口的城市可追溯至我国南朝时期的建康，《金陵记》中记载梁建康城人口超过百万。随后的北魏至隋唐的洛阳城、唐代初期的长安城、北宋的汴梁城、南宋的临安城也达到了百万级规模。

城市人口规模从百万到 200 万人再度经过 1500 年的演变。19 世纪初期，伦敦城规模达到 200 万人，人口密度为 3.2 万人/平方千米。在接下来的不到 100 年时间里,伦敦迅速发展成为全球第一个人口超过 500 万人的大都市,并于 20 世纪初达到 660 万人。但随后的 50 年里,东京地区首先成为人口超千万的大都市,且仅用了 10 年时间,至 1960 年左右成为首个人口超 2000 万的都市圈。

古代城市的形成多以水域为中心,如古埃及的尼罗河流域、美索不达米亚的两河流域、中国的黄河流域等[3]。欧洲中世纪时期,城市以商业和手工业为主导,城市自治逐渐发展。工业革命加速城市化进程,大规模农民涌入城市,工业区的兴起改变城市景观,城市发展开始现代化。随着新技术的发展,城市的沟通方式、出行方式和福利水平得到提升,全球范围内的城镇化浪潮迅猛发展,更是在 20 世纪迎来城市化的高峰期,城市规模持续扩大,城市功能不断丰富,城市化进程成为全球性现象。

全球城市人口从 1950 年的 7.51 亿增长到 2024 年的 80 亿,城镇化率超过 55%;2023 年底我国的城镇化率达到 65%,也成为典型的城市型社会[4]。同时有迹象表明,人口规模 500 万以上大都市依然是人口增长最快的城市地区,50 万以上城市不断涌现,因此 21 世纪的地球或许可以被称为都市世界。

1.1.2　排水系统与城市化

古今城市规模、人口数量与排水管网发展之间存在一定的关系,在古代,城市的规模相对较小,人口密度较低。因此,排水问题相对较为简单,城市往往通过自然地势和简单的沟渠来排放雨水和污水。

古代城市主要依赖地势高低和开凿的排水沟渠来处理雨水和生活污水。排水系统相对简陋,规模有限,主要以地表排水为主。古代城市排水主要依赖自然的地形和水流,通过挖掘沟渠将雨水引流至附近的河流、湖泊或溪流中。

随着现代社会的发展,人口数量急剧增加,城市化进程加速。大规模城市的形成导致排水问题更为复杂,需要更先进的排水系统来处理大量的废水。现代城市通常采用庞大而复杂的排水系统,包括地下下水道网络、污水处理厂等设施。这些系统能够更有效地处理污水,防治洪涝,提高城市环境卫生。现代排水系统借助先进的技术和材料,例如管道工程、污水处理技术等，使得城市排水更为高效、卫生和环保。随着环保意识的提高，现代城市越来越注重污水处理和资源回收。排水系统的设计和发展也越来越注重可持续性和环保性。

古今人口数量与排水管网发展之间的关系也体现了社会发展水平和科技进步的差异。现代城市的排水系统更为先进和完善，以适应庞大的人口规模和城市化的挑战。

古代排水系统是城市规划和工程技术的杰出成就之一，其发展历程不仅反映了当时社会的文明水平，也直接影响城市的卫生状况和居民的生活品质。

古代文明如埃及、罗马、希腊等都建立了卓越的排水系统，为城市卫生与居民健康提供了坚实基础。罗马帝国尤以其工程技术和规模宏大的排水系统著称，例如古罗马的 Cloaca Maxima（最大下水道）成为古代排水工程的典范之一。这些系统不仅实现了雨水和生活污水的分流，还通过巧妙设计的下水道和污水处理设施，为当时的城市居民提供了相对清洁的生活环境。

在中国，古代都城如长安和洛阳，也建立了相对完善的排水系统。工匠采用石砌排水沟和水井等设施，有序引导雨水和生活污水，保障城市卫生与安全。此外，在一些遗址中还发现了古代利用排水系统进行灌溉的工程，显示了当时水资源管理的创新思维。

当然，中外古代排水系统的发展也受到技术水平和社会制度的限制。排水系统的规模和复杂度主要受制于当时的建筑和工程技术。同时，在环境保护和污水处理方面存在一些局限性，未能充分解决污水对自然环境的影响。

发达国家在工业化和城市化初期起，开始了现代排水系统建设，在技术水平、管理经验、环境法规等方面取得了显著进展，形成了较为完善的城市排水体系。近年来，通过采用先进工程技术，如智能化监测、网络化管理等，使排水系统更加高效、可持续。此外，国际上一些城市在水资源回收与再利用、雨水管理等方面也进行了不少创新实践，为解决全球水资源问题提供了有益经验。

1.2　世界城市排水系统发展历史

随着人口从分散到聚集，城市规模不断增长，全球主要城市排水系统的发展，主要经历四个文明发展阶段：起源文明、古代文明、中世纪和近现代文明。

1.2.1　起源文明时期的排水启蒙

在这一时期，城市排水系统的主要特点可以概括为：从地面明渠转为地下暗渠，传统木石变为陶土结构的房屋间隔污水排放网络；产生了对雨水排放系统的启蒙意识，出现系统且相对比较复杂的排水系统。不同文明中的排水文明发展程度也不尽相同，特征鲜明。

1. 巴比伦和美索不达米亚帝国

从米诺斯早期（约公元前 3300～前 2300 年）开始，卫生技术得到高度重视并得到大力发展，当时精心设计的一系列排水设施具有很强的可用性。例如，公元前 2000 年左右建成的许多排水沟如今仍在克里特岛延用。米诺斯的宫殿（例如克诺索斯、费斯托斯和扎克罗斯）实施了综合下水道和排水系统。虽然一些设计在当时看来是非常"先进"，但是仍具有一定的局限性，一些厕所并不是用活水冲刷，而是利用储水罐的水进行简单的冲刷，也没有与管道相连。第一个早期的"冲水"马桶是在克诺索斯宫使用的，厕所与克诺索斯宫的中央下水道和排水系统相连[5]。

2. 哈拉帕文明

哈拉帕文明是青铜时代的一种文化（约公元前 3300～前 1300 年，成熟期约为公元前 2600～前 1900 年），发展于南亚次大陆的西北部地区。这段文明的主要特征之一是，实施了复杂而集中的污水管理系统，具备发达的厕所、排水和污水处理系统。在哈拉帕文明的成熟时期（或城市哈拉帕阶段），首次出现了带有下水道的集中式卫生设施。当然，他们也只是在少数城市群中建立了组织良好的污水网络，并不仅仅是因为城镇人口规模和居住面积，更重要的是考虑城市的功能角色，如首都职能。

3. 古埃及

古埃及人是管道的早期开发者。一开始，管道和配件非常粗糙，使用由稻草和黏土组合而成的黏土管，先在阳光下晒干，然后在烤箱中烘烤。随着对管道材料的不断开发，铜成为古埃及工具制造中最重要的金属[6]。铜管被用来在金字塔内建造精致的浴室以及复杂的灌溉和污水处理系统（公元前 2500 年），如图 1-2 所示。

4. 古中国

中国下水道的历史可以追溯到 4000 多年前。当时，黄河中游形成了一些城市，产生对排水的需求，包括居民区的污水，特别是皇宫中的污水需要系统的排放。当时的陶器被用来建造下水道，在近现代发现的相关遗址中发现了包括用于街道地下排水的土制管道（图 1-3）。

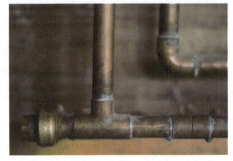 

图 1-2　古埃及制造的铜管应用于排水管网　　图 1-3　公元前 4000 年的土管

1.2.2　古代文明中的排水进步

古代文明早期，人类社会就已经认识到水与卫生的关系和重要性。公元前 400 年左右，希波克拉底的论文《空气、水、地方》涉及水的不同来源、质量和对健康的影响，标志着人类首次认识到水对公共卫生的重要性[7]。随着对公共卫生认识的增强，古代人类社会开始建设组织良好的浴室、厕所、污水处理和排水系统。排水管网材料也得到了相应发展，陶瓷和石材等相对结实的材料开始成为古代管道建设的常规选择。

1. 希腊

希腊雅典的下水道系统是古代排水工程的杰出代表。雨水、人类排泄物和污水被输送到城外，并通过修建埃里达诺斯河来实现排污功能。这一系统不仅将污水输送到田地，用于果园和农田的灌溉和施肥，也首次体现了水回收利用的概念。

希腊古代剧院排水系统也展现了古代建筑工程在雨水管理方面的考虑（图 1-4）。由于剧院是无屋顶建筑，因此雨水排放的必要性对其设计至关重要。剧院排水系统采用石头制成的明渠，雨水经由其直接排放到附近农田，或者储存在水库中。这种排水系统规划遵循了可持续性原则，为古代环境规划提供了早期示范。

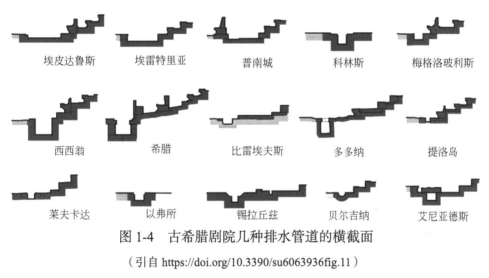

埃皮达鲁斯　　埃雷特里亚　　　普南城　　　　科林斯　　　梅格洛玻利斯

西西翁　　　　希腊　　　　比雷埃夫斯　　　多多纳　　　　提洛岛

莱夫卡达　　　以弗所　　　锡拉丘兹　　　贝尔吉纳　　　艾尼亚德斯

图 1-4　古希腊剧院几种排水管道的横截面

（引自 https://doi.org/10.3390/su6063936fig.11）

2. 古罗马

古罗马是早期排水文明的缔造者，工程水平在城市规模和建设方面达到巅峰。城市中有大量的公共浴场、汗蒸房、喷泉等设施。市区的排水系统主要依赖于开放的水沟和下水道。这些沟渠将雨水和污水引导到城市周边的河流或其他水域。

值得注意的是，古罗马人做到了城市供水和排污有机联系在一起（虽然不是刻意设计），即供水渠道中溢出来的水流，可以把城市污水带到地下排水管中去。例如，庞贝城有一个分散的下水道网络，雨水和污水主要沿街道排放；蓄水池和配水系统中路边喷泉和水塔的溢出，有助于清除街道上人类和动物的粪便。街道上有凸起的人行道（50～60 cm

图 1-5 庞贝古城的明渠与垫脚石

高），十字路口有垫脚石，使行人无需下台阶即可从一侧穿过另一侧[8]。凸起的人行道设计有利于雨水的排放。石头或砖块之间的缝隙可以起到渗水和排水的作用，使雨水能够迅速流入下水道或排水渠，防止积水（如图 1-5 所示）。

罗马城的农业发展也离不开下水道。农业生产活动中，春季播种时需要充足的肥力，作物生长期又需要大量灌溉。而通过下水道输送的包含人畜粪水在内的污水，不仅可以为农业生产提供充足肥料，还能提供稳定大量的灌溉水。城市的发展与繁荣也对下水道建设提出更大需求。例如竞技场中的海战，鱼市中的养鱼池，高档浴室的洗澡水等，都需要通过下水道排泄干净[9]。

古罗马的城市排水系统不仅对当时的城市文明有着深远影响，而且对后来的城市供排水系统也有重要启示，其影响甚至延伸至中世纪和文艺复兴时期的欧洲。一些古罗马水道系统的遗迹已被列入联合国教科文组织世界文化遗产名录，并成为旅游景点。

总体来看，古代城市排水系统的创新和发展，为人类文明进步和城市规模扩张奠定了基础。其排水系统的设计反映了当时社会对卫生和环境问题的认识，并且在技术上具有一定的先进性。但由于认识和科技的局限，排水网络设置在宏观把握上存在不足（在后来的发展中逐步得到弥补），一些排水系统还是基于自然沟渠进行污水排放，也为后来城市发展留下了卫生危机的隐患。

1.2.3 中世纪的停滞

曾经代表城市和排水工程巅峰的许多古罗马城市，在中世纪初期经历了人口减少、城市衰败，导致排水系统疏于管理。而欧洲城市则在中世纪后期开始了排水系统的改进，逐渐迎来城市基础设施的复苏[10]。一些城市开始建造石质下水道，将雨水和污水从城市中心引导到城市周边水域。

中世纪早期，大多数欧洲城市伴随着战乱，经历政治中心变迁及经济地位的改变。城市管理机构部门瓦解，城市基础设施残缺，城市生活质量下降，这一过程的特征之一就是缺乏污水系统的维护和建设。公元300年至19世纪初，以欧洲为代表的西方世界，很少强调城市发展，包括城市排水系统在内的城市基础设施没有得到改善。中世纪，流行病席卷了大多数欧洲城市（图1-6）。

中世纪的欧洲，虽然在大城市中配备了排水的一些基本结构形式，但由于观念落后、社会动荡以及管理缺失等，排水排污问题实际上没有得到真正意义上的解决，排水体制的进步发展较慢。包括巴黎、伦敦等大城市，长期处于卫生差、疾病困扰的状况（图 1-7）。中世纪欧洲的下水道利用率不足20%，卫生状况很差，污物遍地，导致一些病毒长时间传播（引发黑死病、霍乱等）。而由于城市排水与疾病传播之间的关系并没有被探明，直到流行病席卷大多数欧洲城市，人们才开始思考城市排水与公共卫生之间的关系。

 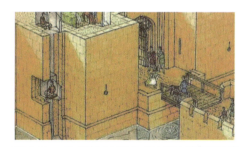

图 1-6 罗马帝国城内暴发瘟疫 　　　图 1-7 文艺复兴前夕的城堡排便通道

1.2.4 近现代排水技术大发展

近现代以来，随着城市化进程的加快、人口急剧增长，排水系统面临日益沉重的负荷，环境卫生问题凸显的同时，不可避免引发严重的流行病与公众健康问题。特别是20世纪中叶以来，许多城市面临极端天气下城市内涝治理、污水处理、水环境改善等要求，因而对排水系统的规划、建设、更新升级等提出一系列需求。

在这一工程中，发达国家和地区在城市排水管网领域的认知、意识都逐步得到强化，通过持续的基础设施投资，逐步建设起高效、现代化的排水系统，探索实践排水模式、创新工程技术，为世界提供了现代城市排水解决方案。在实施过程中，由于既存基础系统完善程度、维护管理水平、城市发展水平、改造条件以及自然条件等方面的差异，这些国家在目标设定和技术手段侧重上也呈现出一些差异。

1. 法国巴黎——城市化进程中的危机与进步

19 世纪中期，巴黎人口急速增长，下水道把大部分污染物都排入塞纳河，但当时城市居民的饮用水源仍主要来自塞纳河。其中，排入下水道的污染物主要是街道上的垃圾、马的排泄物；居民粪便则由掏粪工收集，再送至农场或垃圾场。

拿破仑三世当选总统后，决定实施重建首都巴黎的宏伟计划，治理下水道成为重点任务之一[11]。城市规划师奥斯曼和工程师贝尔格朗设计修建了一系列引水渠与导水管，并将下水道总长度增加到 800 km 左右，是原来长度的 4 倍。另外，在较窄的街道下面，贝尔格朗创新地把下水道设计成蛋形，以更好地集中水流，从而能够在水量较小时加快水的流速。这种下水道有 2.3 m 高、1.3 m 宽，足够工作人员舒适地站在里面清理淤堵，完成修缮。他们还设计了巨型"集成式"下水道，将各条街道下水道中的污水汇集在一起，传输至市区外不远的阿涅勒，排入塞纳河。

这些下水道系统固然壮观，但存在一个明显缺陷：不能收集居民粪便。据估计，在 1883 年，每逢暴雨，巴黎至少有两万五千口水井被粪池漫出的污水污染。20 世纪初期，在科学家巴斯德和政治家杜马等人的推动下，巴黎开始建设污水处理厂，将下水道中的污水经过沉淀、消毒、过滤等步骤，再排入塞纳河。

随着工业革命的兴起和发展，城市排水从大型排水布局设计、管道建造形式到水处理解决方案等多方面，都进入到新的发展阶段。19 世纪末，巴黎提出污水价值化、可持续水管理的理念。为缓解缺乏淡水、内涝与瘟疫等问题，开展巴黎下水道新系统建设，利用塞纳河高水位收集淡水，排水管道收集和利用雨水清理街道上垃圾，足够大的管道容量可迅速排放雨水，同时收集家庭污水与工业废水等；在市郊阿切尔提出污水农场概念，把集中收集的粪便当作肥料，用于农业生产，并成立专门公司，采取商贸形式运行。

2. 英国伦敦——下水道改革的必然选择

自 19 世纪起的伦敦下水道改革是英国城市化过程中下水道改革的缩影，也是更新市政管理观念、摸索和改进下水道技术共同作用的结果。改革历经以下四个阶段。

19 世纪初，因伦敦排水不畅，为避免下水道堵塞，居民不能私自将私人污水（抽水马桶厕所）连接至公共下水道。随着城市人口不断扩张，19 世纪中叶，以查德威克为代表的"卫生派"为改善城市卫生，支持小管道下水道方案，将私人污水排入泰晤士河，造成"大恶臭"[12]。1848～1849 年、1854 年和 1867 年先后暴发三次霍乱，致使数万伦敦市民死亡。

随后，首都市政工程局采用巴泽尔杰特的下水道设计方案，将下水道排水口置于河流下游，但是依然坚持污染转移排放的理念，并没有从源头上解决问题。

巴泽尔杰特在泰晤士河的北部和南部建造了一些截流管道，将污水截流输送到伦敦东部（图 1-8、图 1-9）[13]。该工程大部分建于 1875 年，很多至今仍在使用中。不过，在该方案中，污染问题只是又一次被转移，泰晤士河口接收了大量的污水排放，排水口的下游、河口及两岸都受到严重污染。

图 1-8　伦敦巴泽尔杰特下水道的建设　　　图 1-9　伦敦下水道修成图

一个偶然事件使公众意识到下水道气体的重要性。1871 年 11 月，英国王储威尔士亲王罹患伤寒，病因疑与下水道散发的气味有关。从那时起到 1872 年春，王储的病激起了"举国焦虑"以及对下水道气味的愤恨。《泰晤士报》报道称"它是一种更可怕、更持久、更潜在的危险，造成公众忧心忡忡。它是躲藏在暗处的瘟疫"。19 世纪末，迪布丁推行"生态下水道"理念，对固体垃圾和液体垃圾区别处理，解决了下水道垃圾处理和气味难闻的问题[14]。20 世纪初，生物处理下水道工程在英国各地被采用，这一场下水道革命被暂时画上句号。

3. 德国——排水系统雨水管理的先进设计理念

19 世纪末，随着德国工业化的迅猛发展，城市化进程加速，城市卫生系统面临巨大挑战，霍乱、伤寒等水媒疾病频繁暴发[15]。为改善城市卫生状况，德国开始大规模建设地下排水系统（图 1-10）。1842 年，在英国工程师威廉·林德利（William Lindley）的规划下，汉堡成为德国第一个建立城市排水系统和污水处理厂的城市[16]。随着城市扩大，汉堡先后建设了十几座污水处理厂，并设计建设冲洗系统，每周利用潮汐清理主要下水道。虽然当时的设备简陋，未能完全解决水污染问题，但这一设计理念仍被欧洲和美国学习和借鉴。

图 1-10　德国下水道城市规划图

（引自 https://www.cnwaternews.com/article/40931.htm）

建设伊始，受当时经济条件限制，德国主要采用了雨水污水排放

"一根管"的合流制排水体制①。时至今日，合流制在德国仍然被认为是一种投资少、占地少、运营成本低的排水方式。德国的排水管道制度也经历了变革，分流制管道从 1995 年的占比 49%增长到 2016 年的 59%并继续增加。近年来，由于合流制管道存在的问题逐渐凸显，新建管道更倾向于采用分流制②。从 20 世纪 70 年代开始，德国开始建设大量不同类型的雨水调蓄设施，在保障污水处理效能的情况下，对雨水及溢流污水的分散调蓄，成为德国合流制溢流控制的重要技术策略。

德国现有合流制排水系统多分布于南部城市。图 1-11 中的横线称为合流制"赤道线"[17]，因东部地区后新建的分流制较多，故此线近年在向南移。据 2016 年的统计数据，德国合流制管网长度占全境管网总长（含合流制管道、分流制雨水及污水管道）的 53.5%，而 1990 年左右该比例约为 71.2%。合流制管网占比下降的主要原因是所有新建区域均采

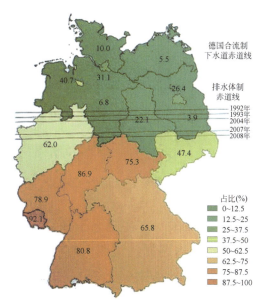

图 1-11　德国各地合流制占比情况

---

① 合流制系统将雨水和污水集中到同一管道中，经过处理后一并排入污水处理厂或直接排入水体。这种设计考虑了雨水和污水在流量和水质上的相对稀释，以及在降低系统成本上的优势。合流制系统在强降雨时可能导致过载，造成雨水和污水直接排放到水体中，被称为"合流制溢流"（combined sewer overflow，CSO）事件。这将对水体和环境造成污染。

② 分流制系统是指城市的市政排水系统将生活污水和雨水分离为两套并行的子系统进行运作，即"雨污分流"，这一模式在第二次世界大战后被广泛采用。

用了分流制排水体制，原有城市的合流制区域仍基本保留，并对溢流污染进行综合控制[18]。

根据 2010 年德国联邦环保局的统计数据，德国的公共排水管道已达 540000 km，德国排水系统每年排放、处理 100 多亿立方米的污水和雨水。德国多个城市在其排水总体规划中提出利用 50 年左右的时间实现全面"合改分"，但实际实施难度较大，进展缓慢。例如，北威州首府杜塞尔多夫市在过去 20 年左右的时间里完成"合改分"的区域占比不足 5%。1995～2016 年间，德国排水管道发展呈现出一种持续增长的趋势，总长度增加了约 195132 km（图 1-12），平均每年增长约 9200 km。在这段时间内，合流管道增长了 33208 km，污水管道增长了 104908 km，而雨水管道增长了 57016 km。

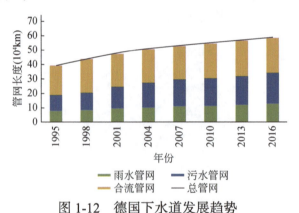

图 1-12 德国下水道发展趋势

自 20 世纪 60 年代起，德国一直在致力于开发各种雨水渗透设施[19]。一些城市在不同区域铺设透水路面，道路两侧修建引流沟壑，这些地表沟壑不仅是下水道之外的重要雨水传输途径，还可融入城市景观。

4. 美国——基础设施的协同调控

纽约拥有美国最庞大的下水道系统（发展脉络见图 1-13），其历史可以追溯到荷兰殖民时期[20]。19 世纪中期之前，纽约城市卫生系统极不完善，居民和商户将污水直接倾倒在户外厕所或街边阴沟中。为应对霍乱等疾病的暴发，纽约于 1849 年开始下水道建设；到 1865 年，开始建设以砖块为主要建筑材料的下水道系统。直至 1931 年，纽约才意识到建立污水处理厂的紧迫性，提出了现代污水处理设施的详细方案，并在其后50 年内得到了实施和使用。

17世纪荷兰殖民时期
在曼哈顿宽街
中间一条沟槽，
上铺顶板

19世纪晚期
建立第一座现代
污水处理厂，污水
氯处理后排入大海

1972年
《清洁水法》
(Clean Water Act)
颁布

1849年
纽约市开始了
下水道的建设，
但污水未经处理

1931年
意识到建立污水
处理厂的重要性，
发布方案推广建设

1990年
绿色基础设施
(Green Infrastructure,
GI)概念在美国形成，
合流制溢流污染
控制形成

图 1-13　美国纽约下水道发展脉络图

美国第一座现代污水处理厂建于 19 世纪晚期的布鲁克林市[21]。这类早期污水处理厂采用各种方法处理污水，其中一些小型设施将固体沉淀至水箱底部，再移除掩埋，而液体则经氯处理后排入大海。纽约的污水收集系统拥有超过 6000 mi（1 mi=1.60934 km）的污水管，直径从 6 in（1 in=2.54 cm）到超过 89 in 不等。此外，还有 14.5 万个集水槽（雨水排水）和 5000 个渗透井。这些污水管通常埋在地下 10 ft（1 ft=3.048×10^{-1} m）以下，位于供水管道以下，即使泄漏也不会造成污染。

1）美国芝加哥的"神话"

19 世纪中叶，美国城市化迅猛发展，芝加哥的城市规模和人口迎来爆发性增长，但当地供排水系统却仍然采用相对简陋的方式与密歇根湖直接相连。由于芝加哥地势较低，当下雨或潮汐上涨时，污水无法顺利排入河流。而在考虑下水道建设时，当地的地形和地质条件使得在地下挖掘铺设管道等常规方式不具备现实性[22]。此时一位工程师提出创新方案：用千斤顶将城市顶起来，通过将建筑物从地基中挖出并用千斤顶逐渐翘起，然后在下方进行支撑，在更高的城市路面上修建下水道（图 1-14）。这个想法得到了认可，并于 1856

图 1-14　使用千斤顶抬高大楼

年启动。

到 1858 年，第一栋建筑物被成功顶起，其重量达到 750 t；同一年，使用相同方法将 50 栋建筑物顶起，甚至有一条长达 89 m 的街区也被翘起。这项堪称伟大的工程改善了芝加哥城市的卫生状况，其他饱受卫生问题困扰的地区纷纷效仿，使用千斤顶抬起房屋并修建下水道[23]。这一大胆而创新的行动在世界排水系统发展历史中留下了传奇的一笔。

2）美国排水体制发展历程

19 世纪和 20 世纪初期，美国许多城市的排水系统设计采用了合流制，这在当时是经济有效的做法[24]。20 世纪 50 年代，美国大多数城市已经建立了比较完善的城市排水基础设施。出于污染防治与保证河流下游地区饮用水安全的考虑，开始对城市污水进行集中处理。但同时处理生活污水和较为干净的雨水并不经济，为解决这一问题，美国开始采用分流制排水体制，随着美国迅猛的经济增长与城市扩张也共同促进了这一模式的推广。

同时，为减少合流制溢流对环境的负面影响，美国对城市的排水系统进行持续改进，包括建设更大容量的污水处理设施、增加雨水存储容量、改善排水管道和加强水体保护法规等（图 1-15）[25]。总体上，美国正在向更加环保和可持续的城市排水系统过渡，利用绿色与灰色设施相结合（自然生态措施与工程措施设施），进行综合管控。其中，纽约市建立了三座地下蓄水池，用于容纳雨天溢流污水，等水位下降后再将溢流抽进污水处理厂。此外，一些城市鼓励或要求在建筑物上安装绿色屋顶，通过植被和特殊设计提高渗透性，减缓雨水径流速度；将雨水引入花园和湿地，通过植物和土壤的自然过滤，减少雨水径流的速度和污染；采用透水铺装材料，如透水砖、透水混凝土，减少城市硬化地面对雨水的阻挡，提高雨水向下的渗透能力；通过湿地恢复项目，使人工湿地成为雨水和污水的自然处理区域。

5. 日本——精细模式演变提升

明治维新（19 世纪末）后，日本才开始建设现代化的下水道系统，其特有的精细模式逐渐演变提升，先后走过了"先开源、后节流，先污染、后治理，先破坏、后修复，先分散、后综合"的治水历程。

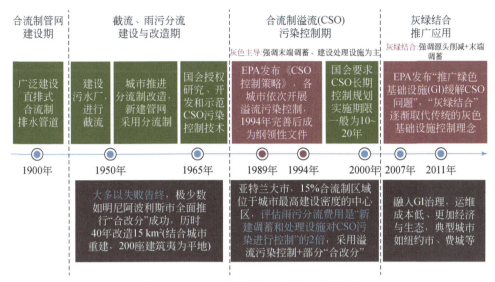

图 1-15　美国现代排水体制发展历程

为解决城市污水排放和卫生问题,日本在 20 世纪 30 年代建立了一系列现代化的下水道系统,旨在更有效治理污水,改善生活环境,减少水源污染;70 年代,随着工业化快速推进、经济高速发展,日本经历了水资源短缺、水环境污染和洪涝灾害的阵痛,因此开启了新一轮以改善城市排水和卫生条件为目标的现代化下水道系统建设。特别是在东京和大阪等主要城市,建设了庞大的排水系统、先进的污水处理设施,以改善城市环境卫生状况,减轻水污染对公共卫生的负面影响。

20 世纪末,东京规划并实施了一项宏伟的城市排水工程——"首都圈外围排水工程"。该工程于 1992 年开工,2002 年部分启用,2006 年完工,总投资 2400 亿日元(约 180 亿元人民币)。工程主体包括总长 6.3 km、内径 10 m 的地下管道,五处单个容积 4.2 万 m^3 的储水坑,以及一处人造地下蓄水池。这一排水系统被认为是世界上最大、最先进的排水系统之一,其中一座由 59 根高 18 m、重 500 t 的大柱子支撑的巨大蓄水池,被称为"地下神殿"[26],其长 177 m、宽 78 m,成为这一庞大排水系统的重要组成部分(图 1-16)。

图 1-16　日本地下排水"神殿"

为保证排水系统的正常运行，东京在运维方面投入了巨大的人力、物力和财力。东京都下水道局拥有约 3500 名员工，每年财政支出约合人民币 520 亿元。其中，设施维护费用约为 120 亿元，而排水局每年收取的排水费也差不多折合人民币 120 亿元。

20 世纪 90 年代起，日本启动了大规模的下水道系统现代化工程，以适应城市化、提高环境卫生标准和增强抗灾能力。自 1994 年实现污水处理设施完全普及之后，东京都下水道局在不断建设地下深隧设施等以增强防洪排涝能力和提高对抗地震灾害能力的同时，开始了对排水设施的修复再建工作（图 1-17）。

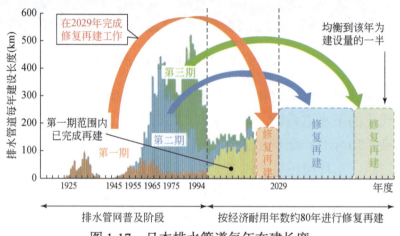

图 1-17　日本排水管道每年在建长度

在这一建设过程中，东京排水系统还进行了多方面创新，包括引入先进技术和自动化系统，使下水道系统更为智能化，得以实时监测水质、水位和管道状况，以便及时发现问题并采取措施；提升污水处理技术，确保排放的水质符合更为严格的环境标准，以保护周围水域和生态系统；强化雨水管理，建设雨水收集系统、雨水花园以及透水路面，减轻雨季期间排水负担，防范城市内涝，并促进雨水利用；考虑到日本地处于地震多发区域，现代化的下水道系统采用耐震结构和灾害预警系统，以提高系统在地震等自然灾害发生时的抗灾能力。

1.3 中国城市排水系统的发展

1.3.1 古代中国城市排水系统演变

总体而言，古代中国的排水系统在城市发展的不同历史时期表现出多样性（图 1-18）。随着城市规模扩张、人口聚集，特别是承担都城功能的大城市，逐步从简单的沟渠发展为较为复杂的陶质管道，直至相对完整的地下排水系统，反映出古代中国城市对于环境卫生、防洪排涝的不断追求和改进。当然，与现代意义上先进的下水道系统相比，古代排水设施在技术水平和系统性上仍存在一定局限。

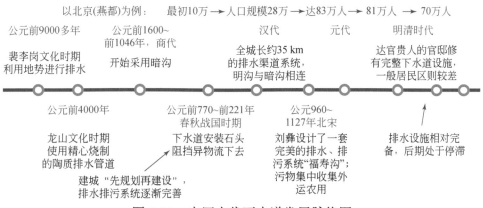

图 1-18 中国古代下水道发展脉络图

1. 商代——雨水收集利用观念初具萌芽

商代时期，随着城市规模的扩大，对排水系统的要求逐渐提高。为了追求美观，排水系统逐渐转变为暗沟形式。在偃师商城遗址中，考古发现了一处大型石木结构的排水暗沟,其宽度已达 2 m,高约在 1.5～1.8 m 之间[27, 28]。暗沟底部采用石板铺砌，呈鱼鳞状，并与水流方向一致。这种主排水沟还设有一些分支陶制排水管，这一设计在其他商代遗址中也有发现。城中的雨水汇入城门下的水道再流入护城河。总体上这一时期，城市排水的主要目的还是景观和护城防御，体现了雨水收集利用的理念，整个城市排水系统还比较简陋（图 1-19、图 1-20 和图 1-21）。

图 1-19　商代盘龙城垣

图 1-20　盘龙城考古遗址公园复原的商代下水管道

图 1-21　具有排水防御的下水道

2. 春秋战国——科学规划的雏形

这一时期起，建造城市已经开始主动考虑和设计排水设施，先规划再建设的理念已经非常成熟。伴随筑城活动高潮的出现，城市排水设施更趋于完善和多样化。露明沟渠、陶排水管道、排水涵洞等多种类型的排水设施在列国都城遗址中都有所发现。

如洛阳东周王城遗址宫殿建筑基址发现的战国中晚期的陶排水管道，既有单管道，也有双管并列的双管道；陶水管既有长短、粗细不等的直管道，还有曲尺形两通管道[29]。在新郑郑韩故城西北部韩国宫城遗址的宫墙下，曾发掘清理出穿墙而过的战国后期的五角形陶水管道[29, 30]，这也是目前所知最早的五角形陶水管道。

从现有考古发现来看，战国时期的城市排水系统，以山东临淄齐国故城较为完备。战国时期的齐都临淄城，由近方形的大城和嵌接于其西南部的小城构成，面积达15 km²，东临淄河，西依系水，城南和城北有城壕，地势总体上东南高、西北低，由自然河流、城壕与城内的陶水管道、小型沟渠、排水干渠和排水涵洞等，构成一套完整的排水系统[29, 31]。

其中，小型沟渠多为挖建而成，有的用石块铺底，多分布于各建筑区之间。小城西北部发现一条全长约700 m、宽20 m、深约3 m的排水干渠，其末端分别与西墙北段和北墙西段的排水涵洞相接，通向城北的城壕和城西的水系，构成小城的排水系统。大城东部发现3条排水干渠，其末端分别与东城墙和北城墙的排水涵洞相接，构成大城东部的排水系统。大城西部探明一条南北向、北段分叉的排水干渠，全长2800 m、宽30 m、深3 m以上，其末端分别与北墙西段和西墙北段的排水涵洞相接，构成大城西部的排水系统。其中，位于西墙北段的3号排水涵洞，是一处用石块垒砌的大型排水设施，由进水道、过水道和出水道3个部分组成，总长42 m，宽7～10.5 m，深约3 m[32, 33]。过水道内用石块构筑出相互交错的15个方形水孔，水可以从孔内石块间隙流出，但人却不能从水孔中穿过，结构之巧妙令人叹为观止。

概括而言，这一时期的城市排水模式为：大型建筑周围以及庭院内的积水，通过地下排水管道和小型沟渠汇入排水干渠，排水干渠通过城墙下的排水涵洞，将积水导入城外的城壕或河流，已经形成了一套比较完整的排水系统，相当发达与完备。

3. 汉代——全面考虑排水管网因素

我国先民早在五千多年前的城市发展初期，就开始了对城市排水设施和排水系统的设计和建造的实践，经过不断演进和完善，到了西汉时

图1-22　汉长安城砖墙下水道遗址

期,尤其是以汉长安城为代表的城市排水设施和排水系统达到了相当高的水平(图1-22)。考古发现表明,600余座秦汉时期城址中大多存在各类排水设施,延续了战国时期的排水体系[34]。其中,西汉都城长安的排水设施类型繁多,结构完善,形成了一套完整的排水系统。

汉长安城内发现的排水设施包括室内集水排水设施、庭院排水设施、雨水井、排水管道、路沟、排水沟渠和城壕等,各种排水设施相互协作,构成一个互相连接、相互配套的排水网络。室内集水排水设施主要存在于特殊功能建筑内,包括小型排水沟和砖砌水池,与地下陶水管道相连接。庭院内的集水排水设施主要由雨水井和地下陶排水管道组成。陶排水管根据排水量的大小采用单排、双排、三排、四排和五排水管构筑成排水管道。路沟位于道路两侧,用于排泄雨水,与建筑区之间的排水沟渠相连,最终将积水排至城外的护城壕[35, 36]。

汉代长安城的水利和排水系统的设计,充分考虑了地势高低与水源分布等,一定程度上减少水患风险,计划周密,建设精妙,为后来各代城市排水设施和排水系统的规划和建设,提供了有益启示。

4. 隋唐——先进规划设计理念再发展

隋唐长安城是当时首屈一指的国际化大都市。对于这样一座总面积83 km²、人口逾百万的特大城市而言,排水系统对于整个城市的正常运转而言具有重要意义,其排水设施建设已经具有明显的城市规划属性。

隋唐长安城南北11条、东西14条大街,将全城划分为110个坊。排水系统就遍布于由"街""坊"组成的棋盘格状的都市中。建筑周围常见砖铺散水、渗水井和排水管道。与汉长安城一样,隋唐长安城大部分街道的两侧都修有水沟,有土筑和砖砌两种,均为明沟。明沟外侧设人行道。大路路面中间高、两边低,便于及时排除雨水。城门下则建有排水涵洞。永安渠、清明渠和龙首渠在流经城内的里坊和池苑后,注入渭河和浐河，除供应城市用水外，也起到分洪作用[37]。

作为全国性的政治中心，隋唐长安城宫室禁地中的排水设施最为讲究。如在现大明宫遗址太液池岸发现的排水渠道内设置有横向砖壁，可拦截较大的杂物；西内苑发现的排水暗渠为砖石结构，为防止渠道淤塞，分段安装多道铁质闸门，第一道闸门先由铁条构成直棂窗，拦阻较大的垃圾杂物，第二道闸门布满细小菱形镂孔，可以滤出较小杂物。闸门拆卸自如，方便疏通，可以说是初级的水处理装置[38]。

这些渠道的建造非常精细，渠底和渠口都铺设砖或石料，渠壁采用砖砌，这样的结构不仅坚固耐用，还有助于保持排水系统畅通。而闸门的使用，一方面可以阻挡污物和杂物进入排水渠道，确保畅通；另一方面，还可用于控制水流，防止排水不畅或内涝；同时，因为可以定期开启检查渠道内部状况，系统的维护和清理也变得相对容易。

5. 宋元明清——排水管网规划设计日趋成熟

人与自然和谐发展是当今社会追求的重要目标，而早在北宋时期修建的福寿沟水利工程就已经是这一核心理念的先行者。福寿沟是古代赣州城的城市排水系统，由水利专家刘彝在宋代熙宁年间主持修建[37]。在福寿沟建造之前，赣州城区虽有简易下水道，但在暴雨时仍然饱受洪涝之苦。

福寿沟采用分区排水，福沟负责排城东南的雨水，寿沟排城北雨水（图 1-23）。在分区基础上，设计主沟和支沟，将各处雨水汇集到主沟，再通过水窗排往城外水系。其中的水窗设计利用杠杆和水压原理，能够自动开合，有效防止洪水倒灌。福寿沟还与城内池塘连通，形成蓄水库，起到防洪和蓄水作用。城内各下水道进水口设计成古钱形状，能够有效拦截大的杂物垃圾，保持排水系统畅通。福寿沟在整体设计理念和实际效果上，都充分体现了顺应自然的理念，堪称"人-水-自然"和谐理

图 1-23 福寿沟博物馆馆内的双沟遗址实景

念的典范工程[38, 39]。

元明清三代在北京城的排水系统建设上延续了古代中国城市工程的精湛技艺，特别是元代和清代，在北京城排水系统的设计上表现尤为出色，是积淀千年的中国古代都城排水智慧的高度结晶。元代北京城在水路规划上采用分区域策略，有助于确保城市内部供排水的有序进行。清代北京城在城市规模上进行了一些扩展，但排水系统的基本设计原则仍然保持不变。

元大都在选址时避开了当时仍保存唐代街坊形式的金中都，平地起建，全面谋划，成为开放式街巷制城市规划的典范。就排水系统而言，其规划设计与排水设施铺设和城市整体规划与建设同步。元大都城内河湖水系分为两个系统，一是由高粱河、海子（积水潭）、通惠河构成的漕运系统[40]；二是由金水河、太液池构成的宫苑用水系统。大都城修建了完善的排水系统，明渠与暗沟相结合。依北高南低的地势，大都城南北主干道两侧都有排水干渠，沟渠两旁还有东西向暗沟，引胡同内雨水排入干渠。

在元大都的基础上改扩建而成的明清北京城，放弃城北部分城区，后又拓展南城，加建外郭，最终形成"凸"字形格局。在排水系统上，保留和疏浚了元大都的排水沟渠，增设新的排水渠道，最主要的是内城沿东西城墙内侧各开明沟一条、外城三里河以东从大石桥至广渠门内的明沟，以及崇文门东南横贯东西的花市街明沟。作为明清王朝的政治中心，当时北京城的排水设施也不例外地具有区域和等级之别。内城尤其是东部城区，多是官仓和达官贵人的宅邸，这里修建有完善的下水道，通往排水主干渠。一般居民区的排水设施则相对较差[41]。

1.3.2 我国近现代排水管网发展

我国近现代城市排水管网发展历程见图 1-24。近代，我国城市排水管网发展较为缓慢，上海、青岛等城市因历史原因，排水管网得到了一定发展，而其他城市多采用明渠和暗渠的传统方式进行排水。新中国成立前，全国仅有 4 座小型污水处理厂，城市污水处理设施相对较少。

新中国成立后，我国开始着力进行城市基础设施建设，其中包括下水道系统的完善。一些重点城市和新兴工业城市，如北京、广州、沈阳、

图 1-24　我国近现代城市排水管网发展历程

天津、武汉，引入苏联排水工程经验，"地下管网式"排水设施被全盘复制，现代排水系统建设进程加快。但由于苏联位于高寒地带，其地区降水较少，排水管道设计相对保守，小口径排水管的承载能力有限，难以应对大流量的排水[42]。这与中国部分地区降水量超过 800 mm 的情况存在明显不同，城市发展与排水管网的不适应在后来不断凸显。

以上海为例，在早期阶段，下水道系统主要由砖石建造的排水沟渠组成，管道直径相对较小，最大雨水管径为 1500 mm（泰兴路）。1956年肇嘉浜填浜埋管，马蹄形雨水管 2800 mm×3140 mm（图 1-25）。

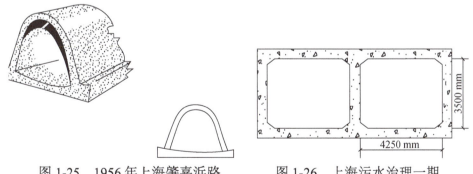

图 1-25　1956 年上海肇嘉浜路
马蹄形现浇混凝土管

图 1-26　上海污水治理一期
现浇混凝土管

随着上海城市化进程的加速，下水道系统得到了较大的发展和改善。此时，开始使用混凝土管道来建造下水道系统，管道直径相对较大

（图 1-26），能够更有效地排放污水和雨水。同时对下水道系统的需求也在不断增加。为了适应城市发展和应对日益增加的排水压力，上海的下水道管道直径逐渐增大。此外，还引入了先进的管道材料和技术，以提高排水系统的效率和可靠性。

改革开放以来，我国工业化、城市化进程不断提速，人口大量聚集，对排水系统提出了更高要求，需求紧迫，发展迅速。随着城镇化进程的不断推进，我国城市排水管道长度始终保持持续增长的趋势，其中，2012～2022 年近十年间我国排水管道长度每年增长率仍保持在 6%～10%左右。城市排水系统日益在城市绿色、持续、高质量发展中扮演着重要角色。

1.3.3 我国雨污水管网建设发展现状

1. 我国雨污水管网建设现状

随着城市人口密度不断提高，我国城市供水及排水管道建设增加，新建的排水管道长度也在稳步增加，截至 2022 年，国内管网长度为 110 万 km，5 年共增长 23.5 万 km，增幅高达 21%。但是，根据住房和城乡建设部《2022 年城乡建设统计年鉴》，我国许多省份的排水管道密度仍然低于 15 km/km^2，雨水管道长度占比在 40%以下，部分城市或地区的排水管网建设不足情况仍然存在。

1）城市和县城排水管网逐年增长

随着我国城镇化快速发展，污水收集管网由城市、县城逐步扩展到建制镇，并向城郊、农村延伸，管网密度不断加大，城镇生活污水收集范围也逐步扩大，覆盖率、收集率不断提高。截至 2018 年底，全国共有城镇生活污水处理设施 11606 座，日处理能力达 22486 万 m^3，城市、县城污水集中处理率分别为 93.4%和 89.9%[43]。2018 年全国城市和县城污水管网长度分别达 29.69 万 km 和 8.78 万 km，合流制管网 10.91 万 km，比 2010 年累计增加 21.9 万 km，排水管网密度分别达 9.99 km/km^2 和 8.83 km/km^2，全国排水管网建设总长度与人均污水管网长度均呈现逐年增长趋势。

2）城镇排水管网建设呈现区域特征

中国的污水管网长度一直在不断增长，以适应城市化和工业化进程带来的污水处理需求（图 1-27）。通过对全国 31 个省（自治区、直辖市）①管网密度的分析，发现各省城市、县城的管网配备情况差异较大，与区位、经济发展有一定相关性[44]。就城市污水管网密度来看（图 1-28）：部分经济发达的东部、南部省份污水管网密度较高（如浙江、广东、江苏等），西部、北部、中部地区部分省（自治区）相对较低（如西藏、宁夏、山西、贵州等）；就县城污水管网密度来看：宁夏、江西、新疆、云南和甘肃等省（自治区）管网密度相对较高，安徽、江苏、浙江、内蒙古和广州管网密度较低。总体来看：江西、云南、新疆、甘肃等经济欠发达地区城市和县城管网密度都较高；辽宁、山东、吉林、贵州、内蒙古等地区城市、县城管网密度均较低；江苏、广东、安徽、浙江经济较发达地区城市管网密度较高，而县城管网密度较低。

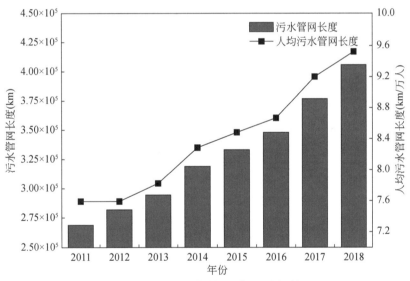

图 1-27　全国污水管网建设增长情况

3）城镇生活污水收集效能有待提升

我国大部分城镇污水有效收集率仍然较低。从全国各省城市和县城人均污水收集处理污水量情况来看（图 1-29），各地人均污水收集水平差异较大，其中东部、南部地区省份的人均污水处理量相对较高，而北

———————————

① 本书涉及的全国统计数据均未包括港澳台数据。

部地区普遍较低,很多省份城市的污水收集处理能力还不足,尤其是人均处理水平较低的省份。除海南以外的所有省份城市人均污水收集处理量都要明显高于县城,且差距较大,其中也包括经济较发达的东部和南部地区省份,因此县城污水收集处理能力依然不足。

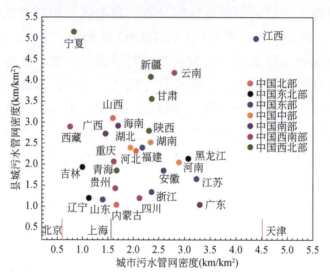

图 1-28　全国各省污水管网建设情况

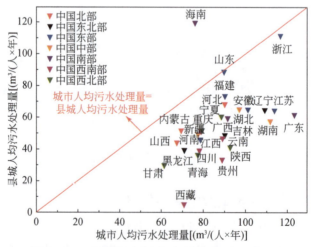

图 1-29　全国各省污水有效收集处理情况

4）因地制宜选择排水体制

近年来,国家出台系列政策,推动排水体制科学、合理、规范发展。

在排水体制选择上，我国大多城市新建城区采用分流制排水系统，老城区主要采用合流制排水系统。近年来，国家出台系列政策，推动排水体制科学、合理、规范发展（图 1-30）。总体上，国内大多数城市未强力推行雨污分流改造，多结合当地排水系统完善程度、空间条件、基础设施建设管理水平等，采取了"因地制宜、分步实施"的策略。

图 1-30　我国排水体制相关政策演进

目前我国排水管道仍以污水管道为主，但随着国家对水环境治理、排水防涝等问题的重视，雨水管道、污水管道表现为持续增长趋势，雨污合流管道表现为持续下降趋势。截至 2022 年底，我国城市污水管道长度达到 42.06 万 km，较 2012 年增长 24.27 万 km，十年间增长 136.32%；雨水管道长度达到 40.70 万 km，较 2012 年增长 24.91 万 km，十年间增长 157.86%；雨污合流管道长度达到 8.59 万 km，较 2012 年减少 1.74 万 km，十年间减少 16.81%[45]。

2. 我国现阶段雨污水管网建设管理主要问题

"十一五"以来，我国管网建设取得了显著进展，有力支撑了我国城市化进程，但与此同时，也在近年来暴露出建设发展中的局限和短板，与城市可持续高质量发展的需求存在明显的不适应。在污水管网逐步得到重视的同时，必须直面"历史欠账多，埋设在地下，情况复杂"的现实问题。目前污水管网存在总量不足、质量不高、效能低下、管理混乱等突出问题，其主要原因在于对排水体制认识严重不到位，重厂轻网留下的"后遗症"，收费低、机制不完善，监管缺位、奖惩不到位等。

（1）管网建设不平衡不充分。尽管全国城镇污水处理率普遍较高，但污水管网建设速度长期滞后于城市发展和污水处理厂建设，尤其在城中村、老旧城区和城乡接合部地区存在污水管网覆盖不足的问题；相较发达国家，排污管网密度不高，城市之间差异较大；雨水管网则存在设计标准偏低，排涝能力不足等问题。

（2）管网设施建设质量差、底数不清。大量污水管网存在严重缺陷，坍塌、破裂、处于不健康运行状态，不能正常发挥排放和转收的功能；管道错接混接严重，源头即污水混接雨水，给水环境治理带来负面影响。管网现有健康状况不清、底数不清、信息混乱，难以实现科学有效管理，发挥管网设施效能。

（3）排水体制不完善，规划设计与运行管理错位。因为缺乏有效管理，很多城市的排水系统无论是采取合流制还是分流制，都在建设和实际运行中变成了两套质量不高的合流制管网。同时，还缺乏有效的合流制溢流污染控制标准和排放标准。

（4）管理机制不清、相关政策支撑不足。管网建设和运维管理责任主体分割，存在建管分离、厂网分离等问题，缺乏有效监管和管理；管网运维费用无明确支撑途径。

3. 政策引领，监管带动，雨污管网进入补短板、提升效能新阶段

党的十九届五中全会明确提出增强城市防洪排涝能力，建设海绵城市、韧性城市。"十四五"期间，从顶层设计、资金支持等角度，我国在排水防涝、雨水管网建设方面发布了一系列政策文件，在内涝治理的现实驱动下，我国雨水管网已进入补齐雨水管网短板、建管并重的发展阶段。2021年4月，国务院办公厅印发《关于加强城市内涝治理的实施意见》（国办发〔2021〕11号），明确提出到2025年，各城市因地制

宜基本形成"源头减排、管网排放、蓄排并举、超标应急"的城市排水防涝工程体系,排水防涝能力显著提升,内涝治理工作取得明显成效。强调要加大排水管网建设力度,逐步消除管网空白区,新建排水管网原则上应尽可能达到国家建设标准的上限要求,强化日常运行维护;首次从扩大雨水管网建设规模、提高雨水管网建设标准、提升城市雨水管网运行管理水平、加大中央预算内投资支持力度等方面提出了具体要求,对我国今后一段时间的城市雨水管网建设具有重要意义。

以城市黑臭水体治理为契机,我国城市污水系统已经从建设开始进入厂网并重、提质增效阶段,更加重视污水管网建设的质量和收集效能。2018 年,习近平总书记在全国生态环境保护大会上明确提出"在治水上有不少问题要解决,其中有一个问题非常迫切,就是要加快补齐城镇污水收集和处理设施短板",从中央层面,明确污水收集的重要性,在很大程度上推动了污水收集系统的高质量发展。近年来,中央和各省环保督察也是管网提质增效的直接推动力。从目前公布的案例中看,污水直排、溢流多发、内涝积水等问题都和管网的"不足、不好"直接相关,各地在整改过程中也将管网建设、改造、维护作为重要抓手。

城市排水管网建设不断进步的同时,相关产业也因此迎来蓬勃发展的机遇。管网设施资产规模不断增长,全产业链相关装备更新迭代,新工艺和新技术不断涌现。特别是近些年来黑臭水体治理、污水系统提质增效等重点工作的开展,管网新改建工程实践活跃,资金持续投入,孕育了雨污管网大市场、产业链和企业主体,逐渐形成有中国特色的管网技术链、产业格局与发展模式。

1.4 小 结

在文明的演进过程中,城市排水管网的不断变革与创新是社会需求和科技进步的直接反映。随着社会发展、城市化进程,以及人类对生活品质和环境卫生的不断追求,排水系统形态、功能也在不断演变,其持续变革的动力来自经济社会和城市发展对排水系统不断升级的核心需求。

历史上,创新工程、技术和产品的不断涌现,推动了排水系统的不断完善。从最初简单的引水渠到古代的石砌排水系统，再到近现代的管道网络和污水处理厂，每一次创新都是为了更好地解决城市排水和污水处理的问题，改善城市人居环境。

污水收集管网在我国普遍存在着建设不平衡、质量差、管理混乱等问题。首先，建设不平衡体现在城市发展不均衡、污水管网覆盖不足，特别是城中村和老旧城区。其次，管网质量不佳，存在明沟加盖、管道接口粗陋等问题，维护困难。再者，排水体制不完善，规划设计与运行管理不匹配，导致雨污混流现象严重。此外，管理机制分割、责任不清，运维费用缺乏支撑，政策支持不足，也是问题所在。综上所述，需要加强监督和管理，提高污水管网的整体效能，以减少环境污染和管网安全隐患。

排水管网系统的发展，不仅满足了城市发展的基础需求，更是在不同时期体现了对自然、城市、经济社会、人等多要素的考虑和统筹。从大的时间尺度看，城市排水系统始终追求着人与自然的和谐与可持续发展，是社会需求、技术创新和政府引导相互作用的结果，其不断变革与创新也为人类城市发展提供了坚实的基础和保障。

参 考 文 献

[1] Nigro L. Tell es-Sultan/Jericho and the origins of urbanization in the Lower Jordan Valley: results of recent archaeological researches[C]//第六届古代近东考古学国际大会论文集. 2010, 5: 459-481.

[2] Global Citizen. 10 Charts That Show How The World's Population Is Exploding. 2016/7/11. https://www.globalcitizen.org/en/content/world-population-charts-today-future.

[3] 崔春华. 中国古代城市的起源和发展的特点[J]. 社会科学辑刊, 1987(6): 36-41.

[4] 陈相利, 李树枝, 祝培甜. 全球 50 万人口以上城市用地与人口变化特征简析[J]. 自然资源情报, 2022(7): 5-10.

[5] Angelakis A N. Urban waste-and stormwater management in Greece: past, present and future[J]. Water Science and Technology: Water Supply, 2017, 17(5): 1386-1399.

[6] Scheel B. Egyptian Metalworking and Tools[M]. Haverfordwest: Shire Publications Ltd, 1989.

[7] Gourevitch D.Hippocratic medicine and the treatise Airs, waters and places. A short history of the beginnings and influence of a scientific error[J].Medicina Nei Secoli, 1995,7(3):425-433

[8] Angelakis, A N, Rose. J B. Evolution of Sanitation and Wastewater Technologies through the Centuries[M]. London: IWA Publishing, 2014: 419.

[9] De Feo G, De Gisi S, Hunter M. Sanitation and Wastewater Technologies in Ancient Roman Cities[M]. London: IWA Publishing, 2014.

[10] De Feo G, Antoniou G, Fardin H F, et al. The historical development of sewers worldwide[J]. Sustainability, 2014, 6(6): 3936-3974.

[11] 荆文翰. 变革时代的城市现代化转型——以"巴黎大改造"为例[J]. 法国研究, 2019(1): 1-10.

[12] Hays J N. The burdens of epidemics: epidemies and human response in western history[M]. New Brunswick: Rutgers University Press, 1998: 145.

[13] 张辉. 下水道: 城市的文明史[J]. 百科知识, 2019(31): 52-54.

[14] Hamlin C. William Dibdin and the idea of biologicalsewage treatment[J]. Technology and Culture, 1988, 29(2): 189-218.

[15] Oppenheimer G M, Susser E. Invited commentary: The context and challenge of von Pettenkofer's contributions to epidemiology[J]. American Journal of Epidemiology, 2007, 166(11): 1239-1241.

[16] Brown J C. Reforming the urban environment: Sanitation, housing, and government intervention in Germany, 1870—1910[J]. The Journal of Economic History, 1989, 49(2): 450-452.

[17] Hansjorg B, Joachim D. Im Spiegel der Statistik: Abwasserkanalisation und Regenwasser behandlunging Deutschland[J]. Korrespondenz Abfall, Abwasser, 2016, 63(3): 176-186.

[18] Christian B, Christian F, Friedrich H, et al. Zustand der Kanalisation in Deutschland: Ergebnisse der DWAUmfrage 2015[R]. Hennef: DWA, 2016.

[19] 西格丽德·海尔-兰格, 埃卡特·兰格. 德国汉堡历史水利设施的适应性转型: 从保障公共卫生的关键基础设施到宝贵的人工生态系统和公共空间(英文)[J]. 景观设计学(中英文), 2023, 11(6): 44-53.

[20] Angulo C. The birth of modern sewage treatment: A history of Hartford's water pollution control efforts[J]. Connecticut Explored, 2011.

[21] Geo-Glock W S. The development of drainage systems: A synoptic view. Geographical Review of Japan, 1931, 7(11):1000-1002.

[22] Chapin I I I, Power F S, Pickett M E, et al. Earth stewardship: Science for action to sustain the human-earth system[J]. Ecosphere, 2011, 2(8), DOI:10.1890/ES11-00166.1.

[23] Larson E. The Devil in the White City: A Saga of Magic and Murder at the Fair that Changed America [J]. Midwest Engineer, 2003, 55(6): 13-14.

[24] Tibbetts J. Combined sewer systems: down, dirty, and out of date[J]. Environmental Health Perspectives, 2005, 113(7) : A464-A467.

[25] 张伟, 车伍, 王建龙, 等. 利用绿色基础设施控制城市雨水径流[J]. 中国给水排水, 2011, 27(4) : 22-27.

[26] 陈言, 朱梓烨. 日本东京的"地下神殿"[J]. 中国经济周刊, 2012(30): 38-40.

[27] 赵芝荃, 刘忠伏. 1984 年春偃师尸乡沟商城宫殿遗址发掘简报[J]. 考古, 1985(4): 322-335, 386-387.

[28] 中国社会科学院考古研究所. 中国考古学·夏商卷[M]. 北京: 中国社会科学出版社, 2003.

[29] 孙艳. 周代都城的排水系统研究[D]. 济南: 山东大学, 2017.

[30] 蔡全法. 郑韩故城的发现与研究, 华夏都城之源. 郑州: 河南人民出版社, 2012.

[31] 山东省文物考古研究所. 临淄齐故城. 北京: 文物出版社, 2013.

[32] 杜鹏飞, 钱易. 中国古代的城市排水[J]. 自然科学史研究, 1999(2): 41-51.

[33] 陈晓敏. 漫谈中国古代城市排水设施[J]. 才智, 2008(20): 30-32.

[34] 徐龙国. 秦汉城邑考古学研究[M]. 北京: 中国社会科学出版社, 2013.

[35] 白云翔. 从史前到秦汉: 城市排水系统的形成与演进[N]. 中国社会科学报, 2021-10-13(009).

[36] 郑晓云, 邓云斐. 古代中国的排水: 历史智慧与经验[J]. 云南社会科学, 2014(6): 161-164, 170.

[37] 龚嘉荣. 赣州福寿沟排水系统研究[D]. 郑州: 郑州大学, 2019.

[38] 王佳琪, 朱易春, 章璋, 等. 福寿沟排水系统建造理念对建设海绵城市的启示[J]. 中国给水排水, 2017, 33(24): 7-11.

[39] 吴运江, 吴庆洲, 李炎, 等. 古老的市政设施——赣州"福寿沟"的防洪预涝作用[J]. 中国防汛抗旱, 2017, 27(3): 37-39, 56.

[40] 佚名. 漫谈中国古代城市排水系统[J]. 国学, 2013(9): 11-13.

[41] 许宏. 中国古代城市排水系统[N]. 中国文物报, 2012-08-03.

[42] Dukhovny V, Umarov P, Yakubov H, et al. Drainage in the Aral Sea Basin[J]. Irrigation and Drainage, 2007, DOI:10.1002/ird.367.

[43] 中华人民共和国国家发展和改革委员会. 我国城镇污水处理设施不断完善[EB/OL]. 2021-11-05. https:// www.ndrc.gov.cn/fggz/hjyzy/sjyybh/202111/t20211105_1303101_ext. html.

[44] 梁珊, 刘毅, 董欣. 中国排水系统现状及综合评价与未来政策建议[J]. 给水排水, 2018, 54(5): 132-140.

[45] 中华人民共和国住房和城乡建设部. 2022 年中国城市建设状况公报[R/OL]. 2023. https:// www. mohurd.gov.cn/gongkai/fdzdgknr/sjfb/tjxx/tjgb/index.html.

第2章

雨污管网建设运维管控的瓶颈问题

在城市化发展过程中，排水管网是收集和传输雨水与污水、保护水环境、避免城市内涝的重要基础设施。通过建设和运营管理健全的雨水和污水管网，可实现城市污水处理、水资源综合利用，对城市发展、居民生活和环境保护等具有重要意义。缺失完善和健康的雨污管网，将引发水环境污染、城市内涝积水、地下水和土壤污染、路面塌陷等城市安全与生态安全问题。

图 2-1　雨污管网建设运维管控的瓶颈问题

本章结合我国现阶段雨水和污水管网的实际建设运维情况，从雨水和污水管网运行过程中存在的问题出发，识别雨水和污水管网建设运维管控的瓶颈问题。对于污水管网，从污水系统"收集—传输—提升—处理—回用—管理"六大环节存在的突出问题展开分析；对于雨水管网，围绕雨水系统"收集—输送—提升—雨水资源化利用"四大环节梳理存在的突出问题（如图 2-1 所示）。在系统分析问题的基础上，进一步总结雨污管网规划设计—施工建设—运行维护—管理调控过程存在的若干瓶颈问题，突出反映为：管网规划设计协调性较低、施工建设匹配度较差、运行维护效果不佳和调控智慧化水平低等。

2.1 雨污管网运行的主要问题表征

城市排水管网多敷设于地下，运行环境复杂，容易出现管道设施老化、排水系统不健全、设计排水能力偏低、管道缺陷损害严重等问题，加之管道运维养护不及时，对排水系统的健康安全运行影响较大，容易引发一系列问题，比如污水直排、溢流污染，城市内涝积水，地下水和土壤污染，路面塌陷等，还会增加危害气体爆炸或中毒、微生物暴露的风险。

2.1.1 污水直排、溢流污染

我国快速城镇化发展过程中基础设施建设与运行的不规范、建设滞后、质量不高、维护管理缺失、年久失修等一系列原因，使得城市排水系统普遍呈现不健康、不完善的状态，直接导致污水直排、溢流污染现象频发，成为影响我国城市水环境质量改善的重要因素。主要表现在：

（1）雨污分流制系统存在大量雨污混接错接，造成"无效"分流，雨水管道事实上成为末端没有污染物处置设施的合流管道，污水在未经处理的情况下进入雨水管道，致使晴天藏匿其中的污水在雨天发生溢流，污染地表水体；

（2）管道内未及时清除的沉积物，在雨天经由流速快、流量大的雨水冲刷入河，让水体"下雨就黑"；

（3）城市屋顶、道路等不透水下垫面上蓄积的各类污染物在降雨径流和地表径流的冲刷下进入排水管网，一部分通过市政管网进入污水处理厂，另一部分随溢流污水或雨水排放直接流入天然水体，造成水体污染[1, 2]。

2023 年 7 月，某省第一生态环境保护督察组督察某市发现，某区域由于雨污分流不彻底，雨天大量污水直排入河、溢流污染问题突出。督察发现，该地区某雨水泵站有截流污水溢流入河，在河面形成明显污染带（图 2-2）。经监测，水体氨氮浓度超地表水Ⅲ类标准 10 倍以上，总磷浓度超标 5 倍以上。同期，某省第三生态环境保护督察组进驻某市督察发现，由于管网改造进度滞后，城区多处截污闸有大量黑色污水溢流入河，溢流污水氨氮浓度超出地表水Ⅲ类标准 11 倍以上，水污染问题严重（图 2-3）。

图 2-2　雨水泵站污水直排入河形成河面污染带

图 2-3　截污闸污水溢流入河

2.1.2 内涝积水

城市内涝是指由于强降水或连续性降水超过城市排水能力致使城市内产生积水灾害的现象。近年来,受极端强降雨等影响,"逢雨必涝"成为一些城市的"顽疾"。根据水利部历年《中国水旱灾害公报》统计数据,2006~2021年间我国平均每年有100个县级以上城市遭受内涝侵袭,不仅造成人员伤亡和财产损失,还对生态环境产生负面影响。其中,一些城市因为排水管网"欠账"较多,管道老化严重,排水系统设计标准较低,城市排水系统运行不畅,再加上城市大量的硬质铺装使得地面硬化率升高,客观上加重城市内涝积水问题,影响城市交通、居民正常生产生活活动,甚至可能威胁居民生命安全(图2-4)。

图 2-4　城市内涝积水

2.1.3 地下水和土壤污染

管网破损引发的污水外渗是造成地下水和土壤污染风险的原因之一。地下排水管道破裂渗漏会使污水渗滤释放到土壤中,如果管道维修不及时,泄漏的污水未能得到及时处理,污水中有害物质,如重金属、细菌、有机物和微生物等,会沿着管道铺设的路径渗透入地下土壤,造成污染。

污水外渗还会造成地下水总矿化度、总硬度、硝酸盐和氯化物含量的升高,有时也会造成病原体污染。同时,渗漏污水中的有机物分解会消耗地下水中的氧气,导致地下水中溶解氧含量下降,造成地下水水质恶化(图2-5)。

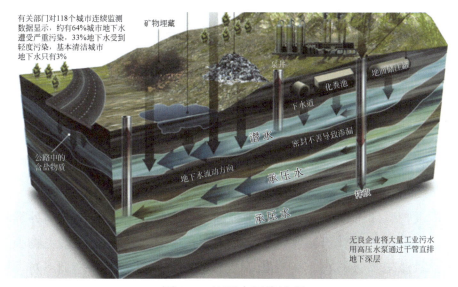

有关部门对118个城市连续监测数据显示，约有64%城市地下水遭受严重污染，33%地下水受到轻度污染，基本清洁城市地下水只有3%

矿物埋藏

泵井　　　地面储注箱

化粪池

下水道

潜水　　　密封不善导致渗漏

公路中的含盐物质

地下水流动方向　　承压水

承压水　　　排放

无良企业将大量工业污水用高压水泵通过干管直排地下深层

图 2-5　地下水污染途径

2.1.4　路面塌陷

　　路面塌陷是指地面由于地下物质移动而发生的急剧下沉现象。由于排水管道自身的破损、渗漏等缺陷问题以及管网维护不当，会导致管道周围土体入渗管内，土体流失引起路基下空洞的形成，同时外渗污水冲蚀路基之下的土体，带走土体形成冲蚀坑，在外荷载作用下易引发路面塌陷。随着城市排水管道管龄的增长，路面地基越来越脆弱，路面坍塌事件发生频率越来越高（图 2-6）。

塌陷事故直接原因统计

1.5%
10.2%
14.2%
49.5%
24.5%

■ 管道渗漏
■ 天气因素(暴雨)
■ 在建工程所致
■ 运维原因
■ 其他因素

图 2-6　排水管道渗漏导致路面塌陷

　　研究表明，2014～2018 年我国城市路面塌陷事故中，每年 7、8 月份是路面塌陷事故的高发期，此期间的降雨量远高于其他月份，瞬时降雨强度大，容易造成管龄较大的排水管道破裂，在土体中形成渗流，引起土壤冲刷，形成空腔，路面易塌陷[3]。在同一调查中，由管道渗漏引起的塌陷事故 564 起，占事故总数的 49.5%；由恶劣天气（主要是暴雨）导致的塌陷事故 280 起，占事故总数的 24.5%；由建设施工导致的塌陷事故 162 起，占事故总数的 14.2%（图 2-6）。

2.1.5　危害气体爆炸或中毒

排水管道埋于地下，空间相对封闭，仅有检查井的开启孔与外界相通，通气不畅及溶氧消耗使得管道污水以厌氧环境为主。管壁生物膜及水中厌氧微生物会对污水中有机物进行降解，产生硫化氢（H_2S）、甲烷（CH_4）、二氧化硫（SO_2）等有毒有害气体。这些气体通过气液界面传质进入管道气相空间并散逸，致使发生排水管道腐蚀漏损、人员中毒、气体爆炸等问题[4]。H_2S 是排水管道中最典型的有毒气体，人体暴露在含 H_2S 气体的环境中，容易引发眼部刺激、头痛、恶心等现象[5]，H_2S气体通过抑制人体内部组织或细胞的换氧能力，引起肌体组织缺氧而导致人体发生窒息性中毒。CH_4 是排水管道内典型的可燃易爆性气体，其产生受管道温度、污水浓度、水力停留时间、管道生物膜量、管道沉积物状况等多种因素的影响（图 2-7）。

图 2-7　排水管道气体爆炸

目前有研究指出，管网中 CH_4 浓度超过 5%、H_2S 累积浓度超过 3 mg/L（以 S 计）时，将威胁管网运行安全及人体健康。据报道，过去 25 年间，发生在我国污水处理厂的事故中，排在首位的是中毒窒息事故，占比高达 71%。在这些中毒窒息事故中，由 H$_2$S 引起的事故占比 58%，由 CH$_4$ 引起的事故占比 30%。排水管道中的可燃性气体累积达到一定浓度后，遇明火会发生爆炸，检查井是排水管网中气体爆炸事故的主要风险点，井内管网交汇状况及连接化粪池个数是关键风险因素[6, 7]。

2.1.6 病原微生物暴露

生活污水中存在大量细菌、病毒等病原微生物，在污水输送和处理过程中，由于管网破损、维护不善等原因，病原微生物逸散到空气中形成生物气溶胶污染物，对人体健康造成危害[8]。这类由微生物气溶胶带来的健康风险即称为微生物暴露风险。

在排水管道封闭空间中，气溶胶更易不断积累致使病原微生物处于相对较高的浓度水平，若同时处于湿度平衡状态，细菌或病毒则能保持较长的存活时间，使得密闭空间中暴露人群的传播风险更高[9]。已有国外学者对非包膜病毒与包膜病毒在污水沉积物（污泥）和不同材质管道表面的吸附情况进行对比，发现较高比例（90%以上）的包膜与非包膜病毒保持在液相悬浮状态，在沉积物与管壁表面的吸附比例相对较低[10]。说明污水中的病毒浓度水平在管网输送过程中会保持较高水平，加大了管网微生物气溶胶产生的健康风险威胁。也有学者通过实验室模拟污水管网汇水节点微生物气溶胶的产生速率，发现管网汇水过程微生物气溶胶的产生速率为 10^5 个/min[11]，在气溶胶产生过程中不同病原微生物的检出浓度在 10^2～10^4 CFU/m^3，构成对人体的潜在健康威胁（图 2-8）[9]。

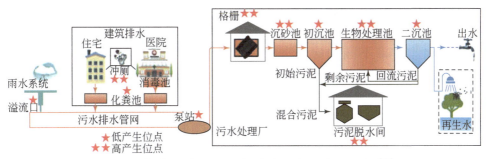

图 2-8 排水系统微生物气溶胶的主要产生环节[9]

2.2 污水管网运行全过程瓶颈问题识别

地下管线是城市中的"血管"生命线，排水管网便是城市的"静脉"。人体发生血管病变将危及生命安全，城市排水管网发生病变也会导致城市瘫痪。因此，有必要对排水管网收集—传输—提升—处理—回用—管理全过程及建设运维管控各环节存在的问题进行识别与剖析，提出应对策略。污水管网运行过程中存在的瓶颈问题，主要可归纳如图 2-9 所示。

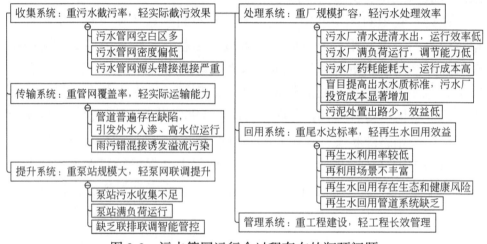

图 2-9 污水管网运行全过程存在的瓶颈问题

2.2.1 收集系统：重污水截污率，轻实际截污效果

污水收集率不高的问题在城镇污水收集系统和农村污水收集系统中均有体现。根据《2022 年城市建设统计年鉴》可知，2013～2022 年全国城市污水处理率逐年提升，2022 年城市污水处理率达 98.11%（图 2-10），我国大部分城镇污水处理表现为污水收集比较困难、水量水质波动较大，污水处理较困难（图 2-11）。

污水收集系统的瓶颈问题体现在三个方面：一是"无"，污水管网空白区多，有些地区没有管网；二是"少"，污水管网密度偏低，污水管网建设无法满足城市建设需求；三是"差"，污水收集系统错接混接严重，污水并未全部收集到污水管网之中。

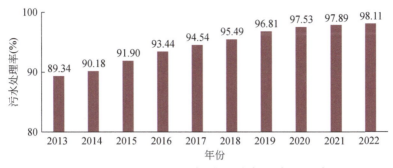

图 2-10　2013～2022 年我国城市污水处理率

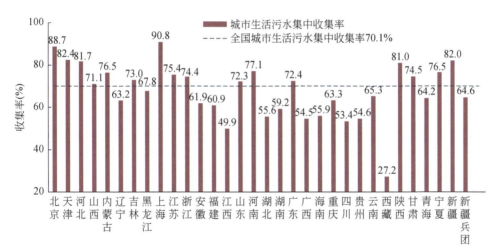

图 2-11　2022 年全国分省（自治区、直辖市）和新疆兵团城市生活污水集中收集率

1. 污水管网空白区多

2022 年，我国城市供水管道长度 110.30 万 km，城市污水管道 42.06 万 km，雨污合流管道 8.59 万 km，参考徐祖信院士团队提出的城市污水治理效益的评价方法 [12]，可知全国城市污水管网覆盖率约 50%，建成区污水管网覆盖率 27%～83%（图 2-12），污水管网占供水管网长度大于 90% 的城市仅 5 个，管网覆盖不足。其中，源头缺失严重，全国平均污水管网缺失率约为 50%，各省市污水管网缺失率为 17.3%～73.2%（图 2-13）；重视总管和干管建设，忽略收集支管建设，主要缺失的是收集支管和入户收集管，导致很多污水无法进入污水管网，生活污水收集率

大于 70%的县级以上城市仅 52 个。

$$污水管网系统度=\frac{污水管网长度}{供水管网长度} \qquad (2-1)$$

$$污水管网缺失率=\frac{供水管网长度-污水管网长度}{供水管网长度}\times100\% \qquad (2-2)$$

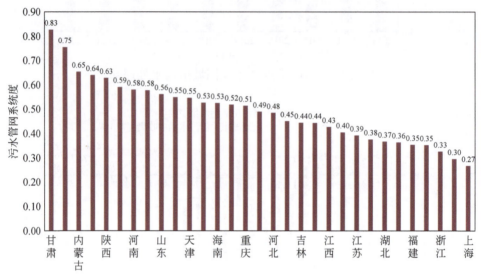

图 2-12 2022 年我国污水管网系统度状况

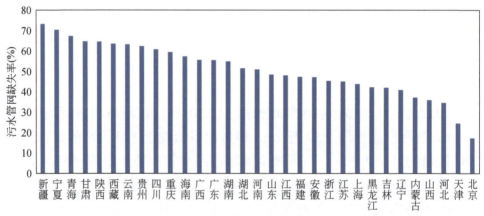

图 2-13 2022 年我国污水管网缺失率状况

2. 污水管网密度偏低

我国污水管网建设的区域发展不均衡，各省污水管网密度分布为

$3.80\sim13.48$ km/km²，东部城市污水管网密度较高，不同城市间污水管网密度最高相差 3 倍以上，大部分省尚未达到我国污水管网密度平均水平 7.96 km/km²（图 2-14）。《"十四五"城镇污水处理及资源化利用发展规划》基于我国污水系统建设改造落后的现状，对我国污水收集管网建设工作提出新的要求，提出"十四五"期间，新增和改造污水收集管网 8 万 km。

图 2-14　2022 年我国污水管网密度分布

3. 污水管网源头错混接严重

规划建设分流制的地区，雨污分流不彻底，管网错接混接问题严重，形成事实上的两套"雨污合流系统"。其中，管网错接是指雨水管道错接到污水管上，管网混接是指污水混接进入雨水管道上。分流制排水系统的雨污错接混接现象按主体可分为四大类：市政混接、住宅小区混接、企事业单位混接和沿街商户混接，其中住宅小区内部错接混接现象比较普遍，主要表现为雨污合流以及落水管、出户管错接、乱接等[13]造成污水返溢积水、管网堵塞、住宅小区出水浓度过低等问题。某城市超 30% 全时段的居民住宅小区排水水质化学需氧量（COD）浓度 <260 mg/L，再加上输送过程中管网渗透稀释，进厂水质浓度更低，无法达到污水处理厂进水水质浓度要求。住宅小区是城市居民生活和城市治理的基本单元，是党和政府联系、服务人民群众的"最后一公里"，"最后一公里"管网建设的完善是城市污水治理不可或缺的一部分。

2.2.2 传输系统：重管网覆盖率，轻实际运输能力

近年来，我国排水管道建设规模迅速扩增，国家统计局数据显示，截至 2022 年，我国城市排水管道总里程达到 91.35 万 km，管网总长较 2019 年污水系统"提质增效"行动提出时增长 23%。但由于多种因素限制，与之配套的管道维护管理水平出现了很大程度的缺位，导致管道在建成后的运行和检修管理工作得不到良好的保障，出现了大量管道缺陷[14]；加之一些城镇早期规划落后于城市发展，建设与管理不足，管网错混接成为遗留问题。同时，两者的存在进一步诱导了我国城市污水系统清污不分、雨污不分的现状，具体表现为外来水入流入渗、管网高水位运行、污水直排溢流等衍生问题，加重城市水环境污染，造成城市内河汛期返黑返臭现象。

1. 污水管道普遍存在缺陷

根据《城镇排水管道检测与评估技术规程》（CJJ 181—2012），管道缺陷分为结构性缺陷和功能性缺陷，按严重程度各分为 4 级。其中，结构性缺陷影响管道强度、刚度和使用寿命，功能性缺陷则会改变管道断面，影响管网畅通。因管道缺陷导致的城市内涝[15]、水体污染、路面塌陷等现象层出不穷。

污水管道缺陷产生的主要原因有：管道正常使用过程中，由于自身结构、水力、外部环境等因素导致管道老化、退化；管道建设时标准较低，管材质量不合格，施工质量较差，导致管道未达到设计使用年限就产生缺陷；管道运营维护不到位。

根据部分城市的管网检查结果，我国排水管道缺陷数量普遍较多（图 2-15）。例如，江西省赣州市[16]对长达 10 km 的污水管道进行检测，结果显示该地区污水管道缺陷密度为 0.8 个/10 m。汪健[17]在江苏省南京市进行城市管道 CCTV 检测，发现污水管道缺陷密度为 0.22 个/10 m。王海英等[18]对南宁市建成区进行了城市排水管道检测，结果发现污水管道缺陷密度为 2.6 个/10 m。国内其他城市如广州[19]、宁波[20]通过检测发现污水管道缺陷密度分别为 0.53 个/10 m、0.46 个/10 m。当前我国污水管道普遍存在较多缺陷，每 100 m 存在 2~3 个以上，诱发污水系

统清污不分、管网运行状况不佳等问题。

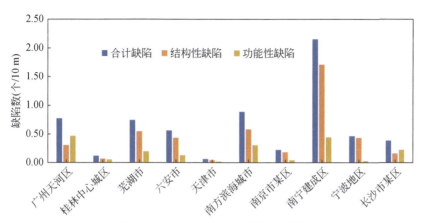

图 2-15　部分城市管网缺陷状况

1）结构性缺陷诱发管网外水入渗

管道外水入流入渗是指通过受损的管道、管道连接处、检查井进入的地下水、泉水、海水和其他泄漏的管道水[21]。外水入侵是一个世界性问题，研究发现，当前欧洲发达国家外水入渗率普遍介于 14%～65% 之间[22]（图 2-16）。据不完全统计，目前我国排水管网缺陷中，结构性缺陷大约占 68%（图 2-17），成为引发污水系统外来水入渗问题的主要诱因之一。

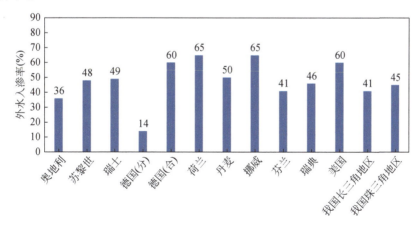

图 2-16　部分发达国家与我国发达地区污水系统外水入渗率对比

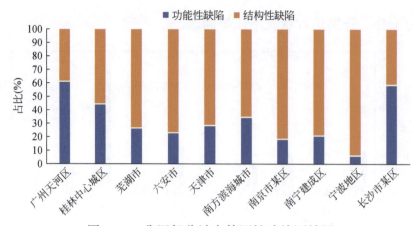

图 2-17　我国部分城市管网缺陷检测结果

2022 年，徐祖信院士团队采用污水管网外水入渗率［式（2-3）］，针对全国 219 个地级城市污水治理效益进行定量评估，结果表明仅存在 33% 的城市外水入渗率小于 30%，而 90% 的城市污水管网外水入渗高于 15%，大约 10% 的城市外水入渗率高达 50% 以上，亟需加快老旧污水管网改造与破损修复工作，减少污水传输过程中的外水入侵比例。

$$\frac{污水管网}{外水入渗率} = \frac{原生污水浓度-污水处理厂进水浓度}{原生污水浓度} \times 100\% \qquad （2-3）$$

2）功能性缺陷导致污水系统高水位低流速运行

排水管网高水位、低流速、满负荷运行也是我国污水输送系统普遍面临的问题之一。尤其南方滨海城市，胡和平等[23]在研究华南滨海地区某镇时发现污水管网实际运行水位位于管顶以上 0.94～2.78 m，比正常运行水位偏高 1.49～3.33 m；于晨晖等[24]在评估江苏苏南某镇污水系统时发现，全镇仅有 2567 m 管网（9.76%）污水充满度位于 0.8 以下。

管网高水位低流速运行的主要原因可解析为三个方面：

（1）末端污水处理能力不足。近年来随着管网覆盖率的提升，污水收集率与处理率均逐步提高，末端厂容已不适用于当前的收水能力。

（2）管道功能性缺陷。目前我国排水管网功能性缺陷约占总缺陷的 32%，诸如沉积、结垢、障碍物等功能性缺陷通常会使管内污水流动的局部阻力增加，水流流速下降，进而导致管道总的过流能力降低，诱发高水位。

（3）清污分离不彻底。地表水倒灌、地下水入渗与雨水入流等低浓度水进入污水系统，占用了系统原有输水容量，加之管网设计标准难以满足现行水量，引发高水位低流速运行。

同时，管内不佳的水力条件还促进了管道沉积物的产生。低流速污水在输送系统中的停留时间较长，此时颗粒物的重力作用通常大于拖曳力与上浮力的综合作用，促使颗粒物沉积形成管道沉积物。付博文等[25]曾对西安市城区的主要污水管段进行调研，发现 80% 的管道存在沉积现象；北京市排水管道中[26]，60% 存在沉积物，15% 的管道污染物沉积量达到了堵塞水平，由此可见我国管道淤积的普遍性与严重性。已有研究表明，管道沉积物的长期堆积易促使污水输送系统趋向"生化反应器"转变[27]，不仅占用了管道的输水空间，降低流速形成恶性循环不断加剧管道淤积，还为微生物提供生存环境，利用污水中的营养物质新陈代谢，产生对人体与管网有害的腐蚀气体。

2. 管道错混接是溢流污染重要诱因

我国分流制排水系统还受到管网错混接问题的困扰，针对错混接问题的排查与研究探讨在近 5 年显著提升，成为近年来的热点话题。例如，2019 年南宁市全市管网普查 5000 km，发现错接混接点共计 8541 处[28]；2022 年南昌市污水系统综合治理，管网改造 255.83 km，发现市政管网错接、漏接、混接问题合计 31205 处[29]；2018 年上海黑臭水体治理，排查混接点 20290 个，平均每公里就存在一处混接[30]。

雨污错接是指雨水管错接到污水管道上，雨污混接是指污水混入雨水管道之中。一方面，混接的雨水管道等同于末端没有污染物处置设施的合流管道，污水在未经处理的情况下晴天藏匿于雨水管中，雨天管网水量突增发生溢流污染；另一方面，错接的污水管道在发生降雨时输送能力被雨水大量占用，造成污水冒溢。陈黄隽等[31]曾针对南宁市某混接溢流口进行监测，研究发现降雨强度达峰值后的 10 min 内，溢流污水的水质浓度最高，COD 接近 500 mg/L，对受纳水体产生严重污染。因此，雨污错混接的问题已使我国部分分流制排水系统"名存实亡"[32]，与原有合流区形成两套合流系统，违背了雨污分流的设计初衷，在输送系统中造成了较大的污染负荷损失，引发城市水体污染甚至形成黑臭水体。

2.2.3 提升系统：重泵站规模大，轻泵网联调提升

污水提升泵站是城镇排水系统中的重要组成部分，将排水系统管网汇集的污水加压、提升水头压力使污水到达高处后，转变为重力流，然后将污水输送至下一级泵站或排水系统末端的污水处理厂。长期运行过程中，因其年限久远、设计不合理、运行管理不善等原因，易导致泵站收水能力与设计能力不匹配、泵站进水量季节性波动大、合流制泵站溢流污染以及缺乏联调联控等问题。

1. 污水泵站设计规模不匹配

污水泵站规模应根据服务范围内远期最高日最高时污水量确定，同时应与用地指标相匹配。但我国污水泵站大多修建于 20 世纪六七十年代，当时资金不足，设计普遍低于国家标准，且后期城市发展，生产生活污水量增加，实际泵站收水量远大于设计规模[33]。同时，泵站设计之初未能完全考虑前段排水管道入流入渗，外水量进一步增加了污水泵站压力[34]，泵站前端管网错混接，雨水管混接入污水管道造成泵站实际流量超出设计流量，导致泵站满负荷运行甚至溢流。自 2017 年黑臭河道整治以来，严控防汛泵站（含合流制泵站）旱天排水入河，导致防汛泵站只有降雨到一定程度后才能执行排放入河，大量的雨污水截留进污水管道，输送至污水泵站，更加加剧泵站满负荷运行现象[35]。

2. 污水泵站进水量季节性波动大

由于配套污水收集系统完善程度不同以及地区差异，污水泵站进水量季节性变化的特征非常明显。如北方地区冬季降雨量极少，但部分冬季采用地热水供暖的北方城市，地热水排入市政管道，供暖期泵站进水量大幅上升造成泵站满负荷甚至超负荷运行，与冬季非供暖期相比泵站进水量变化幅度较大，易造成短期满负荷运行冲击影响、短期低水位运行泵站能耗增加的问题[36]。

3. 合流制泵站排放雨污水入河污染

过去，合流制泵站运行模式采用雨前预抽空，雨中开足防汛泵，保

障地区防汛安全[37]。但随着城市发展和人口增加，污水量逐渐增加，合流制管网中滞留大量雨污混接水，为避免旱天排放雨污水入河，泵站平时采取高水位运行，使得泵站对降雨无缓冲能力，且合流制管网为雨污混接水，污染浓度高，雨天排放入河后对河道造成冲击污染。如上海某典型泵站雨天放江后河道下游水质浓度变化，受纳水体水质受泵站放江污染影响较大（表 2-1），且由于河道流速缓慢，污水团易在河道形成区域性黑臭[38]。

表 2-1　上海市某典型泵站放江前后河道水质变化

	BOD_5（mg/L）	COD_{Mn}（mg/L）	$NH_3\text{-}N$（mg/L）	SS（mg/L）
放江前河道水质	5.4	5.2	4.4	23.2
放江后河道水质	43.2	35.3	33.4	75
III 类水标准	4	6	1	20
放江后超标倍数	9.8	4.9	32.4	2.8

4. 缺乏联排联调智能管控

污水系统设计建成之初均相对独立运行，未能考虑厂网一体化联合调度。后期随着城市发展，用地类型改变，导致服务范围内污水收集量与设计之初有所差距，造成应急调度时泵站规模不够而出现污水外溢污染问题[39]。如某南方城市区域污水系统概化图（图 2-18）表明，各污水处理体系仍相对独立，剩余污水处理厂及泵站之间缺少必要的联通通道而不具备跨厂调水功能，无法应对不同时期各系统间处理负荷不均衡、污水处理厂应急状态下的污水处理需求。同时，目前污水泵站大多通过高低水位浮球开关来实现，对污水提升泵开停的自动控制，并不是运行过程智能化的自动控制，无法实现提升污水收集量与集水池水位智能互动的自动控制。

2.2.4　处理系统：重厂规模扩容，轻污水处理效率

污水处理系统作为污水管网运行全过程的最后一环，近年来处理能力已得到极大改善，但仍面临着众多瓶颈问题，主要包括处理前污水处

理厂进水浓度过低，处理时污染物去除率低、运行负荷高成本高，处理后出水标准盲目提高、污泥处置效益低等。

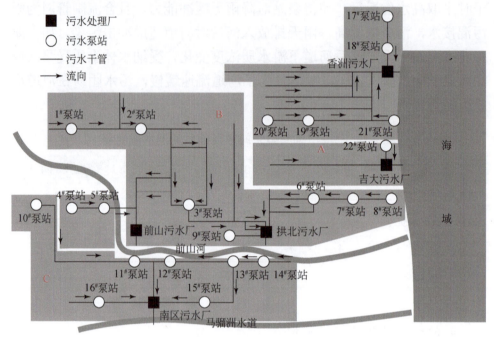

图 2-18　某南方城市区域污水系统概化图

（原设计污水处理体系 A、B、C 均相对独立）

1. 污水处理厂清水进清水出，污染物实际去除率低

我国污水处理厂进水浓度普遍较低。据全国城镇污水管理信息平台统计，2020 年全国城镇污水处理厂进水浓度平均值 COD 为 206.8 mg/L，处于设计值区间（250～450 mg/L）的较低水平，进水 COD 浓度低于 200 mg/L 的污水厂占比 46.2%，进水 BOD 浓度低于 100 mg/L 的污水厂占比 56.6%[40]。对比德国、美国、荷兰、瑞典等欧美发达国家，德国污水处理厂进水 COD 浓度为 646 mg/L，美国污水处理厂进水 COD 浓度约为 850 mg/L，我国处理厂进水浓度只有欧美国家的 20%～50%[41]（图 2-19）。在全国不同地区，进水浓度也存在较大差异，华北、东北和西北地区的进水 COD 浓度相对较高，西南、华南地区进水 COD 浓度较低，整体上呈现出北高南低的特征[40]。

图 2-19　我国污水厂进水 COD 浓度与欧美发达国家比较

污水处理厂进水可生化性低、碳氮比失衡。反硝化是去除污水中总氮的重要过程，碳源是反硝化过程的关键因素，当 COD/TN 介于 8~12 时，可认为反硝化过程碳源充足，而中国城市污水处理厂的进水碳氮比（C/N）比仅在 5.4~10.9，北京、上海和广州污水处理厂的进水 C/N 介于 7.5（广州）到 8.8（北京）之间，平均 8.0，低于正常范围，BOD/TN 在 3~4 之间波动[42]，低于推荐值的 4~5，因此反硝化过程碳源不足是各城市城镇污水处理厂面临的普遍问题。

污水厂污水处理率虚高，实际污染物去除率低。污水处理率是统计污水处理总量与污水排放量的比值，污染物去除率是污染物进水浓度减去出水浓度后与进水浓度的比值。我国污水处理量大，导致污水处理率虚高，但进水污染物浓度低，污染物实际去除率低。对比我国和新加坡污水处理率可以看出（图 2-20），污水厂 COD 去除率方面，新加坡可达 91%，而我国仅为 33%，其中北京 83%、上海 59%、广州 41%；氮（N）去除率方面，新加坡可达 100%，而我国仅为 52%，其中北京 100%、上海 68%、广州 52%[43]。

2. 污水处理厂满负荷运行，调节能力低

在调研的全国 467 座城镇污水处理厂中，约 2/3 的水力负荷率大于 80%，约 1/3 的大于 120%，有 5 座污水处理厂大于 150%[44]。高水力负荷运行的污水处理厂没有运行调控余地，不能应对水量水质变化，出水

超标风险增大。当水力负荷率大于 80%，除少数超大型污水处理厂以外，一般污水处理厂无法在出水达标的前提下倒池停水检修，而曝气器和二沉池吸刮泥机等无备用水下设备只有泄空才能彻底检修或更换。无法进行计划性维修的设备，长期带"病"运行，将随时导致运营风险。

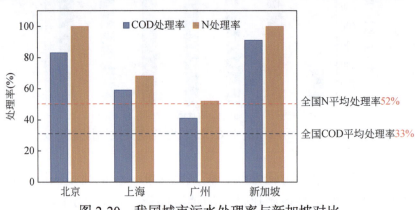

图 2-20　我国城市污水处理率与新加坡对比

3. 污水厂药耗能耗大，运行成本高

污水厂进水水质浓度低，碳氮比低，导致需额外投加碳源，运行成本高，能耗增大。据统计，全国 5762 座城镇污水处理厂，其中投加碳源的污水处理厂数量为 2746 座，占污水处理厂总数的 47.7%，碳源投加需求极大（图 2-21）。我国污水厂多采取的是传统生物/化学工艺处理污水，但污水厂进水浓度低，为了满足反硝化过程，需要投加大量碳源，提高 C/N，超过 95% 的污水厂选择乙酸、乙醇、葡萄糖作为外加碳源，碳源的市场均价在每吨 2500 元以上。统计的全国 5762 座城镇污水处理厂 2020 年平均吨水电耗均值达 0.48 kWh/m³，单位去除 COD 电耗的均值为 3.59 kWh/kg COD，对比德国 2020 年污水处理厂吨水电耗量均值 0.38 kWh/m³ 和 2019 年污水处理厂单位去除 COD 电耗均值 0.78 kWh/kg COD，我国污水厂单位水能耗与国外基本相当，但由于大量药剂的投入和处理工艺落后，单位污染物能耗则远高于西方国家[41]。

4. 盲目提高出水水质标准，污水厂投资成本显著增加

我国很多城镇污水处理厂执行的污水处理标准不断加码，提高到"准Ⅳ类"，甚至"准Ⅲ类"，没有抓住治理存在的短板问题，造成投

分类	污水处理厂数 (座)	污水处理厂数量占比 (%)	污水处理厂处理能力 (万m³/d)	污水处理厂处理能力占比 (%)
投加碳源	2746	47.7	10706	56.6
未投加碳源	3016	52.2	8203	43.4
部分月份投加碳源	1294	22.5	4509	23.8

图 2-21　2020 年全国城镇污水处理厂碳源投加占比

资浪费。截至 2020 年 1 月底，全国共有 10113 座污水处理厂核发了排污许可证，按污水厂排放标准计算，我国污水处理厂中约 1.9 亿 t/d 出水标准达到一级 A，占比约 83%，满足地表水Ⅳ类标准的污水处理厂共有 357 座，设计总处理规模 1601 万 t/d，占比 7.0%[45]，超 90%污水厂出水标准达一级 A 及以上。因此，我国污水系统的短板并不是污水厂出水标准低，而是管网总体质量不高，提高污水处理厂的排放标准，对削减污染物入河入湖总量具有一定的作用，但是盲目追求过高的污水处理排放标准，必然会使运行费用过高，给城市的财政造成过重负担。

5. 污泥处置出路少，效益低

我国污泥现状问题主要是污泥产率高，污泥浓度大，污泥处置方式以填埋为主，土地利用和建材利用率低。据统计，我国污水厂平均污泥产率达 0.69 kg DS/kg COD，是发达国家的 1.5 倍以上，全国 467 座污水处理厂中，超过 67%的处理厂污泥浓度大于 4000 mg/L，接近 20%的处理厂污泥浓度超过 7000 mg/L[44]。我国不同污泥处置方式所占比例（图 2-22）表明：污泥填埋占比 53.79%，主要与生活垃圾混合填埋；焚烧占比 18.31%，以电厂协同焚烧为主，单独焚烧所占比例较低；建材利用占比 16.08%，主要方式为制水泥和制砖；土地利用占比 11.01%，处置方式主要为园林绿化和土地改良，土地利用比例不及发达国家的 1/5[46]。

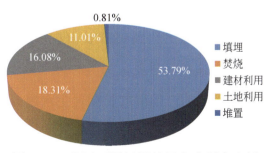

图 2-22　我国不同污泥处置方式所占比例

2.2.5 回用系统：重尾水达标率，轻再生水回用效益

1.再生水利用率较低

据统计，我国再生水利用率平均仅为24.34%（图2-23），远低于水资源短缺型国家的平均水平（60%）和发达国家的平均水平（30%～50%）[47]。

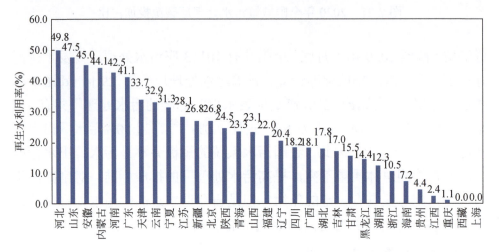

图2-23　2021年我国各省再生水利用情况（《2021年城市建设统计年鉴》）

2.再生水利用场景不丰富

目前我国的再生水利用途径类型有限，《城市污水再生利用分类》将再生水利用途径主要分为农、林、牧、渔业用水，城市杂用水，工业用水，环境用水及补充水源水五大类，远少于全球范围内的再生水利用途径数量。2007～2019年，我国城镇地区再生水利用率仅为20%，与再生水利用率居全球第一的以色列相差60%，且再生水利用途径有限[48]。以北京市为例，2020年再生水利用量达到12亿m³，但用途单一，景观环境用水的占比达到92.5%，仅有4.83%用于工业用水[49]。

3.再生水回用存在生态和健康风险

研究表明，简单的长期再生水灌溉可能会导致土壤重金属超负荷以及盐渍化风险，并且再生水中的氮磷营养物质易导致水华问题[50, 51]。此外，再生水工艺通常仅针对常规污染物进行深度处理，导致再生水中可能残存消毒副产物、药品及个人护理品、持久性有机污染物和内分泌

干扰物等新型污染物,危害人体健康[52]。

4. 再生水回用管道系统缺乏

《建筑中水设计标准》（GB 50336－2018）8.1.1 和 8.1.3 规定,在建设城市管网系统时需要为中水建设专用的中水管道,中水管道严禁与生活饮用水给水管道连接;中水管道与生活饮用水给水管道、排水管道平行埋设时,其水平净距不得小于 0.5 m;交叉埋设时,中水管道应位于生活饮用水给水管道下面、排水管道的上面,其净距均不得小于 0.15 m[53]。然而一些城市由于早期规划、建设的局限性,导致建筑内的中水管道和城市的中水管网不完善,如果修建新的管网系统,工程复杂,耗资巨大。

2.2.6　管理系统:重工程建设,轻工程长效管理

排水系统建设完成后,往往忽略排水系统运营管理,过于关注工程建设而忽视工程长效管理的思维模式,缺乏区域统筹、系统统筹和工程统筹。各部门缺乏联动协调,同一区域或流域内的污水处理厂、排水管网、泵站、河道等由多家单位分别建设、分别运营,责任主体的关注点不同导致责任划分不清,建设与规划不统筹,上下游无衔接,难以破除壁垒,不同单位之间难以高效协调,整个排水系统亦无法发挥最大效能。此外,还存在管网建成后建设相关单位未做好与管养维护单位和排水主管部门的沟通,导致排水管网无法满足实际运维需求及排水相关要求。管理部门和业务部门缺乏有机结合,"九龙治水""多头管理"等情况普遍,排水系统在规划、建设、运营、监管等环节缺乏系统性统筹,制约排水系统优化完善和功效提升。

2.3　雨水管网运行全过程瓶颈问题识别

雨水管网运行过程中存在的瓶颈问题主要可归纳于图 2-24。

2.3.1　收集系统:重雨水收集率、轻雨水口污染治理

1. 管道密度低,雨水收集率低下

城市排水系统作为市政设施重要的一部分,同时也是整个市政基础

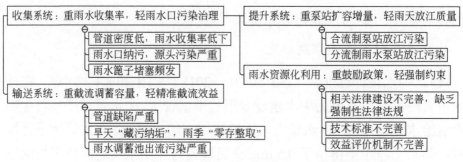

图 2-24 雨水管网运行过程存在的瓶颈问题小结

设施的骨干，承担着排放雨水和防治城市内涝灾害的重任。随着城市发展，建筑物及道路增多，绿地面积减少，不透水表面面积增加，但雨水排水系统没有得到及时改造，城市原有的雨水排水系统服务面积无法与城市发展阶段匹配，排水量增加，管网覆盖面不全，城市内涝风险加大。根据住房和城乡建设部《2022 年城乡建设统计年鉴》，我国许多省份的排水管道密度低于 15 km/km²，雨水管道长度占比在 40% 以下（图 2-25）。

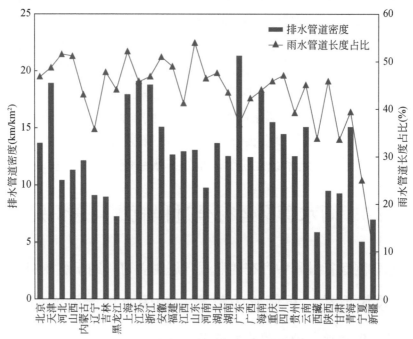

图 2-25 2022 年各省份排水管道密度及雨水管道长度占比

同时，城市雨水管道存在整体系统性差、设计标准低等问题。国内外部分地区雨水管渠的设计重现期[54, 55]如表 2-2 所示，根据规范条文比较可以看出，我国相比于国外设计标准偏低，尤其是老城区的规范标准更低。随着降雨量增加，极端降雨的频率不断增高，加之城市面积增大，设计标准偏低的管道无法满足城市排水需求，导致城市排水不畅，对降雨容纳量小。

表 2-2　国内外部分地区雨水管渠的设计重现期

地区	雨水管渠设计标准
美国	2～15 年一遇（居住区 10 年）、10～100 年一遇（商业区和具有重要价值地区）
法国巴黎	50 年一遇且地面不积水
英国伦敦	30～100 年一遇，30 年一遇要求地面不积水，30 年以上保证群众生命财产安全
日本东京	100 年一遇，允许道路积水 20 cm
中国	城区设计标准一般是 2～3 年

2. 雨水口纳污，源头污染严重

雨水流经地面进入管道时，会将地表存在的污染物一并带入雨水管道中，造成污染，称之为径流污染。除各类地块雨水径流造成的污染外，运营管理粗放和居民用水排水不良习惯也会加剧雨水径流污染程度。

1）源头混接污水导致污染

我国南方地区阳台洗衣机污水接入雨水管只是源头混接的方式之一（图 2-26），另外一种情况是，因为污水管道疏通养护不够，污水管不畅通，运行效率低下，会造成污水冒溢，因此将污水向雨水管混接。如上海全市调查检查井和进水口近 70 万座中，查出混接点 1.3 万余个，其中沿街商户和企事业单位混接占比超过 65%（表 2-3）。

2）雨水口藏污纳垢

雨水口的垃圾和污水是雨水系统的污染源之一，不规范排放和粗放管理导致雨水口垃圾充塞、污水横流现象普遍发生。首都北京曾对主要交通大道、商业街、旅游地段、老城居住区、新建小区等进行雨水口抽样调查，结果汇于表 2-4。雨水口的污染可分为三种：人为扫入、丢入

图 2-26 阳台水混接案例

表 2-3 上海全市混接情况调查表[56]

调查对象	排水管道（km） 12147	检查井（座） 368454	雨水口（个） 320776	查出混接点数量（个） 13738
调查位置	混接数量		占总数百分比（%）	
市政道路混接点	631		4.59	
企事业单位混接点	6157		44.82	
沿街商户混接点	3328		24.22	
住宅小区混接点	2175		15.83	
其他混接点	1447		10.53	

表 2-4 北京雨水口调查结果

垃圾所占体积百分比（%）	0～10	10～20	20～30	30～40	40～50	50～60	60～80	80～100
个数	54	47	36	19	20	8	9	4
百分比（%）	27.4	23.9	18.3	9.6	10.2	4.1	4.6	2
垃圾种类	人为扫入或丢入的纸屑、烟头等道路及生活固体垃圾；人为倾倒的污水；腐烂变质的沉积物							

的各种生活垃圾（占 55%）；人为倾倒的污水（36%）；腐烂变质的沉积物[57]。

3）初期雨水面源污染

城市雨水径流污染与流经的下垫面的类型密切相关，不同的下垫面因其材料、污染来源与积累过程等的不同导致径流水质存在较大差异。一般将城市雨水径流按下垫面性质分为：道路雨水径流、屋顶雨水径流和绿地雨水径流三种。其中道路雨水径流污染程度高。国内外各地典型城市道路雨水径流水质监测数据（表 2-5）表明，道路雨水径流污染程度高，其中国内道路雨水径流相对于发达国家污染程度更高，原因可能是国内大城市相比于发达国家可利用空间小，道路使用频率较高，造成道路污染负荷大。

表 2-5　国内外道路雨水径流中各污染指标事件平均浓度（EMC）值[58-69]

国家/地区	TSS（mg/L）	COD（mg/L）	氨氮（mg/L）	总磷（mg/L）	Zn（μg/L）	Pb（μg/L）	Cd（μg/L）
美国得克萨斯州	117.8	64	—	0.13	167.4	12.6	26.8
美国加利福尼亚州	67.7	252.5	4.6	0.9	506.3	25.8	92.9
瑞士	128	—	—	—	354	26	57
波兰	—	—	0.27	—	334	319	—
意大利	—	—	0.43	—	178.4	56.54	350.6
法国	46	80	—	—	228	40	30
德国	—	103.7	0.72	0.91	433	203	90.6
韩国	76	33.3	—	0.8	300	1200	—
日本	54.3	—	—	—	716.4	30.5	68.3
澳大利亚	336	—	—	—	347	44.5	97.3
中国北京	—	451	10.6	2.53	1140	18.5	—
中国广州	439	373	—	0.49	2060	115.2	1.6

3. 雨水篦子堵塞频发

城市雨水口是收集地面雨水的重要设施，由雨水篦子、雨水井及支管等多个部分组成。雨水口是汇集、排除城市雨水的重要构筑物，通常设置于道路交叉口和地面低洼处，现行雨水口多按照《室外排水设计规范》（GB 50014—2006）设计，大部分老城区雨水口的设计尺寸和设计形式较为落后，难以适应当前城市快速发展和当地水文气象等自然条件的变化。目前已有达到一定使用寿命的雨水口堵塞严重，难以正常泄水，部分堵塞严重的雨水口甚至有臭味溢出。

对城市中部分新老街区雨水口调研发现[70]：老城区的雨水口堵塞情况较新城区严重，生活垃圾、落叶和泥沙是导致雨水口堵塞的主要原因。堵塞雨水口的生活垃圾多数是各种固体垃圾，其中堵塞最为严重的是塑料包装袋，部分生活垃圾被人们随意乱扔于街道路面后，由雨水携带进入雨水井，有的则是人为故意扔进雨水井的。在调研过程中还发现，居民数和人流较多的街道雨水口中的生活垃圾也相对较多，其中餐馆聚集的街区雨水口情况更不乐观，雨水井中不仅有生活垃圾，还存在大量的食物残渣，不仅堵塞难以正常排水，甚至溢出刺鼻臭味，严重影响城市环境，给周围居民工作和生活带来困扰。

2.3.2 输送系统：重截流调蓄容量，轻精准截流效益

1. 管道缺陷严重

根据城市建设统计年鉴数据，目前我国排水系统维护费用仅占市政基础设施总支出的 4%。雨水管道维护不到位会导致局部雨水外排能力降低，如城市中各种固体污染物将明装雨水口堵塞，使集水能力下降；地面径流带走的沉积物进入雨水管网，长期得不到清理会形成淤塞，导致管道中过水断面缩小，排水量大幅减少；很多老旧区域采用合流制排水系统，排水分区不合理、部分排水设施老化的问题屡见不鲜。

与污水管道类似，雨水管道缺陷也分为结构性缺陷和功能性缺陷。管道缺陷产生的主要原因有：管道正常使用过程中，由于自身结构、水力、外部环境等因素导致管道老化、退化；管道建设时标准较低，管材质量不合格，施工质量较差，导致管道未达到设计使用年限就产生缺陷；管道运营维护不到位。

2. 旱天"藏污纳垢"，雨季"零存整取"

目前，我国城市生活污水集中收集效能显著提高，基本实现了污水管网全覆盖、全收集、全处理，污水直排问题得到有效控制，但各地仍普遍存在下雨后河流水体返黑问题。雨水排口污染及治理已成为我国黑臭水体治理和水环境质量提升的瓶颈，其核心问题在于雨水管网的高水位，根本原因是旱季的"藏污纳垢"，非雨水的外来水在旱天就已经进入收集、输送、排放雨水的系统中。地下水、河湖塘水和混接（合流接入）污水等三股外水混在一起，因旱天雨水自流排放口不让排水而导致雨水管"满管流"，管道内则是"一腔黑水"。高水位的"满流管"给管道的清淤保养带来了难度，淤积在管底的污泥无法及时清理，使得管道内污染物长期沉积。雨季的污染"零存整取"使出流污染更加严重，雨水和管内憋住的"黑水"一同进入受纳水体。

除此之外，降雨夹带空气中各种污染性气体的雨水降落到屋面和地面，冲刷和淋洗沥青油毡或金属制屋面、沥青混凝土道路、建筑工地等，使得降雨及径流中的有机物、营养物、悬浮物、油类物质和重金属等污染物带来的污染物负荷大大增加[71-75]，同时在水流的冲刷作用下，管底沉积物也会进入受纳水体造成污染，这种现象称为初期冲刷效应。

初期雨水携带的污染物来源主要分为两部分：一是经过污染物随地表的街尘迁移，二是在管内污染物累积[76]，其迁移过程如图 2-27 所示。地表的街尘污染物主要受大气降尘、城市居民人为活动的影响，并在晴天累积，雨天借助风力以及降雨径流进入排水管网后输送至雨水管道内。雨水管道内沉积物污染物则在管道干期时累积，降雨时受扰动再悬浮，致使沉积物内的污染物受浸泡释放于环境中，部分沉积物在暴雨径流冲刷作用下直接被冲刷进入河道。

3. 雨水调蓄池出流污染严重

由大气沉降、人类活动等产生的污染物随径流雨水进入排水管道，产生管道沉积物，因其受径流雨水冲刷产生的非点源污染已成为城市水体污染的重要来源。由于降雨径流污染存在一定的初期冲刷效应，在理论上通过截流初期小部分雨水就能够获得较高的污染物控制率[77]。但我国雨水调蓄设施建设起步较晚，雨水调蓄池多为大型集中式雨水调蓄池，未考虑雨水调蓄池布设方式对雨水调蓄池收集雨水及污染负荷量能力的影响；更有甚者，许多城市地区忽视排口水量与水质调查、忽视管道缺陷问题，仅按照"若干毫米初期雨水"沿河截流，导致雨水调蓄池在旱天就储存"黑水"，即使在雨天起到了一些截流作用，这些初期雨水也会和调蓄池内储存的污水造成出流污染[78]。这种粗放的设计和管理方式无法实现预期效果。

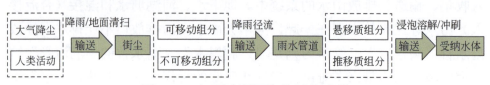

图 2-27　初雨冲刷污染物迁移过程

2.3.3　提升系统：重泵站扩容增量，轻雨天放江质量

随着《水污染防治行动计划》的深入实施，不管合流制还是分流制排水系统，降雨污染控制都是无法回避的现实需求，"水环境"和"水安全"两个目标需要同时实现，泵站的运行调控成为衔接管网与河道的关键环节，雨天泵站放江污染问题逐渐显露并得到重视[79]。

泵站放江是城市河道水质不能稳定改善的主要原因之一，是所属排水系统严重混接导致污水经由雨水泵站排入河道水体。目前多采取截流调蓄设施削减泵站溢流频次、混接污水放江量[80]，但由于集水井中污水停留时间长，污染物沉积，截流措施未能有效削减污染物放江量，泵站放江过程中雨水泵吸力搅动使得底部沉积污染物外排，引起河道黑臭[81]，相关计算发现存在混接的雨水泵站对河道水体污染贡献率可达 30%～80%[82]。南京市某国考断面上游泵站放江污染负荷（表 2-6）表明，存在混接的泵站在小、中、大雨时的放江氨氮浓度分别超Ⅲ类水标准 10.9 倍、20.6 倍和 16.9 倍，单次降雨事件中存在雨污混接的排涝泵站排放氨氮负荷为污水厂尾水 50 倍以上。泵站放江流量大、污染浓度高，是污染物由分散排放向集中排放的隐形污染源。

表 2-6 不同降雨情境下泵站放江污染负荷

泵站排放负荷	存在混接泵站			纯排涝泵站		
	排水量（m³）	氨氮浓度（mg/L）	氨氮负荷（kg）	排水量（m³）	氨氮浓度（mg/L）	氨氮负荷（kg）
小雨	6600	11.90	78.54	31800	1.43	45.47
中雨	8400	21.60	181.44	47400	2.77	131.30
大雨	56040	17.90	1003.12	454200	1.97	894.77

2.3.4 雨水资源化利用：重鼓励政策，轻强制约束

城市雨水资源化是指在城市区域采取拦蓄、储存、回灌、利用等方式，以工程或非工程手段，达到雨水的收集、处理和再利用[83]，并产生经济、社会及生态环境效益的过程[84]。我国城市开展雨水资源化的最初驱动因素是城市雨水资源短缺，研究发展起步于 20 世纪 90 年代，相比英国、德国、美国、澳大利亚、新加坡等国家，发展起步较晚，发展过程中仍存在许多问题[85]。

1. 相关法律建设不完善，缺乏强制性法律法规

与国外发达国家相比，我国雨水资源化相关的法律建设尚不完善，已有的雨水资源化相关法律、法规及政策以鼓励雨水再利用为主，缺乏强制性，再加上我国城市雨水资源化以政府投资为主，缺乏社会资本的参与和金融市场的融资，呈现政府投资为主的局面，在没有强制性法律法规的约束下，当前我国大多数地方仍未开展过雨水利用相关理论研究与实践应用。

2. 技术标准不完善

我国雨水资源化技术发展迅速，已有雨水资源化技术涉及屋面、路面、绿地等不同地面类型。但是从已有研究成果来看，各种雨水资源化方法缺乏指导性的标准或规范指导，特别是缺乏考虑气候特征差异的各类雨水资源化技术标准，对各类雨水资源化技术的应用条件、适用范围等方面的标准化研究不足，在一定程度上影响了各类雨水收集利用工程

项目的推广和普及。

3. 效益评价机制不完善

我国雨水资源化工程项目以政府投资为主,偏重社会效益、生态环境效益,轻经济效益。当前雨水资源化的效益评价机制尚不完善,已有的评价方法以定性分析为主,缺乏科学有效的量化评估分析;城市雨水资源化的宣传、教育力度还不够,市民对城市雨水资源化认识以及雨水利用意识不足。缺乏对雨水资源化技术科学有效的经济性评价,雨水资源化技术的成本效益分析不足。

2.4 雨污管网建设运维管控各环节瓶颈问题

雨污管网运行包含规划设计、施工建设、运行维护、管理调控四大关键环节,各环节均存在影响雨污管网正常运行的瓶颈问题,如图 2-28 所示。

2.4.1 规划设计不够协调

1. 缺乏部分标准规范

1) 缺乏化粪池设置与改造、替代规范

从国家及部分地区已出台的相关政策文件分析,总体趋势是逐步取消化粪池,但城市更新、老旧小区改造、海绵城市建设等工作中,对化粪池取消与改造的规定并不明确。《室外排水设计标准》(GB 50014—2021)中条文 3.3.6 规定:城镇已建有污水收集和集中处理设施时,分流制排水系统不应设置化粪池。对此给出的条文说明是,随着我国大部分地区污水设施的逐步建成和完善,设置化粪池将降低污水处理厂进水水质,不利于提高污水处理厂的处理效率。2022 年 4 月 12 日,住房和城乡建设部发布的《城乡排水工程项目规范》(GB 55027—2022)中条文4.2.11 也规定:分流制排水系统逐步取消化粪池,应在建立较为完善的污水收集处理设施和健全的运行维护制度的前提下实施。但这两个前提如何判断,仍有较强的主观性。这些因素导致各地对化粪池设置的政策与执行规范差异较大(表 2-7)。

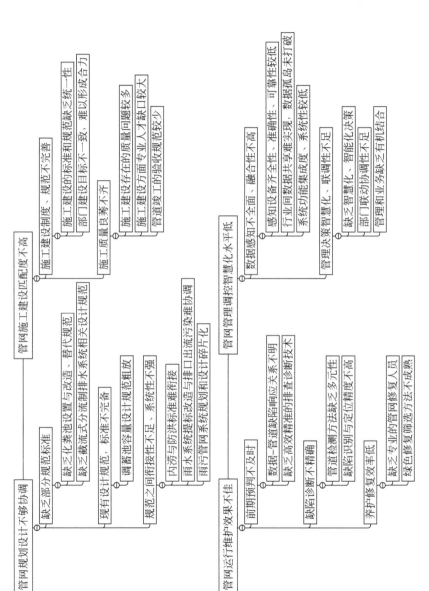

图2-28 雨污管网建设运维管控各环节存在的瓶颈问题

表 2-7 部分地区化粪池设置的相关政策

地区	政策	时间	相关内容
广州市	《广州市排水条例实施细则》	2022.12	取消化粪池应同时具备以下条件：雨污已分流；具有完善污水收集和处理系统；具备健全的运行维护制度保障
江西省	《关于进一步加强城镇排水管网规划设计施工验收等全过程管理工作的通知》	2022.10	因地制宜开展无化粪池排水系统建设改造，对于实现雨污分流的区域宜取消化粪池，原化粪池宜改造作为检查井，并在出水管设置粗格栅
深圳市	《深圳经济特区排水条例》	2021.1	在污水处理设施服务范围内，已经实现雨污分流的区域，具备条件的可以不设化粪池
山东省	《关于开展城市污水处理提质增效三年行动的通知》	2019.9	逐步改造居民小区、公共建筑和企事业单位内部化粪池，新建居民小区、公共建筑和企事业单位一律取消内部化粪池
四川省	《四川省城市排水管理条例》	2019.11	城镇污水集中处理设施及配套管网已覆盖的区域内，不得新建化粪池，原有失去功能作用的化粪池应当在改造中拆除

2）缺乏截流式分流制排水系统相关设计规范

我国分流制排水系统普遍存在错混接现象，为此常采取在雨水管道末端进行截流的措施防止污水溢出，这实际上形成了两套合流制系统，导致雨天溢流污染的发生。因此，无论采取合流制还是分流制排水系统，设计不合理或建设标准过低都会产生严重溢流污染，需要在设计层面考虑截流量、截流井形式、管段设计流量以及截流倍数等诸多问题。目前国内尚未对截流式分流制排水系统给予重视，相关设计理论和方法比较缺乏，开展截流式分流制排水系统相关设计的研究十分迫切（图 2-29）。

2. 现有设计规范、标准不完备

目前调蓄池设计规范主要依据《城镇雨水调蓄工程技术规范》（GB 51174—2017）的条文 3.1.4，采用截流倍数计算法确定调蓄池容量。该方法建立在降雨事件为均匀降雨的基础上，且假设调蓄工程的运行时间

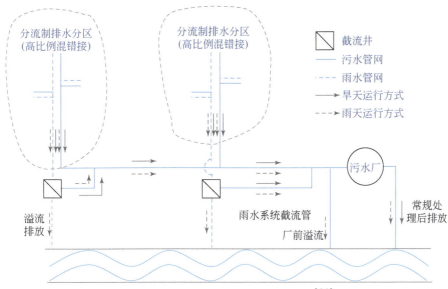

图 2-29　截流式分流制排水系统[86]

不小于发生溢流的降雨历时，以及调蓄工程的放空时间小于两场降雨的间隔，计算得到的调蓄量偏小。由于目前对初雨定义不科学，面源污染并不都有明显初期效应，入河污染浓度高峰可持续 45～60 min 甚至 5～6 d[87]，而为截流初雨构建的调蓄池、分流井大多根据水量调控（表 2-8），缺少有数据支撑的负荷调控截流方案，仅截流前期降雨量或溢流时间无法满足削减要求。亟需基于出流污染负荷确定调蓄池开启时间与调蓄容量。

表 2-8　不同国家和城市的调蓄池容积设计方法

国家/城市	调蓄池容积设计方法
德国	$V=1.5 \cdot V_{SR} \cdot A_U$，其中 V_{SR} 为被截流的雨水径流量（一般取 12～40 m^3/hm^2）；A_U 为不渗透面积（hm^2）
日本	基于"合流制污染负荷排放不大于分流制"准则，通过模拟计算确定实际截流量
上海	$V=60Q \cdot t$，其中 Q 为截流干管流量；t 为截流时间
合肥	截流 4 mm 降雨
昆明	截流 7 mm 降雨

3. 规范之间衔接性不足、系统性不强

1）内涝与防洪标准难衔接，管理部门各自为政

我国城市防洪与排水主要分属水利与建设部门管理。根据水利部门《防洪标准》（GB 50201—2014）和建设部门《城镇内涝防治技术规范》（GB 51222—2017），雨水管渠设计重现期为 2～10 年一遇，内涝防治重现期为 20～100 年一遇，防洪标准重现期为 20～200 年一遇，其中内涝防治技术规范中的雨水管渠设计和内涝防治重现期尚没有清晰的关联性，内涝防治与防洪标准之间难以实现衔接。

2）雨水系统提标改造与排口出流污染难协调

我国雨水排水系统提标建设的目标主要是提高暴雨重现期、提高内涝防治能力，同时削减排水口出流污染。传统提标改造的对策是扩大排水管道管径和加大雨水泵站能力。但由于城市排水管道普遍存在雨污混接、外水入渗、高水位运行和沉积严重等管道缺陷，雨水管提标改造后，水体逢雨黑臭的现象可能并不能得到缓解甚至不降反升。为此，一些特大城市如北京、上海等，已率先提出内涝防治及溢流污染协同控制/规划（图 2-30），对内涝防治重现期和溢流污染负荷控制率进行规定，以实现水量-水质双重控制。

图 2-30　北京和上海率先对内涝积水和溢流污染负荷进行双控

3）雨污管网系统规划和设计碎片化

我国一些城市排水管网规划设计呈现零散化、碎片化，未按流域、区域为单元综合考虑，排水管网系统性不强，导致实际运行过程中偏离设计工况。具体表现为：系统内部单元匹配性-协同性不够，污水处理厂、

管网、调蓄池和泵站间的传输、调蓄、处理能力不能有效协同,各个单元低效运行;排水系统抵抗系统间(管网配套、供排水与污水处理能力)和外部胁迫(极端气候超标降雨、地表不透水面积增加)风险的能力较弱;对实际运行效果考量不足,重建筑物规划、工程管线规划、道路工程建设,而轻工程管线配套、实际运行效果、工程管线设计的战略规划。

2.4.2　施工建设匹配度不高

1. 施工建设制度、规范不完善

目前管网施工建设的标准和规范缺乏统一性。由于地区的空间性差异和历史原因,导致各地排水管网施工建设的标准和规范差异较大,施工质量参差不齐,难以实现统一的标准化管理。目前,我国排水管网施工相关的标准规范更关注规划设计层面,对于施工建设的相关范式规定关注较少。

此外在管网的施工建设过程中,相关配套设施或关联对象所属的各行政主管部门的建设目标也不一致,难以形成合力。如河道的建设目标是防洪,管网的建设目标是保证路面不积水,污水处理厂则要实现出水达标的水环境要求,不同的建设目标使得城市水系统相连的各设施整体运行效果难以调控,排水系统整体系统运行效益大打折扣[88]。在管网的实际施工建设执行过程中,由于缺乏规范性指导和重视程度不够,施工监管力度不足,施工建设单位存在违规操作,难以控制和保障施工质量。

2. 施工质量良莠不齐

管网施工建设存在的质量问题较多。管网施工建设包括土石方槽坑开挖、基础垫层铺设、管道铺设、管道回填、检查井砌筑和路面恢复等步骤(图 2-31),由于部分施工企业的质量管理制度和体系不够健全,施工管理人员业务管理水平欠缺,缺乏专业的技术能力,施工作业人员在施工过程存在马虎懒散等情况,如管网基础的回填压实度不够、管腔回填顺序不对导致排水管网出现沉降、偏移脱节等情况。管道承接施工时未严格执行施工规范,导致承接位置密封不严,砂浆或土石通过接口处又挤入市政排水管网内,造成砂浆沉淀凝结,从而堵塞了排水管道。同时排水管网建设及改造的项目多为隐蔽项目,完工后监督检查难度大,为后期管网运维带来隐患[89]。目前对于管网施工建设方面的专业人才缺口较大，需要复合型、经验型专业施工人员，熟练掌握图纸审核、工程施工、设备检验等关键技术（图 2-31）。

图 2-31　管网施工建设环节的主要步骤和技术要点

管道竣工相关的验收规范也较少，仅有 2008 年住房和城乡建设部印发的《给水排水管道工程施工及验收规范》（GB 50268—2008）；地方性规范方面，目前仅有广东省住房和城乡建设厅于 2021 年发布《广东省城镇排水管网设计施工及验收技术指引（试行）》，江西省住房和城乡建设厅于 2022 年印发《关于进一步加强城镇排水管网规划设计施工验收等全过程管理工作的通知》，竣工验收相关规范的缺乏使得建成管网难以全面达到设计规划目标。

2.4.3　运行维护效果不佳

1. 前期预判不及时

现有管道监控技术的针对性、靶向性不强，未形成系统的监测数据-管道缺陷响应理论关系；在线监测仪器的布置也较为稀疏，在布点之前未充分考虑合理性和科学性，难以获取充足的监测数据、及时反馈管网系统的运行特征并进行即时诊断，暴露出的管道破损、老化、淤堵、倒流、倒坡、管道废除、井盖掩埋等问题得不到及时解决，体现出数据库数据维护工作与管道 CCTV 检测修复及养护单位无衔接性、管道 CCTV 检测的孤立性和管道养护的无针对性[90]。技术方面，管网溯源的诊断精度不高、步骤较为烦琐，难以准确诊断淤塞漏损等病害（图 2-32）。导致对管道系统的预判预警能力不足，基本处于事后被动修复的处理状态，因此亟需提升排水管网系统的高效监测、精准溯源、快速预判预警能力。

图 2-32　传统管网监测方法耗时耗力

2. 缺陷诊断不精确

现有管道检测方法存在多元性不足的问题，获取的数据类型和来源单一、多源检测数据的兼容性不强。管道诊断技术对缺陷识别与定位的精度不高，对复杂管网的适应性较差，对管道状态反映不全面。由于管道缺陷的响应机制尚未明确，加上我国城市排水管网普遍处于高水位、低流速的非正常运行状态，难以适用国外先进经验；在此状态下，管道参数不明确、出入流边界复杂、人为因素影响较大，上述诸多问题突显提升排水管网排查诊断多元化技术水平与检测精度的重要性。

3. 养护修复效率低

传统的管网修复技术存在效率不高、需开挖路面以及缺乏专业管网修复人员等问题，而绿色修复筛选方法（如带水修复、非开挖修复技术）等尚未发展成熟。针对特定问题管段，缺少针对性强的修复、清掏工艺评估及筛选方法。现有管道养护修复集成技术也不完整，修复工艺多适用条件简单的管道缺陷问题，适用于复杂问题的养护修复技术集成推广不够（图 2-33），需开发排水管网系统绿色修复工艺高效技术与系统性集成技术。

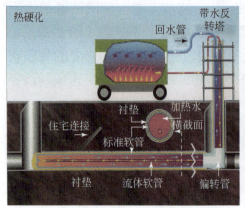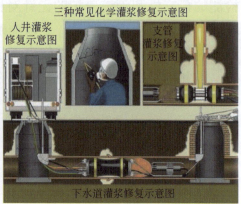

图 2-33　修复技术的适应性和集成推广不够

2.4.4　管理调控智慧化水平低

以物联网、云计算、大数据为代表的新一轮信息技术的发展，也在推动着管网管控趋向于可视化、网络化、智能化。但目前基于排水系统全过程智慧仿真模拟技术的管理控制尚不成熟，在数据感知和智慧预测等方面还存在瓶颈问题。

1.数据感知不全面、融合性不高

感知设备齐全性、准确性、可靠性较低。智慧化管理系统需要大量数据作为支撑，但现阶段排水真实数据的采集较为困难。一是采集的数据存在失真或缺失的问题；二是现阶段对各类设施无法实现全面感知。2022 年，国际水协会（IWA）在研讨会参会者的分享讨论后认为感知设备的问题与其"软硬件"发展失衡有关[91]。现在感知设备的升级多集中在数据化平台这类"软"智慧上，较少涉及硬件设备。而智能硬件通常解决的是水利行业之外的技术性问题，这类问题专业性强、理解门槛高，对开发人员的学科交叉要求高。

数据孤岛问题严重。在水利和市政行业内部，各专业部门之间的信息共享不足，分系统各行其是，部件难兼容；在行业外部与环保、交通、国土等部门的相关数据无法实时共享。现有"数据中心"仅做到数据汇总功能，且数据量过大时会导致系统运行缓慢、数据丢失等各类问题。

系统功能集成度、系统性较低。目前智慧管网普遍仅支持查看功能，缺少一体化数据库和管理平台，导致在预测预警、城市生命线管理等方面依旧存在不足。同时现阶段智慧系统无法利用历史数据自我学习、剖析以往管路异常，无法对可能出现的故障开展预测。基于厂网河一体化运维模式的智慧排水一张图的理想状态如图 2-34 所示。

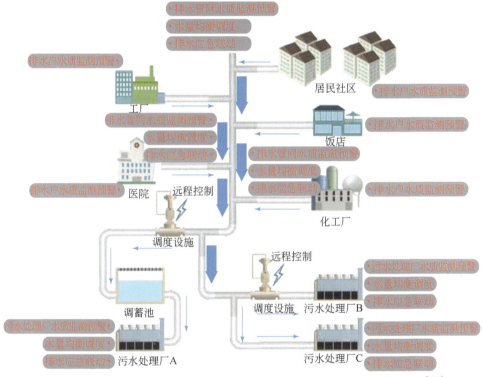

图 2-34　基于厂网河一体化运维模式的智慧排水一张图理想状态[92]

2. 管理决策智慧化、联调性不足

缺乏智慧化、智能化决策。在实际使用中，智慧系统难以与水利和市政等专业技术智能联动，仍需要人工干预和制定方案决策。除了智能硬件限制之外，也需要将 AI 技术与水处理专业知识相结合，所需的专业技术要求较高。

部门联动协调性不足。业内人士提出，在同一区域或流域内的污水处理厂、排水管网、泵站、河道等由多家单位分别建设、分别运营。责任主体关注点不同，责任划分不清，建设与规划不统筹，上下游无衔接，难以破除壁垒，导致不同单位之间难以高效协调，整个排水系统亦无法发挥最大效能。项目建设的工程化、碎片化造成排水设施的整体运行效果不可控，难以形成合力，系统效益大打折扣。不仅有污水厂"吃不下""饿肚子"的情况存在，还存在汛期管网高水位运行，厂、网间界面分明的分割式运行等现象[88]。

管理和业务缺乏有机结合，迫切需要制定与完善业务体系与技术标准。目前城市"九龙治水""多头管理"等情况仍较为普遍，同一区域或流域内的不同排水设施由不同的行政主管部门管理，由于排水设施运维主体不同，应急条件下难以联动，区域排水安全保障率较差，导致整个排水系统在规划、建设、运营、监管等各个环节缺乏良好的系统统筹，制约排水系统优化完善和功效提升。

2.5 小 结

结合我国雨水和污水管网的实际建设运维情况，本章从雨污管网运行过程中存在的问题出发，识别雨污管网建设运维管控的瓶颈问题，剖析了雨污管网规划设计—施工建设—运行维护—管理调控过程存在的若干瓶颈问题，具体如下所述。

污水管网系统在"收集—传输—提升—处理—回用—管理"六大环节存在的突出问题表现为：收集系统，重污水截污率、轻实际截污效果；传输系统，重管网覆盖率、轻实际运输能力；提升系统，重泵站规模大、轻泵网联调提升；处理系统，重厂规模扩容、轻污水处理效率；回用系统，重尾水达标率、轻再生水回用效益；管理系统，重工程建设、轻工程长效管理。

雨水系统在"收集—输送—提升—雨水资源化利用"四大环节中存在的突出问题表现为：收集系统，重雨水收集率、轻雨水口污染治理；输送系统，重截流调蓄容量、轻精准截流效益；提升系统，重泵站扩容增量、轻雨天放江质量；雨水资源化利用方面，重鼓励政策，轻强制约束。

雨污管网规划设计—施工建设—运行维护—管理调控过程存在的

若干瓶颈问题表现为：管网规划设计不够协调、施工建设匹配度不高、运行维护效果不佳和管理调控智慧化水平低。

参 考 文 献

[1] 赵杨, 车伍, 杨正. 中国城市合流制及相关排水系统的主要特征分析[J]. 中国给水排水, 2020, 36(14): 18-28.

[2] 马珍, 韩梦琪. 管道溢流的污染特征及水质管控技术与策略[J]. 给水排水, 2022, 48(9): 147-156.

[3] 郭林飞, 柴仕琦, 董静怡, 等. 我国城市路面塌陷事故统计分析[J]. 工程管理学报, 2020, 34(2): 49-54.

[4] 卢金锁, 张志强, 王社平, 袁宏林. 排水管网危害气体控制原理及技术[M]. 北京: 科学出版社, 2021.

[5] 张莹. 城市排水管网运行风险评估研究进展[J]. 城市道桥与防洪, 2022(6): 104-109, 174, 16.

[6] Liu Y, Ni B, Sharma R K, et al. Methane emission from sewers[J]. Science of the Total Environment, 2015, 524-525: 40-51.

[7] Lucie C, Fanny S, Gislain L, et al. A review of sulfide emissions in sewer networks: Overall approach and systemic modelling[J]. Water Science and Technology: A Journal of the International Association on Water Pollution Research, 2016, 73(6): 1231-1242.

[8] 刘曼丽, 熊红松, 马民, 等. 市政污水处理厂中生物气溶胶污染物的排放和微生物定量风险评价[J]. 给水排水, 2020, 56(S1): 567-575.

[9] 刘艳臣, 戚祥, 董骞, 等. 城市污水系统微生物气溶胶产生及其安全防控策略[J]. 中国给水排水, 2022, 38(22): 1-7.

[10] Lee M T, Pruden A, Marr L C. Partitioning of viruses in wastewater systems and potential for aerosolization[J]. Environmental Science Technology Letters, 2016, 3(5): 210-215.

[11] Lin K, Marr L C. Aerosolization of Ebola virus surrogates in wastewater systems[J]. Environmental Science Technology, 2017, 51(5): 2669-2675.

[12] Xu Z, Xu J, Yin H, et al. Urban river pollution control in developing countries[J]. Nat Sustain, 2019, 2(3): 158-160.

[13] 孙永利, 吴凡松, 李文秋, 等. 城市生活污水集中收集率和污水处理厂进水浓度问题的思考[J]. 给水排水, 2023, 49(1): 41-46.

[14] 高梓勋. 基于卷积神经网络的 CCTV 排水管道缺陷识别及分类研究[D]. 郑州: 郑州大学, 2022.

[15] 韩洋. 城市内涝控制与排水管网规划研究[D]. 西安: 长安大学, 2015.

[16] 熊匡, 杨长河, 胡骏, 等. 赣州市某区排水管道的检测与评估[J]. 给水排水, 2018, 54(10): 126-130.

[17] 汪健. 南京市某片区现状污水收集系统问题调查及分析[J]. 中国给水排水, 2021, 37(18): 25-28.

[18] 王海英, 李顺安, 韩乐, 等. 南宁市排水管道健康状况评估分析[J]. 给水排水, 2020, 56(5): 132-137.

[19] 陈浩, 钟文威. 管道内窥联合检测技术在广州黑臭水体治理中的应用[J]. 广东水利水电, 2021(3): 97-102.

[20] 杨雪梅, 唐心红. 宁波地区城市排水管道现有缺陷评估及防治对策研究[J]. 给水排水, 2021, 57(7): 102-107.

[21] Mailhot A, Talbot G, Lavallee B. Relationships between rainfall and combined sewer overflow (CSO) occurrences[J]. Journal of Hydrology, 2015, 523: 602-609.

[22] 曹业始, Abegglen C, 刘智晓, 等. 改造当前国内污水管网需要综合考虑的四个因素[J]. 给水排水, 2021, 57(8): 125-137.

[23] 胡和平, 王绍彪, 廖瑜. 污水管网高水位运行原因及对策措施研究[J]. 给水排水, 2021, 57(2): 128-132.

[24] 于晨晖, 李彭, 张浩, 等. 基于 Infoworks ICM 模型对污水管网输水能力评价及泵站排水量优化[J]. 净水技术, 2019, 38(9): 60-67, 82.

[25] 付博文, 金鹏康, 石山, 等. 西安市污水管网中沉积物特性研究[J]. 中国给水排水, 2018, 34(17): 119-122, 127.

[26] 桑浪涛. 管道中污染物在污水-沉积物间的迁移转化规律研究[D]. 西安: 西安建筑科技大学, 2019.

[27] 刘丹. 污水管网汇流段水力变化对污染物的运移影响特性[D]. 西安: 西安建筑科技大学, 2021.

[28] 南宁水利. 南宁着力推进管网错混接改造, 减少自然水体污染, 提高污水处理质效. 2019/08/09. https: //mp. weixin. qq. com/s/rxyIBYwTohw1xconosqeyw.

[29] 南昌发布. 最新数据出炉! 南昌水环境治理成效显著! [EB/OL]. 2022/12/29. https: //mp. weixin. qq. com/s/9UHw6lxKgE0AnpF1n5SANA.

[30] 人民网-环保频道. 黑臭水体"回头看": 治理雨污混接是关键[EB/OL]. 2018/10/29. http://env. people. com. cn/n1/2018/1029/c1010-30369531. html.

[31] 陈黄隽, 李一平, 周玉璇, 等. 分流制系统雨水管网混接雨天溢流污染特征研究[J]. 中国给水排水, 2023, 39(19): 116-124.

[32] 马珍, 韩梦琪. 管道溢流的污染特征及水质管控技术与策略[J]. 给水排水, 2022, 58(9): 147-156.

[33] 朱万浩, 章盼梅, 孔令棚. 基于工业物联网的污水泵站自动化系统改造[J]. 仪表技术与传感器, 2021(3): 58-62.

[34] 戴立峰, 陈雄志, 蔡云东. 武汉市长江、沙湖水环境提升工程规划方案[J]. 中国给水排水, 2018, 34(12): 37-41.

[35] 佘凯华, 陈昱霖. 管网高水位运行城市污水处理设施补短板策略研究[J]. 给水排水, 2021, 57(10): 115-118.

[36] 岳桢锘, 李一平, 唐春燕, 等. 北方城市冬季供暖水排入对污水处理厂的水质水量影响分析[J]. 给水排水, 2021, 57(3): 44-48, 54.

[37] 谭琼. 合流制泵站水安全与水环境"两水平衡"运行对策探讨[J]. 给水排水, 2022, 58(1): 39-44.

[38] 康丽娟, 曹勇. 连续降雨条件下典型泵站放江污染特征分析[J]. 水生态学杂志, 2019, 40(2): 20-26.

[39] 罗亭, 付朝晖, 陈洪洪. 污水厂群应急联合调度——珠海香洲区污水系统规划案例[J]. 中国

给水排水, 2021, 37(6): 17-23.

[40] 胡洪营. 中国城镇污水处理与再生利用发展报告(1-78-2020)[M]. 北京: 中国建筑工业出版社, 2021.

[41] 唐建国. 技术交流|德国 2021 年污水处理调查情况介绍[EB/OL]. 2022/12/20. https: //mp. weixin. qq. com/s/21qihQIyvXGUrGabezP1bg.

[42] 曹业始, 郑兴灿, 刘智晓, 等. 中国城市污水处理的瓶颈、缘由及可能的解决方案[J]. 北京工业大学学报, 2021, 47(11): 1292-1302.

[43] Cao Y S, Van Loosdercht M C M, Daigger G T. The bottlenecks and causes, and potential solutions for municipal sewage treatment in China[J]. Water Science Technology, 2020, 15(1): 1-10.

[44] 王洪臣. 关注城镇污水处理厂运营困境, 共同探寻破解之道[J]. 给水排水, 2019, 55(9): 1-3.

[45] 观研报告网. 2020 年中国污水处理市场分析报告:市场竞争格局与未来动向研究[R]. https:// baogao.chinabaogao.com/huanbao/478750478750.html#r_data. 2020.

[46] 谭学军, 王磊. 我国重点流域典型污水厂污泥处理处置方式调研与分析[J]. 中国给水排水, 2022, 38(14): 1-8.

[47] 张倬玮, 薛松, 巫寅虎, 等. 我国城镇供热管网输配再生水的应用前景与风险管控分析[J/OL]. 环境工程: 1-12[2023-12-14].

[48] 国家发展和改革委员会,住房和城乡建设部. "十四五"城镇污水处理及资源化利用发展规划[EB/OL]. 2020-06-11. https://www.ndrc.gov.cn/xxgk/zcfb/ghwb/202106/t20210611_1283168. html.

[49] 北京市水务局. 2021 年北京市水资源公报[R]. 北京: 北京市水务局, 2022.

[50] 代健健. 再生水灌溉下对稻田污染物排放及土壤的性质影响研究[D]. 苏州: 江苏大学, 2022.

[51] 贺丽, 徐贵成. 再生水回用于景观水体的风险分析与经验对策[J]. 资源节约与环保, 2017(11): 83-86.

[52] 王春花, 梁丽君, 张静姝, 等. 某城市再生水中多环芳烃健康风险评价研究[J]. 环境与健康杂志, 2010, 27(9): 800-803.

[53] 王辉, 周少鹏, 周世力. 中水专用管道的开发[J]. 中国给水排水, 2006(16): 15.

[54] 王磊, 周玉文. 国内外城市排水设计规范比较研究[J]. 中国给水排水, 2012, 28(8): 23-27.

[55] 郭静. 城市雨水管网模拟分析及系统改造优化研究[D]. 西安: 西安理工大学, 2023.

[56] 唐建国. 雨水排水口出流污染治理探索[J]. 城乡建设, 2019(22): 14-16.

[57] 车伍, 刘燕, 李俊奇. 北京城区面源污染特征及其控制对策[J]. 北京建筑工程学院学报, 2002(4): 5-9.

[58] Barrett M E, Kearfott P, Malina Jr J F. Stormwater quality benefits of a porous friction course and its effect on pollutant removal by roadside shoulders[J]. Water Environment Research, 2006, 78(11): 2177-2185.

[59] Han Y, Lau S, Kayhanian M, et al. Characteristics of highway stormwater runoff[J]. Water Environment Research, 2006, 78(12): 2377-2388.

[60] Furumai H, Balmer H, Boller M. Dynamic behavior of suspended pollutants and particle size distribution in highway runoff[J]. Water Science and Technology, 2002, 46(11-12): 413-418.

[61] Klimaszewska K, Polkowska Ż, Namieśnik J. Influence of mobile sources on pollution of runoff waters from roads with high traffic intensity[J]. Polish Journal of Environmental Studies, 2007,

16(6): 889-897.

[62] Mangani G, Berloni A, Bellucci F, et al. Evaluation of the pollutant content in road runoff first flush waters[J]. Water Air and Soil Pollution, 2005, 160(1): 213-228.

[63] Pagotto C, Legret M, Le Cloirec P. Comparison of the hydraulic behaviour and the quality of highway runoff water according to the type of pavement[J]. Water Research, 2000, 34(18): 4446-4454.

[64] Stotz G. Investigations of the properties of the surface water run-off from federal highways in the FRG[J]. Science of the Total Environment, 1987, 59: 329-337.

[65] Maniquiz M C, Lee S, Kim L H. Multiple linear regression models of urban runoff pollutant load and event mean concentration considering rainfall variables[J]. Journal of Environmental Sciences, 2010, 22(6): 946-952.

[66] Shinya M, Tsuruho K, Konishi T, et al. Evaluation of factors influencing diffusion of pollutant loads in urban highway runoff[J]. Water Science and Technology, 2003, 47(7-8): 227-232.

[67] Davis B, Birch G. Comparison of heavy metal loads in stormwater runoff from major and minor urban roads using pollutant yield rating curves[J]. Environmental Pollution, 2010, 158(8): 2541-2545.

[68] 欧阳威, 王玮, 郝芳华, 等. 北京城区不同下垫面降雨径流产污特征分析[J]. 中国环境科学, 2010, 30(9): 1249-1256.

[69] 甘华阳, 卓慕宁, 李定强, 等. 广州城市道路雨水径流的水质特征[J]. 生态环境, 2006(5): 969-973.

[70] 饶凤玲, 陈战利, 罗丽平, 等. 浅谈雨水口现状及雨水篦子创新设计[J]. 四川建材, 2019, 45(9): 196-198.

[71] 曹连海, 马莎, 陈南祥, 等. 论城市雨水资源化的发展现状与对策[J]. 华北水利水电学院学报(社科版), 2005, 21(3): 110-111.

[72] 杨怀德, 冯起, 黄珊, 等. 民勤绿洲水资源调度的生态环境效应[J]. 干旱区资源与环境, 2017(7): DOI:10.13448/j.cnki.jalre.2017.214 .

[73] 翟晓燕, 叶琰. 城市雨水利用发展现状与展望[J]. 水资源与水工程学报, 2009(3): 160-163.

[74] Gregory W. Characklis. particles, metals, and water quality in runoff from large urban watershed[J]. Journal of Environmental Engineering, 1997(8): 753-759.

[75] Jennifer McGehee Marsh. Assessment of nonpoint source pollution in stormwater runoff in Louisville,(Jefferson County) Kentucky, USA[J]. Archives of Environmental Contamination and Toxicology, 1993(4): 446-455.

[76] 叶蓉. 苏州城区雨水管道沉积物污染特征及氮磷释放规律研究[D]. 苏州: 苏州科技大学, 2023.

[77] 张青文, 余健. 初雨调蓄池布置方式对管道沉积物污染控制研究[J]. 中国给水排水, 2022, 38(19): 114-119.

[78] 唐建国, 张悦, 梅晓洁. 城镇排水系统提质增效的方法与措施[J]. 给水排水, 2019, 55(4): 30-38.

[79] 孙永利. 城镇污水处理提质增效的内涵与思路[J]. 中国给水排水, 2020, 36(2): 1-6.

[80] 刘鹏飞, 杜强强, 戴明华. 截流调蓄在水环境治理中的应用实践与思考[J]. 环境工程, 2023, 41(S2): 1141-1146.

[81] 华明, 徐祖信. 苏州河沿岸市政泵站放江特征分析[J]. 给水排水, 2004(11): 33-36.

[82] 周雅菲, 宋召凤, 梁珺宇, 等. 截流回笼耦合削减雨水泵站污染放江的试验研究[J]. 环境污染与防治, 2018, 40(2): 213-216.

[83] 郑强, 袁媛. 关于城市雨水资源化利用问题探讨[J]. 建材与装饰, 2015(47): 263-264.

[84] Pala G K, Pathivada A P, Velugoti S J H, et al. Rainwater harvesting: A review on conservation, creation & cost-effectiveness[J]. Materials Today: Proceedings, 2021, 45(P7).

[85] 周晋军, 庞亚莉, 王昊, 等. 我国城市雨水资源化发展研究综述[J]. 水利水电技术(中英文), 2023, 54(5): 61-74.

[86] 赵杨, 车伍, 杨正. 中国城市合流制及相关排水系统的主要特征分析[J]. 中国给水排水, 2020, 36(14): 18-28.

[87] Li Y P, Zhou Y X, et al. Characterization and sources apportionment of overflow pollution in urban separate stormwater systems inappropriately connected with sewage[J]. Journal of Environmental Management, 2022, 303: 114231.

[88] 窦娜莎, 高书连, 张宁. 构建厂、网、河一体化运维模式的思考与建议[J]. 中国工程咨询, 2021(1): 72-75.

[89] 张成远. 市政排水管网的维护和管理[J]. 科技风, 2021(8): 104-105.

[90] 孟海梅. 青浦区排水管网数据库运维管理机制研究[J]. 建筑科技, 2022, 6(3): 167-169.

[91] 环保圈. 数据不够准, 应用范围窄! 智慧水务推进还有哪些瓶颈? [EB/OL]. 2022/11/10. https://mp. weixin. qq. com/s/eA1Fk25CcxQX49dvwvnqcg.

[92] 白喆, 朱玉明, 王鹏, 等. 基于厂网一体化运行模式的智慧排水一张图应用[J]. 城乡建设, 2020(17): 49-52.

第 3 章

雨污管网与城市水环境

雨污管网是城市排水系统的重要组成部分，城市排水体制选择、排水管网规划建设和运营管理直接影响着城市水环境质量。随着城市化进程的加快，城市雨污管网存在许多问题，如污水直排、雨污混接、管网老化、管网淤积、管网缺陷、污水溢流等，这些都可能导致城市水环境质量恶化[1-4]。如何解决上述雨污管网面临的问题，是当前城市水环境建设的重要内容。

本章在分析雨污管网对城市水环境作用与贡献的基础上，探讨现有雨污管网问题的解决方案与城市排水体制选择，展示国内外典型案例和经验，为推动雨污管网与城市水环境的协同发展提供参考和借鉴。

3.1 管网在城市水环境保护中的作用与贡献

3.1.1 排水管网与城市水环境的关系

城市水环境是构成城市环境的基本要素之一，承担着水景观、航运、调节城市气候、保障水质安全等重要功能，是城市品质的重要载体。

如图 3-1 所示，城市水环境系统可以概括为"源、网、厂、河湖"四大组成部分。"源"是生活污水源、工业污染源、地表径流污染源等城市水环境污染源的总称，地块小区和公建区域产生的生活污水，工业企业产生的工业废水，地表径流中污染程度高的初期雨水，均属于源头污染源；"网"即排水管网，包括雨水管网、污水管网和合流管网，承担收集和转运雨污水的功能；"厂"即污水处理厂，对污水管网和合流管网收集的污水以及雨天雨污水进行处理后排入水体，解决污水直排和冲击性的初期雨水、溢流污水对水体造成的污染问题；"河湖"指最终接纳雨水和处理后污水的水体，是城市雨污水收集转输的最终去向[5]。根据"源、网、厂、河湖"各自的功能定位，可以看出排水管网是连接各个部分的关键纽带，问题在水里，根源在岸上，关键在排口，核心在管网，在城市水环境系统中起到"承上启下"的功能，对城市水环境质量维持和改善至关重要。

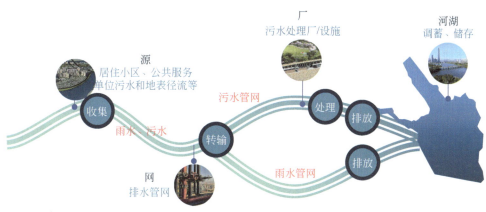

图 3-1　城市水环境系统示意图

3.1.2　排水管网在城市水环境保护中的作用

1. 收集输送截流旱季污水

城市化在带来人口和产业聚集的同时，也造成了污染物的集中排放和污染排放强度的显著增加。在城市化早期，污染物从原先的分散排放模式变成集中排放模式后，大量未经处理污水集中排放于河道，造成污染物排放量超出水体环境容量，引发水体黑臭、水生生物绝迹等生态环境问题。严重的水体污染还易导致病原体传播，引发公共卫生安全问题。

在"源、网、厂、河湖"一体的城市水环境系统中，合流制管网和分流制地区的污水管网负责将污水收集后输送到污水处理厂，经处理后排放水体。城市排水管网的建设越完善，污水处理率越高，直排水体的污染物量就越少，城市水环境质量安全和公共卫生安全就越能得到保障。

2. 削减雨天溢流污染

如第 2 章所述，降雨期间由于管道收集的地表径流量急剧增加，超出合流制管网截流能力的地表径流和污水溢流排入河道，产生冲击性污染负荷排放。对于分流制系统而言,雨水管网将携带污染物的地表径流直接排入水体,尤其是降雨初期冲刷的地表径流污染物浓度较高。

针对雨天产生的溢流污染和初雨污染问题,可通过更为完善的排水系统进行解决,提高污染物收集效率,兼顾排水防涝要求。在合流制排水系统中,通过建设大口径截污管道、调蓄空间、截流排口等,构建完善的合流制排水系统,按照根据水体水环境容量承载力设计的截流倍数,将若干倍于旱流污水流量的雨污水截流到污水处理厂处理后排放。在分流制排水系统中,通过在雨水系统中设置低影响开发措施、初雨截流管道、调蓄空间等,减少初期雨水污染物浓度或将初期雨水集中收集后处理排放,相对清洁的雨水进入雨水管道直排,减少雨天污染排放。通过排水系统建设,可有效削减雨天入河污染物量,防止雨天河道水质恶化,促进水生态系统恢复。

3.2 城市水环境整治中的管网解决方案

针对目前排水管网普遍存在的问题,可分别针对旱天工况、雨天工况及运维管理三方面制定解决方案、精准施策,确保管网系统健康正常运行,为城市水环境整治奠定坚实基础。总体技术路线如图 3-2 所示。

3.2.1 旱天污水治理提质增效

旱天污水直排、管网雨污混错接等问题,会导致未经处理的污水排入城市自然水体,导致城市水环境质量恶化,威胁生态安全和公共卫生安全。旱天污水的治理需要从源头控制、管网建设和改造等方面进行综合优化,实现旱天污水的有效收集、输送、处理和排放[6-9]。旱天污水治理提质增效的管网解决方案包括管网完善、管网清检修、管网雨污混错接改造、清污分流等方面。

1. 完善污水收集管网

对于污水管网空白区,应建设和完善污水收集管网,避免污水直排受纳水体,实现污水全收集目标。完善污水收集管网的前提是开展水环境污染源调查,确定污染源的位置、污水排放量、污水排放去向,建立

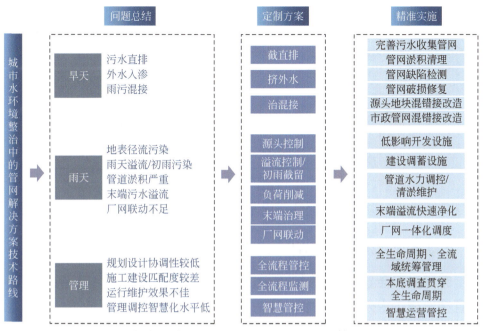

图 3-2　城市水环境整治中的管网解决方案总体技术路线图

水环境污染源信息化系统。在上海市苏州河水环境综合治理一期工程中，开展了全市水环境污染源调查，建立了包括全市 6 万多个污染源在内的污染源地理信息系统（GIS）。在此基础上，针对苏州河流域按水系截污、沿河截污与区域截污相结合的技术思路，优化了截污工程方案，避免了截污空白区，使截污效果得到大幅度提高[1, 2]。

如图 3-3 所示，在建立水环境污染源 GIS 时，可将 GIS 的网络分析方法中的几何网络工具作为追踪溯源方法，根据环境系统分析与有向图论理论，构建城市水环境污染排放系统（UWPDS）网络。具体以排水系统组成元素为对象，包括污水处理厂、泵站、排放口、污染源与排水管网，可以建立污染源排放去向的分析路径以及从污水处理厂、排放口反向追踪汇水区范围内的水环境污染源分布，确定纳管污染源分布和直接水体的污染源分布，有针对性地完善污水收集管网。

根据管网排查的结果，依据全收集、全覆盖的原则，制定旱天截污方案，实施旱天截污工程，消除直排污水对水体的污染，提高污水收集率。

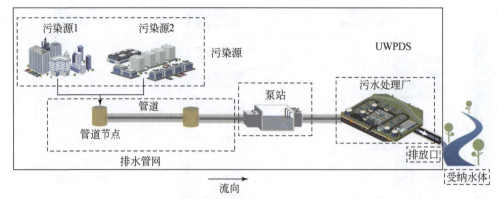

图 3-3　UWPDS 的组成要素

2. 实施管网清淤、缺陷检测和修复

管网淤积会导致管道过流断面减小，影响管网正常运行；管网破损会直接造成污水外渗和外水入渗两方面的问题。实施管网清淤，继而进行管网缺陷检测，根据检测结果进行管网修复，可有效保障城市排水管网健康运行。

1）管网清淤

中小管径的排水管网清淤以小型机械疏浚设备进行疏通为主。尺寸较大的排水箱涵可采用箱涵清淤机器人，通过操纵平台进行远程控制完成清淤作业，提高作业效率，不再需要人工进入箱涵，减少操作时间和成本，避免人身安全隐患。排水管涵主要清淤技术特点如表 3-1 所示。

其中，排水管道清淤则需达到相关规范的清淤标准，如《城镇排水管渠与泵站运行、维护及安全技术规程》（CJJ 68—2016）中要求，清淤后淤泥深度不超过 1/8D（管道内径）。

通沟污泥不应随意弃置，需要进行集中处理。通沟污泥属于混合式污泥，主要成分包括有机物、无机物、细菌等，在处理过程中要对其成分进行分析。有机物含量较高，容易引起腐败发酵，产生恶臭和对环境的二次污染，必须采取适当处理措施。无机物含量较少，也需要进行分离处理。细菌是构成通沟污泥的组成部分，对环境有一定益处，但也可能造成细菌繁殖过快，进而引起污泥变质。因此，在设计通沟污泥处理方案时，需要结合其成分进行综合考虑。通沟污泥处理过程主要包括初步处理、中间处理和后续处理三个阶段。初步处理主要是对固液混合污

表 3-1　排水管涵主要清淤技术特点

清淤技术	优点	缺点	技术特点	适用范围
机械冲洗	各种管径管道断面均可使用	清洗用水成本相对高、高压水射流中混杂的沉积物颗粒对管壁会造成一定影响	机械冲洗易于清洗一般的淤泥、附着物，绞车疏通对淤积严重、淤泥黏结密实的管道有较好的清淤效果。实际应用中，可先用绞车松动淤泥，再用高压射水车将管道内淤泥集中在下游检查井内，采用吸泥车吸泥并外运	适用于 DN2000 以下的管道
绞车疏通	适用各种直径的管道，对淤积严重、淤泥黏结密实的管道清淤效果好	不能单独使用，必须借助竹片或穿管器，井下施工不便，易引发安全事故		适用于能通过竹片或穿管器的管道
箱涵清淤机器人	可通过操纵平台进行远程操控，作业效率高，不再需要人工进入箱涵，避免了人员危险和安全隐患问题，可不断水作业，确保排水通畅	机械尺寸比较大，无法满足小型暗涵清淤作业的要求	—	适用于排水箱涵的清淤工程

泥的初步分离和筛选，为中间处理做铺垫；中间处理主要是对其进行好氧或厌氧消化，使有机物被微生物分解并转化为二氧化碳和水等；后续处理主要是对处理后的污泥进行终末处置和资源利用，包括污泥干化、燃烧、化肥制作等。

2）管网缺陷检测

排水管网缺陷检测能够发现管网破损点位，评估管网破损程度，是管网修复的前提。总体上排水管网缺陷检测技术包括物探检测技术和数字化检测技术。数字化检测技术具有不对排水系统运行造成干扰的特点，旨在通过水量和水质特征因子检测，筛选和定量评估管网破损严重的区域和缩小排查的范围，是后续进一步通过物探检测技术确定管网缺陷点位的基础。各种检测技术总结分析如表 3-2 所示[10-12]。

3）管网破损修复

管网破损修复是根据管网破损检测的结果，采用合适的修复技术和材料，对管网破损部位进行修复和加固，恢复管网的密封性、强度、稳定性等，保障管网的正常运行。

表 3-2 管网破损检测技术特点

诊断技术		适用场景要求	实施要点	成本	诊断精度	诊断水平
物探检测技术	CCTV技术	无需或易实施降水、清淤操作的管道成像	降水和清淤	高	点位定位	定性
	QV技术	管道检查井附近一定距离的成像观测	降水和清淤	较低	点位定位	定性
	红外成像技术	外水入流入渗引起的温度变化能在管道水体的自由水面体现；旁侧入流流量大于管道流量的 2.5%；管道水流流速波动较小	保证红外成像设备漂浮安装且稳定运行	较高	点位定位	定性
	光纤分布式测温技术	外水入流入渗水量大且与管道水流之间的温度差异显著	保证光纤尽可能漂浮于水面上；避免光纤弯曲引起测量距离误差和激光信号损失	较低	点位定位	定性
数字检测技术	流量分析技术	管网干管或者一级支管流量监测	准确安装管道流量计；避免传感器被垃圾缠绕或淤泥淤积	较高	区域定位	定量
	特征因子分析技术	不同来源类型水体的特征因子之间存在显著性差异	构建特征因子数据库	较低	区域定位	定量

　　管网修复有两种主要方式：开挖修复和非开挖修复。传统的开挖修复技术，需要使用挖掘设备对管道铺设的沟渠进行挖掘，并在管道修复或更换完成后填满沟槽。非开挖修复工程是采用少开挖或者不开挖地表的方法，解决由于地基下陷、管道腐蚀等原因造成的管道缺陷。管道的非开挖修复因在施工过程中对交通、地面环境以及地下管网的影响较小，逐渐成为国内市政管网改造和维护的主流发展方向[3,13,14]。

　　管道非开挖修复技术应根据技术适用条件和管段缺陷情况等综合选择。常用非开挖修复技术选择如表 3-3 所示。

表 3-3　常用非开挖修复技术选择

修复方法		修复类型	适用管径（mm）	适用断面形式	适用缺陷类型				
					破裂	渗漏	腐蚀	脱节	错口
管道预处理	土体注浆法	预处理	所有	所有	√	√		√	√
	裂缝嵌补法	预处理	≥800	所有	√	√		√	√
	原位固化法	整体修复	300～1800	圆形、蛋形、矩形管道；检查井	√	√	√	√	√
现场制管法	短管和管片内衬法	整体修复	800～4000	圆形、矩形、马蹄形管道；检查井	√	√	√	√	√
	螺旋缠绕内衬法	整体修复	300～4000	圆形、矩形、异形管道	√	√	√	√	√
	材料喷涂法	整体修复	≥300	圆形、蛋形、矩形管道；检查井	√	√	√		
局部修复法	点状原位固化法	局部修复	300～1200	圆形管道	√	√	√	√	√
	不锈钢双胀环法	局部修复	≥800	圆形管道	√	√		√	√

3. 实施雨污混接改造

混错接主要是由于施工不当、排水单元私搭乱接，导致部分节点的污水管接入雨水管、雨水管或雨水口连接管接入污水管的情况。管网雨污分流改造是在混接点排查清楚的前提下，对混接点位采取截断封堵，并新建相应的雨/污水管道，使雨污水各行其道，促进排水管网系统健康运行。

雨污水管网混接点位排查是实施雨污混接改造的前提。排查方法包括数字化检测法、现场开井调查法和物探检测法。物探检测法和数字化检测法的具体技术特点见表 3-2。

首先可运用数字化检测技术，通过雨污水管网关键节点水量和水质特征因子检测，筛选和定量评估管网混接严重的区域和缩小排查的范围，在大区域中发现存在混接问题的"切块"，从而减少混接排查的工作量[10, 12]。在确定了混接问题大致区位后，采用现场开井调查法，对接入雨污水检查井的混接管道进行调查。雨水检查井开启后，若检查井内水位较低，可直接目视检查井内支管接入情况及入流情况；若存在支管接入且旱天有污水流入，则直接判定此点为雨水管网混接点。污水检查井开启后，若存在支管接入且在雨季的流量远大于旱季污水流量，则可判定此点为污水管网混接点。当现场开井调查法无法直观发现雨污水管道内混接情况时，需结合物探检测法进行探查，先采用管道潜望镜QV 对管道内部情况进行检查，查明管道内部是否存在支管暗接或隐蔽接入情况；当 QV 设备无法满足探查需求时，进一步采用 CCTV 确定隐蔽接入或暗接的位置。

在通过混接排查确定雨污水管网混接点位的基础上，城镇雨污水管网混接改造分为源头地块雨污水管网混接改造和市政雨污水管网混接改造两类。

1）源头地块雨污水管网混接改造

建筑小区雨污水管网混接改造。建筑小区雨污水管网混接改造应根据小区建设情况、拆迁计划、混接情况、改造难易程度等确定最终改造方案，如是否重新敷设雨落管、是否设置截流设施、是否新建污水收集支干管等。对于生活污水混接至雨落管的，应对接入雨落管的污水支管进行封堵，并将其接入污水立管中；或将雨落管就近改接至小区污水管，并重新在建筑物外墙敷设雨落管；条件允许情况下，可与海绵城市设施建设同步实施。

企事业单位雨污水管网混接改造。应根据污水性质，污水产生、收集和处理情况，改造难易程度等确定改造方案，如是否增设污水收集、预处理设施，是否增设污水消毒等。对于沿街商铺（含小区内一楼住户）餐饮、洗车、理发等行业污水倾倒、混接至雨水管，可视情况设置隔油池、沉淀池、格栅井等设施，并将混接管道改接至临近污水管；对于散排污水问题，可通过增设污水倾倒口、规范居民排水行为和定点倾倒污水等方式进行整治。

工业企业雨污水管网混接改造。对于工业企业污水接入雨水管问题，应在规范工业企业污水排放行为的基础上，根据污水性质、污水量等情况，要求企业内部增设污水处理设施，并对混接管网进行改造，严禁未处理、处理不达标污水排入雨水管网或直排河湖水体。

2）市政雨污水管网混接改造

对于因污水收集、输送支干管建设存在空白区、不完善、建设滞后等引起的雨污混接，需根据国土空间规划、雨水排水规划、道路交通规划等相关规划要求，在合理划分排水分区、计算污水量、核算排水能力、确定管位标高等基础上新（改）建雨污排水管，将原散排污水收集后排入临近污水管中，将原接入雨水排水系统的污水支干管改接至污水管网，原接入污水排水系统的雨水支干管改接至雨水管网。并封堵混接的管道；该段管道若废弃，则应填实处理。对于因雨污水支干管排水不畅、排水能力不足、排水管养缺失等引起的混接，应复核已建管网排水能力、管网标高等参数，对不能满足排水需求的管网进行改造，并将混接的雨/污水管对应改接至改造后的管道。

对于市政合流管道接入市政雨水管道的问题，应对合流管道实施雨污分流改造。如暂不具备雨污分流改造条件，在复核计算的基础上，按现行国家标准《室外排水设计标准》（GB 50014）的有关规定加设截流调蓄设施，将旱天污水和雨天部分雨污混合水截流至市政污水管道，并确保该截流系统不会再次产生雨污混接现象。

4. 实施清污分流

地下水、河水、山泉水、海水、基坑降水及生活生产等排放的清水进入污水管道会导致污水管网长时间保持在高水位、低浓度运行，进而导致污水处理厂处理大量清水，产生大量的资金及能源浪费。因此，有必要将污水系统中的清水剥离，提高污水厂进水浓度，降低污水管道运行水位，减少进入污水处理厂的清水量。

首先，应对污水处理厂及其配套管道中的污水浓度进行系统的监测分析，找准污水管道中清水的来源。根据不同清水来源，采取不同的剥离措施。若是地下水、河水、海水进入污水管道，多是因为管道破损导致，需要对污水管网开展精确修复，阻挡外水进入管道；若是山泉水、基坑降水或生活生产中排放的清水进入污水管道，则是因为缺乏单独的排放通道才会排入污水管道，针对此类情况，在分流制排水系统中，可将此部分水引入雨水系统中排放，若是在合流制排水系统中，则需建立单独的排放管道，将此部分清水排至水体中或者进行利用。例如，山东省临沂市针对基坑降水，建立了共享"小蓝管"，为基坑降水设置了一个单独的排放通道，将基坑降水用于补给河道生态基流（图3-4）。

图3-4 山东省临沂市为排放基坑降水设置的共享"小蓝管"

3.2.2 削减雨天污染排放

排水系统的雨天溢流污染控制，应坚持源头、过程、末端的系统控污思想，综合采取低影响开发、建设调蓄设施、管道清淤维护、末端溢流污染快速净化和实施综合性的厂网一体化优化调度与挖潜提效，实现雨天管网截流能力和溢流污染削减的最大化。

1. 源头控制

降雨产生的地表径流是导致雨天溢流污染的因素之一，低影响开发作为分散处理径流的一种方式，可以通过滞蓄、截流和下渗作用减少城市降雨径流，延缓径流峰值，减轻排水系统压力。20世纪90年代末发展起来的低影响开发，最早由美国乔治王子县提出。目前该方法已广泛用于中国的城市规划建设中，全国已有470多个城市开展了海绵城市建设，30个海绵城市建设试点城市基本实现预期目标，在海绵城市建设的技术路线、规划建设管理措施等方面取得宝贵经验。

在土地利用资源、地质构造和维护管理成本许可的前提下，优先选择蓄水容量大、渗透性能好的低影响开发技术，在有限的土地面积上削减更多径流，从而减少城市排水系统溢流污染。

高密度城区可利用土地资源紧张，应优先选择面积需求小、设计简单的绿色排水设施，如下凹式绿地、高位花坛、绿色屋顶、雨水桶、植草沟、透水铺装等。对于地下水埋深浅、土壤渗透率低的平原河网高密度城区，不推荐使用渗井、渗渠等以渗透为主要功能的绿色排水设施。对于水资源丰富、屋面承重力低的区域，不推荐使用屋面蓄水池。对于机动车道路，考虑车流量大，不宜改成透水路面[15, 16]。

各种低影响开发设施的适用条件见表 3-4。此外，绿色屋顶、雨水桶、植草沟可以与下凹式绿地、渗透塘串联使用，使雨水逐级截留、滞蓄、输送、下渗、净化后排放。

表 3-4　各种低影响开发设施的适用条件

低影响开发设施	适用条件
下凹式绿地	通过改造分散绿地，增加雨水滞留能力，适用于公共管理与公共建筑用地、居住用地、商务建筑用地、绿地和公园等。对于土壤下渗能力较弱的区域，在确保其与建筑物安全距离的前提下，可将土壤层改为透水性基质，增加雨水下渗能力
雨水花园	适用的土地利用类型与下凹式绿地相同，应设置在收集不透水地表径流的位置，但不宜设置在因土壤渗透性太差而造成长时间积水的地方，否则需采取防积水措施
高位花坛	适用于建在建筑物雨落管旁，其体积较小、能够灵活分散布设，在高密度城区的居住用地、公共建设用地、工业用地、市政设施用地均可以使用
道路生物滞留带	适用于高密度城区的道路绿化带，通过将土壤改成砾石、碎石、煤渣等透水基质，增加渗透性能，下渗更多的径流，但为防止损坏路基，应做好相关的防渗措施
透水铺装	适用于布设在公共建筑用地、市政设施用地、教育科研用地、公园内道路，人流量相对不大，机动车通行较少，为渗透更多水量，可将土壤改成透水基质
渗透塘（生物滞留池）	适用于布设在较大面积绿地，通过地表坡度设计，将周边不透水下垫面径流汇流至内进行调蓄和渗透，并可与其他绿色排水设施联合使用
绿色屋顶	不占用城市土地利用面积，适用于土地资源紧张的高密度城市区域，但对屋顶结构有一定要求，坡度较大、承重能力差的屋顶不宜改造成绿色屋顶
雨水桶	占用面积小，能够暂时蓄存雨水，并能够浇灌绿化，适用于高密度城市区域
植草沟	对不同绿色排水设施起连接作用，适用于高密度城区的停车场周边、居住区、学校和道路两侧等

2. 初雨截留及溢流污染控制

调蓄池是排水系统溢流污染控制中常用的一种单体设施，主要功能有调蓄、削峰、截污等。降雨期间，调蓄池利用池体容积，对排水系统的雨污水进行存储，降雨结束后再将其储存的雨污水输送到污水处理厂[17-19]。

德国、美国及日本从 20 世纪 60 年代开始在排水系统中建设大量调蓄池。德国的合流制溢流控制主要始于 20 世纪 70 年代，合流制系统调蓄池开始大量建设。如今，德国已成为世界上雨水与合流制调蓄设施分布最为密集的国家之一，据 2016 年统计数据，德国不同类型雨水调蓄设施总量共计 54069 个，调蓄容积共计 $6078.9 \times 10^4 \ m^3$，人均 $0.738 \ m^3$。

上海市在苏州河环境综合整治二期工程中，建设了 5 座地下式调蓄池以控制溢流污染，雨天溢流污染削减能力可达 20%；昆明为解决老城区合流制系统的雨天溢流污染问题，建设了 16 座初期雨水调蓄池，总设计调蓄容积 247100 m^3，雨季截流倍数可达 10；全部调蓄池运行后，每年可以截流约 492 万 m^3/a 的初期雨污水，约占年降雨量的 16.8%。除此以外，北京、武汉、合肥等许多城市，也在开展调蓄池应用，以控制排水管网的溢流污染和初期雨水污染。

根据截污型调蓄池在不同排水系统中的应用，可将其分为合流制溢流污染控制调蓄池及初雨调蓄池。合流制溢流污染控制调蓄池是对合流污水进行调蓄，降低合流制系统溢流风险。初雨调蓄池是对雨水系统中降雨初期地表径流污染物进行截流调蓄，减少初期降雨冲刷的污染物排入水体[20]。

根据调蓄池在排水系统中的位置，可将其分为末端调蓄池和中间调蓄池。末端调蓄池主要适用于溢流污染控制，中间调蓄池主要用于提高排水标准和降低管网运行负荷等。根据调蓄池相对于管网的位置，可将其分为串联调蓄池和并联调蓄池。串联调蓄池建设于管道上，调蓄池是管道排水的必经路径，主要为削峰功能；并联调蓄池由管道分流进水，调蓄池非管道排水必经路径（表 3-5）。

目前我国部分建有调蓄池的排水系统，雨天仍有高浓度溢流污染排放，河道水质雨天频现黑臭，不利于河道水环境质量改善。另外，城市

表 3-5　不同位置调蓄池水量、污染物控制总结

类型	水量控制	污染物控制效果	适用条件
中间调蓄池	提高排水系统排水标准，减少系统管网运行负荷	控制降雨初期效应效果好	适用于服务范围大的排水系统，分散建设成本较高
末端调蓄池	缓解管网出水压力，但不能提高排水系统排水标准	污染物控制效率低，初期高浓度污水受沿程管网进水稀释，浓度降低	适用于用地紧张区域、服务范围小的排水系统
串联调蓄池	受其在排水系统中的位置影响	效果不佳	管控设备、耗能少，但对地形、管道高程有要求
并联调蓄池	受其在排水系统中的位置影响	效果好	管控设备多，耗能大，受地形及管道高程影响较小

集聚区人口多、污染来源复杂，排水系统初期雨水污染更为严重，且土地资源紧张，调蓄池设计更应注重经济效益与环境效益。如何基于河道水环境目标，提高调蓄池溢流污染截流效率，结合污染物浓度优化调蓄池设计方法是有效控制溢流污染的难点。

因此，调蓄池设计需由"水量优先"控制转变为"污染负荷优先"控制。综合考虑水环境质量目标界定最大排放浓度，根据实际检测的水质水量过程线中污染物浓度高于目标截流浓度的时间段，设置调蓄池截流量，从而确定雨水调蓄池的容积及启闭参数设置。

3. 实施管道水力调控和清淤维护

排水系统溢流污染负荷来源主要有三个方面：径流负荷、污水负荷和管道沉积物冲刷负荷。其中，管道沉积物对溢流污染的贡献率很大。通过排水管道水力调控及清淤维护，在雨季前及时清除管道内的沉积物，能够有效减缓旱天污染物在管道中沉积产生的雨天"零存整取"效应[3, 18]。

排水管道水力调控主要是通过在排水管道上设置构筑物如闸门、自冲洗装置、泵站等设施，突然改变管道中的水流水力状态，在短时间内上游水量得到释放形成冲刷效应，从而在旱天将管道中的沉积物冲刷成悬浮状态送入污水处理厂处理。排水管道日常清淤维护是减少管道沉积、

淤积最为直接有效的手段。在日常运维期间，对排水管道进行定期清淤。每年在汛期前，对合流管道和存在混接的雨水管道进行全面淤积排查及清淤，可有效减少雨水冲刷进入水体的污染物。

4. 末端溢流污水快速净化

除了径流量削减、管道水力调控和清淤维护、建设调蓄池等措施外，还可通过实施末端溢流污水快速净化手段，尽可能减少污染物进入自然水体，降低冲击性溢流污染对水环境的影响。以物理化学法为主的快速净化技术因具有启动快、停留时间短、可间歇运行、维护简便等优势，可有效削减入河污染物总量等优点被广泛应用，具体可分为浮渣和漂浮物处理技术、砂粒处理技术、悬浮物处理技术[21]。另外，还有针对有机物和氨氮等溶解性污染物的快速生物处理技术[6]。各种技术的适用条件如表 3-6 所示。

表 3-6　末端溢流污水快速净化技术

去除污染物种类	处理技术	适用条件
浮渣和漂浮物	浮动挡板	适用于现场无法供电，合流污水或雨水在澄流前须拦截过滤其携带的漂浮物的场合
	拦渣浮筒	
	水平格栅	
	水力自洁式滚刷	
	堰流过滤	适用于现场可供电，合流污水或雨水在溢流前须拦截过滤其携带的漂浮物的场合
	溢流格栅	
砂粒	高效涡流	适用于污水直排、澄流排放和初期雨水弃流等须去除砂粒的场合
	水力颗粒分离器	
悬浮物	高效沉淀	适用于污水直排、澄流排放和初期雨水弃流等须去除悬浮物的场合
	泥渣砂三相秒分离	
	磁分离	
	自循环高密度悬浮污泥滤沉	
有机物和氨氮等溶解性污染物	快速生物处理	分流制污水口直排、雨污水混接，合流制污水直排等须去除悬浮物、有机物和氨氮的场合

此外，国外也有多种高效处理装置实现商业化，如法国 Kruger 公司的 ACTIFLO 工艺、法国 Infilco Degremont 公司的 DENSADEG+BIOFOR 工艺、美国 Parkson 公司的 Lemalla Plate 工艺等，这些工艺都利用化学絮凝和物理沉淀（投加微砂、磁粉或回流污泥作为絮凝核心以实现更优的絮凝沉淀效果）来处理溢流污水，分"混合—反应—沉淀"三个操作单元。这些工艺水力表面负荷较高，因此装置紧凑，占地面积小，启动速度快，通常 30 min 内可以达到稳定的高峰负荷，出水水质较好。其中 ACTIFLO 工艺已成功用于美国堪萨斯州、法国巴黎、比利时布鲁塞尔、法国里尔以及我国昆明等地区的合流制溢流污染处理，运行效果稳定。相对来说，磁混凝沉淀的水力停留时间更短，对悬浮物的去除率高达 97%，但用于溢流污染的处理大多还处于探索阶段，国内中建环能科技股份有限公司的 MagCS 磁介质混凝沉淀、青岛洛克环保科技有限公司的 SediMag[TM] 技术已发展较为成熟，北京延庆妫水河溢流污水处理工程采用超磁处理设备，实现了化学需氧量（COD）、悬浮物（SS）、总磷（TP）分别为 53.8%、88.9% 和 82.7% 的有效去除。

5. 实施厂网一体化优化调度

提升合流制系统雨天截污能力是目前开展溢流污染控制采用的主要方法。我国高密度城区尤其是老城区受可利用空间有限以及工程建设和后期维护成本高等因素影响，导致大规模开展合流制系统改造的实施难度大。近年来，随着智慧城市的发展，"最优化控制"应用于溢流控制中显现出优势，其特点是通过开展厂网控制单元的协同调度（图 3-5），充分挖掘现有系统的"韧性"蓄排能力，实现雨天截污能力的进一步提升[22]。

最优化控制主要分为非模型控制和模型控制。在城市排水系统控制领域，根据控制目标不同，可将模型控制分为水量控制和污染控制。其中，水量控制是以溢流水量最小化为目标，并基于非线性水动力模型探究管网中可调控单元的最佳运行控制策略；污染控制则是以溢流污染负荷最小化为目标，基于水动力水质耦合模型探究管网中可调控单元的最佳运行控制策略。

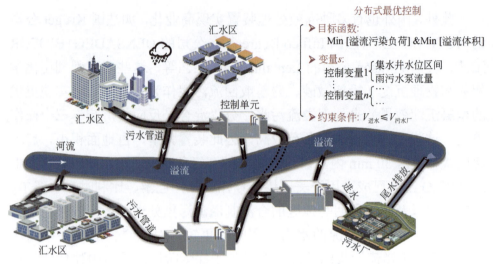

图 3-5　厂网河湖一体化调度示意图

国外排水系统优化调度控制总体上可分为管网溢流污染控制、厂网联合优化控制和水系统综合控制三个阶段[23]。国内近年来在昆明、巢湖等地开展了排水系统优化控制的研究，表明可以提升 30% 以上的溢流污染溢流量。未来从厂网河联合调度实现流域尺度下溢流污染治理的需求，除了智慧水务在线监控技术的发展外，还有赖于数字化集成模拟仿真系统和智能优化调度决策技术的高度融合[22]。

3.2.3　城市排水管网管理

排水管网的维护管理也与城市水环境密切相关，若排水管网长时间缺乏有效运维，管道破损会导致地下水、河水等清水进入污水管道，也会导致污水渗入河道，造成水体污染。若管道长时间不进行清淤，会导致管道严重淤堵，污水排放不畅，造成有机物在管道内降解，最终导致污水处理厂进水浓度不高，且管道中的淤泥雨季被冲刷至河道，会造成水体严重污染。因此，有必要做好排水管网运维管理，保障城市水环境。

城市水环境治理截污中，"排口是关键，管网是核心"。在摸清排污口的基础上，须进行排水管网问题排查，精准找到管网问题所在，再进一步开展管网修复、清污分流及截污纳管等工作。目前，传统的排水管网排查、养护模式效率低，无法定量解析管道的水量来源和比例，无法高效实现缺陷点的溯源定位,对管道紧急事件响应速度滞后。近年来,伴随物联网、传感器等技术发展和智慧城市建设的兴起,排口溯源及排水管道的缺陷诊断也逐渐由传统的物探检测、水力计算等向数值化、智慧化方向发展,通过物联传感、数值模型、反演模拟、溯源识别等技术,可以实现管道复杂水力状态实时更新,实时诊断排水管道的缺陷问题点位,推动排水系统运行管理的数字化、智慧化转型,实现对源网厂河湖一体化的实时监测、动态调度、智能预警、远程控制、故障诊断等,提高管网的自动化、智能化水平,提升管网的运行效能和安全性[22]。

3.2.4　典型案例

1. 湖北省黄孝河、机场河流域污水治理提质增效与溢流污染控制

1）背景

黄孝河、机场河流域(黄机流域)位于长江中游典型城市武汉的老汉口片区,该区域建设完善且人口密度大、排水系统复杂,问题成因多、土地价值高,工程设施落地难,是典型的高密度城市建成区。

黄机流域规划范围面积 126 km²,流域内现状总人口约 242 万人。黄孝河全长 10.7 km,其中暗涵段长 5.3 km,明渠段长 5.4 km;机场河全长 11.4 km,其中暗涵段长 8 km,机场河明渠分为东渠和西渠,东渠长约 3.4 km,西渠长约 2.7 km。黄机流域水系发达,有建设渠、十大家明渠、幸福渠、岱山渠等 4 条港渠,以及塔子湖、黄塘湖、张毕湖等大中小型湖泊共计 13 个。

流域上游有武汉市现存面积最大的合流区(约 47.9 km²),下游以分流制排水为主,共同形成合流截流式排水体系。黄孝河、机场河上游暗涵同时承担着区域排涝及污水输送的功能,城区内现状排水系统复杂,水环境问题突出。

2）措施

为进一步提升黄孝河、机场河流域水环境质量,在流域内开展骨干管涵河道清淤、提质增效管涵修复、旱季截流、合流制溢流污染控制等工程。

管道清淤及修复。主要为汉口区域主干排水管涵清淤、修复工程,总长 64.2 km,其中管道长约 35.2 km,箱涵长约 29 km,施工影响范围

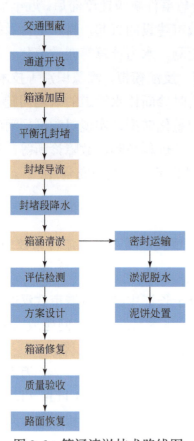

图 3-6　箱涵清淤技术路线图

达 126 km²。清淤量约 8.0 万 m³，管道修复长度为 8 km，箱涵缺陷修复超 15 万 m²。首先开展管涵本底调查+精细检测。在不进行封堵导流的基础上，利用全地形机器人，摸清管涵内部情况，初步锁定可能严重缺陷的管涵段；全方位缺陷覆盖排查评估，采用"表观排查+实体检测+异位试验"多种类检测方式交叉验证，准确识别管涵健康状态。这一措施为摸清流域内主干管涵情况提供保障，同时为全面开展流域系统综合治理奠定基础。在此基础上开展管道箱涵清淤修复（图 3-6）。其中，通过对机场河 6.2 km 明渠进行测绘和工艺比选，采用"环保绞吸+浮管输泥+脱水固结"工艺清除表层黑臭淤泥，清淤总量达到 20 万 m³。这一措施保障了机场河河道的排涝能力和水力条件，有效减少污染物滞留，恢复机场河 50 年一遇过流断面要求。

旱天截污及合流制溢流污染控制。 为有效控制上游合流区雨天溢流污染，降低对明渠水体的污染，通过新建 CSO 调蓄池群，利用"截污箱涵+合流制 CSO 调蓄池+末端污水厂"的方式有效应对上游合流制溢流污染问题。通过 CSO 调蓄池控制（图 3-7）：晴天时，CSO 调蓄池及强化处理设施不运行，依靠泵站和污水处理厂处理污水；小到中雨时，明渠起端闸门处于关闭状态，除依靠泵站和污水厂外，部分合流制污水进入 CSO 调蓄池进行调蓄处理并错峰排出，控制合流制溢流污染的发生；暴雨时，为保证行洪安全，明渠起端闸门处于开启状态，调蓄池及强化处理设施和行洪排涝同步运行。实现晴天污水全收集全处理，雨天 CSO 控制。

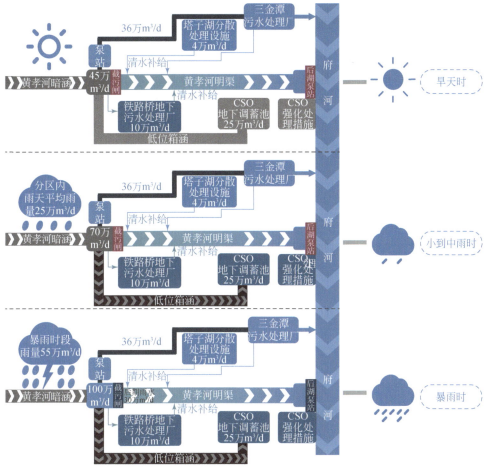

图 3-7　CSO 调蓄池及强化处理设施运行机制图

3）成效

污水处理提质增效。通过对管道箱涵、河段等进行清淤等一系列措施，显著改善流域排水系统运行状况，降低外水入流入渗、管道淤积及腐蚀的风险。污水处理厂进水浓度（BOD、COD）提升了 20%～30%；黄孝河机场河管涵过流能力较以前恢复至 85%～100%。

水环境改善明显。实现对黄机流域内的管涵排查全覆盖，基本完成缺陷修复，有效延长黄机地区管涵 30～50 年工程使用寿命，基本消除晴天黑臭，两河水环境状况得到明显提升，水质由治理前的重度黑臭提升为现阶段主要指标达到地表 V 类标准。

2. 深圳坪山河流域截污治污及污水治理提质增效

1）背景

坪山河是淡水河一级支流，位于东江淡水河上游，属东江水系。近年来，随着城市化水平的不断提高，坪山河流域经济迅猛发展，人口急剧增长，坪山河负担了过重的污染负荷；坪山河的水文特征、地理特点也决定了河流的自净能力差，环境容量小，致使流域水质下降，生态恶化。坪山河流域水环境综合整治工程于 2008 年 11 月立项启动，围绕交接断面水质达标，按照源头减排、过程阻断及末端处理的总体思路，通过构建"截污—调蓄—处理—回用"一体的水质达标体系，使新旧截污系统均衡，上中下游水量水质均衡，实现交接断面达标。

2）措施

雨水排口入河污染控制系统。为精准解决截污问题，坪山河项目在近期源头减排工作难以完全实现的前提下，先采取末端治理措施，对坪山河干流 297 个入河排放口实现全面截污，全面构建"截污—调蓄—处理—回用"系统，达成交接断面水质目标要求，排水体制详见图 3-8。原沿河截污系统考虑作为污水干管，主要收集流域范围内的污水，新增沿河截污系统作为初期雨水收集管。通过双重截污、精准截污可确保交接断面达标。

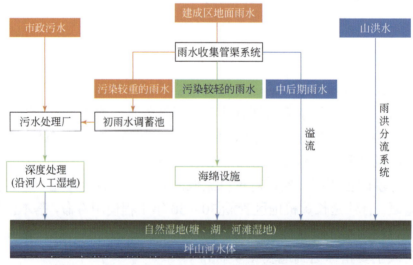

图 3-8　截流初期雨水的完全分流制排水体制示意图

其中在上游段，设计沿河截污管，利用现状截污管收集漏失污水及初雨水，沿途建设初雨水调蓄池，并将调蓄池汇流时间控制在 30 min 内。由于新截污系统基本沿河道内侧敷设，造价相对较低。于上游新建碧岭净化站，接纳上游段城区污水及调蓄池出水。在中游段新建沿河截污管替代箱涵，收集漏失污水及初雨水，沿途建设初雨水调蓄池，并将调蓄池汇流时间控制在 30 min 内。在下游段不再设计沿河截污箱涵，利用现状截污管收集漏失污水，沿途建设初雨水调蓄池，并将调蓄池汇流时间控制在 30 min 内。沿途布置海绵植物滤床，处理污染较轻的面源污染及污水处理厂尾水。下游新规划建设上洋污水处理厂配套调蓄池。

3.3　管网建制选择

3.3.1　排水体制分析比较

城市排水体制分为合流制和分流制两种。合流制是用同一管渠收集和输送城市污水和雨水的排水方式，根据合流制排水系统在我国实际的建设情况，可将合流制分为直排式、全处理式和截流式合流制排水系统（图 3-9）。

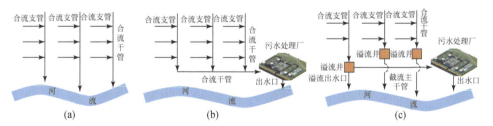

图 3-9　直排式（a）、全处理式（b）和截流式（c）合流制排水系统

分流制是用不同管渠分别收集和输送各种城市污水、雨水和工业废水的排水方式，分流制排水系统可分为完全分流制（具有独立的污水和雨水排水系统）、不完全分流制（只设有污水而没有完整雨水的排水系统）和半分流制（具有独立污水和雨水排水系统，同时在雨水干管上设雨水跳跃井以截留初期雨水和街道冲洗废水进入污水管道，又称截流式分流制）三种（图 3-10）。

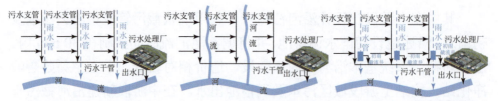

图 3-10　完全分流制（a）、不完全分流制（b）和半分流制（c）排水系统

近些年，由于城市建设发展的不均衡和日常运维管理的不完善，导致在各个排水分区内同时存在分流制、合流制排水系统，分流制排水系统雨污混接的现象，这种排水系统也可称为混流制。

在选择排水体制时，需要综合考虑城市规模、地形地貌、气候条件、经济水平等因素，并采取相应的措施来克服不同排水体制的缺点。同时，加强排水系统的维护和管理也是非常重要的[24]。

1. 分流制与合流制优缺点

分流制排水体制主要有以下优点：清污分流，有利于生活污水、工业废水的回收利用及城市污水处理，提高污水收集率和处理效率；污水流量小，也能保持较高的流速，提高管网水力条件，不易堵塞；雨污水分两个系统收集、处理、排放，避免排水管网雨天溢流污染的问题。其主要有以下缺点：需设置两套排水管网系统，增加道路地下管线的数量和复杂性，工程总投资一般会高于同等条件的合流制排水系统；初期雨水未经处理直接排放到水体中，易会对水环境造成污染；若管理不善，易造成雨污混接，污水混接进入雨水管道造成污水直排，雨水混入污水管道进入污水处理厂，影响污水处理厂的运行和处理效果。

合流制排水体制的优点包括：节省管道建设投资及运维成本；只有一套管网，不存在雨污混接管理方面的问题，便于运维管理；晴天可实现污水的全收集全处理。其缺点是：溢流污水浓度高，增加雨天污水处理厂处理量和处理能耗，汛期污水处理厂进水水质不稳定，增加污水处理厂运营管理难度。

2. 不同排水体制比较分析

1）成本比较

从工程总造价来看，因为完全分流制系统要建设两套排水管网，涉及管道、开挖、回填等工程量和成本要比合流制系统要高。然而这一比较的前提是只考虑管网建设，若将合流制系统中的溢流污染控制工程、污水处理厂扩建及污水处理成本等内容进行综合考虑，完全分流制排水系统与完善的合流制系统工程建设成本基本持平。

通常情况下，半分流制排水系统工程造价要高于完全分流制和不完全分流制排水系统造价，全处理式合流制排水系统、截流式合流制排水系统工程投资要高于直排式合流制系统。针对不同地区地形、管材原材料获取、降雨特征及地质水文等情况的不同，不同排水体制的工程投资造价也会有差异。

2）环境效益

采用全处理式合流制将城市生活污水、工业废水和雨水全部送往污水处理厂处理后排放，从防治水体污染角度效果较好，但会使主干管尺寸过大，污水处理量也增加很多，建设和运营费用也相应大幅增高，这种排水系统形式主要适用于干旱少雨地区。

采用截流式合流制时，强降雨时会有部分混合污水通过溢流井直接排入水体，水体仍然遭受污染，但通过对排入水体进行水环境容量分析，限制溢流污染发生频次及溢流污水浓度，可保障截流式合流制排水系统溢流不造成水环境恶化。

分流制将城市污水全部送至污水处理厂进行处理，但初期雨水形成径流之后则是未加处理直接排入水体，对城市水体也会造成污染。近年来，国内外对雨水径流的水质调查发现，雨水径流特别是初降雨水径流对水体的污染相当严重，因此提出源头海绵城市建设、初期雨水弃流等技术措施对雨水径流进行严格控制。

总体上，完善的合流制排水系统和不完全分流制排水系统都具备减少污染物入河的效果。因此从保护水环境角度，对合流制排水系统可提高截流标准，减少溢流污染频次及溢流污水浓度；对分流制排水系统应提高初雨污染削减能力，减少入河污染量。

3）维护管理

晴天时污水在合流制管道中流速低，雨天时才接近满管流，因而晴天时合流制管内易产生沉淀，待雨天暴雨水流可以将沉淀淤积冲走，且晴天和雨天时流入污水处理厂的水量变化很大，增加了合流制排水系统污水厂运行管理的复杂性，合流制排水系统在管道清淤维护频次及污水处理厂运行管理上相对于分流制排水系统复杂,但后者因其管道数量多,日常管理维护的对象相对较多。

4）占地用地

合流制节省土地,在街道狭窄地区尤为有利。老城区地下管网密布,地面上建筑密度、居住人口密度高,实施雨污分流难度大。在街道较窄、地下设施较多情况下,可因地制宜选择和保留合流制排水系统。

3.3.2 城市排水体制选择

1. 国外城市排水体制选择

美国、德国、日本等国家在城市排水体制发展历程上与我国大多数城市基本相似：新建城区采用分流制排水系统,老城区在城市规模小和城镇化程度不高时,采用了合流制排水系统,随着城市发展,老城区合流制溢流污染问题越来越严重。他们在20世纪80年代即开展一系列"合流制改为分流制"（简称"合改分"）的研究和实践,经过多年探索,上述发达国家已不再简单实施雨污分流改造,而是坚持"因地制宜"策略,即分流制地区要分彻底,同时推广源头污染控制；合流制地区控制好溢流污染,提出"以合流制系统全年排放污染物削减总量和分流制污水管道排放削减总量相同"的目标。

对比美、日、德对城市合流制排水系统溢流控制的发展历程和主要策略发现,其对合流制系统特征的认识和总体治理思路有一定共性。但实施过程中,由于既存基础系统完善程度、维护管理水平、城市间发展水平和改造条件及自然条件差异等原因,不同国家在目标设定、技术手段侧重上也呈现出一定的差异[9]。

1）合流制溢流控制的艰巨性

鉴于合流制溢流控制的复杂性,美国从20世纪60年代起至今,仍在开展大量相关工作。即便日本国土面积小,合流制区域总体面积比例相对更低,也经历了近40年时间,通过大量投资和系统性的重要工程建设,才比较有效地控制了合流制溢流污染。

2）专项研究和政策引导的重要性

合流制溢流控制势必面临对城市空间、建设投资、城市正常秩序以及居民日常生活的复杂影响。上述国家也都曾经历国家与城市政府、各职能部门之间对溢流控制的广泛讨论和意见反复；都对合流制系统问题开展了大量专项的系统性研究，并通过多职能部门、多利益相关方的广泛深度研讨，就普遍达成的共识以政策法规、专项规划、规范标准等多种途径予以落实，逐步构建较为完善的控制体系。

3）以污染物负荷削减为整体控制目标

从目标分析，美、日、德的 CSO 控制均以削减合流制系统外排污染负荷作为基本目标和总体原则。其中，日本与德国在国家层面都提出了比较具体的合流制系统外排污染负荷的控制要求；美国由于国土面积大，城市差异明显，在国家层面提出了基于技术的"九项基本控制措施"，并要求各城市在 CSO 长期控制规划中根据具体的水环境保护要求与可实现的溢流控制水平等，综合提出近远期控制目标。

4）"合改分"作为手段之一而非目标

上述三国中有合流制排水系统的城市，大部分选择保留原有的合流制系统，并对溢流污染进行控制。对局部"合改分"改造条件相对较好的区域，结合城市更新改造进行局部分流，这往往是作为区域溢流控制系统方案中的一项技术措施，并需与其他措施进行统筹考虑。只有极少数合流制区域，由于城市大规模重建或合流制区域较小等原因，在对改造投资、污染负荷削减情况等系统评估后，选择全面推行"合改分"，但通常也经历了较长的实施周期，改造后也需要对雨水径流污染进行单独控制。

5）强调中长期规划，适时评估与调整

由于合流制溢流控制的工程建设系统性强、实施条件复杂、涉及巨额投资，需要对中长期的各方面影响进行系统评估与预期成效的综合分析才能做出决断。因此，基于各城市的具体条件，编制合流制溢流控制的长期规划，并持续跟踪评估其实施效果，不断补充新的技术方法，适时更新和调整合流制溢流控制的技术策略。

6）因地制宜的技术策略选择

美国、日本、德国均未在国家层面对各地合流制溢流控制的具体方

案和技术措施做统一规定，强调各城市需结合实际条件因地制宜制定系统策略。不同地区由于气候条件、空间条件、基础设施建设与管理情况等方面的差异，在对合流制溢流控制技术策略选择上存在差异性。

美国的城市分布总体较为稀疏，城市中心城区建设密度较高，外围郊区空间较大，合流制区域多位于城市密集的中心城区，而污水处理厂通常位于郊区，具备通过大截流与提高末端集中处理能力的方式尽可能对合流制溢流污染进行控制的条件；而德国与日本的城市密度与人口密度均高于美国，一定程度限制了大型集中污水处理厂的建设，因此，德国总体上更注重分散调蓄设施的应用，日本则相对更重视对溢流排放处理技术的研发与应用，具体需要根据城市综合条件制定系统策略。

案例1：美国排水体制发展

美国排水系统改造历经"合流制—合改分—CSO 污染控制—推广绿色基础设施（GI）"四阶段，具体发展历程如图 3-11 所示。

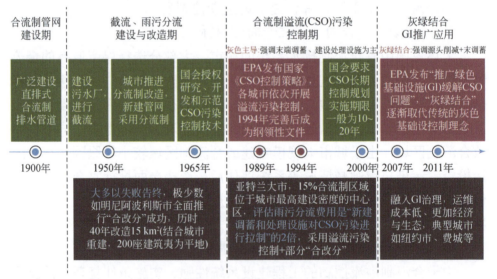

图 3-11 美国排水体制建设发展历程

根据美国环境保护署（EPA）于 2004 年提交给国会的针对合流制排水系统的研究报告，美国合流制排水系统的城市分布在 32 个州，主要位于美国东北部的五大湖区，以及西部发展较早的部分地区，总服务人口约 4000 万人，合流制管网总长约 22.5×10^4 km。通过从污染物总量削减效果、投资金额、建设周期、改造难度与可行性等多方面综合比较，这些城市大部分没有选择进行大范围的"合改分"工程，而是转向对合流制溢流污染进行有效控制。其中，纽约、芝加哥、费城等大型城市合流制排水系统服务范围占排水系统总服务范围的比例均超过 60%，旧金山等城市甚至超过 90%，这些城市若要实施全面的"合改分"，投资巨大，耗时极长，从技术经济最优和可行性的角度，通常选择保留大部分区域的合流制排水系统，通过综合措施控制溢流污染问题，部分区域可结合区域更新改造实现局部的"合改分"。

即便部分城市的合流制区域占比较小，也必须对整体改造效果、难度和可行性进行全面分析，如亚特兰大市采用部分区域"合改分"与溢流污染控制相结合的综合方案。值得注意的是，也有极少数城市由于其具备特定的改造条件，几乎全面实现了"合改分"，如美国明尼苏达州的明尼阿波利斯市就是美国极少数通过长期全面推进"合改分"来解决合流制溢流问题的成功案例。

1965 年，美国《联邦水污染控制法》（Federal Water Pollution Control Act）首次在联邦法规层面提出控制合流制溢流污染，并要求各地推进开展 CSO 控制的相关研究与工程示范。1972 年，美国《联邦水污染控制法》的修正案即《清洁水法》（Clean Water Act）发布，逐步建立国家污染物排放（NPDES）许可证制度，并将 CSO 纳入排放许可的点源污染管控要求。但在 20 世纪 70 年代，大量美国城市点源污染控制的重点工作在于城市污水处理厂的扩建与二级处理工艺的提升改造，对 CSO 控制的重视程度仍不足。

20 世纪 80 年代，合流制溢流污染带来的危害愈发突出，美国 EPA 开展了多项针对合流制溢流污染特征的相关研究，发布系列研究报告，芝加哥、旧金山、明尼阿波利斯等城市也开始实施 CSO 控制的相关工程。1989 年，美国 EPA 发布国家《CSO 控制策略》，重点提出了 6 项基本控制措施，包括：合规、合理的运维管理策略；最大限度利用管网系统的能力；评估和提升预处理能力；最大限度地截流至污水厂处理；严禁旱季溢流；控制 CSO 中的悬浮物和颗粒物，以此作为各地申请 CSO 排放许可的基本技术要求。

20 世纪 90 年代开始，美国各城市依据国家《CSO 控制策略》要求，开展 CSO 控制工作，但在执行过程中却引发了诸多争议。为此，美国 EPA 于 1992 年专门组建咨询委员会（MAG），以协助 EPA 完善国家层面 CSO 控制的总体策略，并进一步讨论 CSO 控制的实施周期与投资等问题。

委员会成员不仅包括 EPA 工作人员，还包括不同城市的管理者，以及相关技术协会的技术人员等。通过反复讨论，1992 年，国家《CSO 控制策略》在原 6 项基本控制措施的基础上又增加了 CSO 污染问题的现场探查与监测、污染的预防、CSO 重点影响区域的划定 3 项要求（形成 9 项基本控制措施）。同时，考虑到 CSO 控制的复杂性和长期性，提出在国家层面建立 CSO 控制的统一框架，给予各城市一定的灵活性来制定适用于当地最经济有效的控制策略。1994 年，EPA 进一步发布国家层面 CSO 控制政策，作为美国 CSO 控制的一项重要纲领性文件，沿用至今。

2000 年，美国国会发布《清洁水法》的修正案，即《雨季水污染控制法》，要求各地合流制排水系统排放许可的申请要遵循 CSO 控制政策的相关要求。制定 9 项基本控制措施，并需结合各地具体条件编制 CSO 长期控制规划。考虑到 CSO 控制系统构建的复杂性，各地编制的 CSO 长期控制规划的实施期限一般为 10～20 年，并定期进行评估与优化调整。

进入 21 世纪后，绿色雨水基础设施受到广泛关注。2007 年，美国 EPA 正式发布声明"推广绿色基础设施缓解 CSO 问题"，并鼓励将其纳入 CSO 长期控制规划，"灰绿结合"逐渐取代传统的灰色基础设施控制理念。

案例 2：日本排水体制发展

日本的排水管道总长度约为 45.5 万 km，城市建成区排水管道密度在 20～30 km/km^2。日本东京由位于东京湾旁的主城区和西部的多摩地区等组成，总面积为 1069 km^2。其中主城区面积约为 578.4 km^2，排水管道长度约 1.614 万 km，排水管道密度为 27.9 km/km^2，共有 13 座污水处理中心，平均每天的污水处理量为 467 万 m^3/d。20 世纪 80 年代，位于东京北部的足立区、东部的世田谷区部分区域，以及位于东京湾海域新填埋陆地的一部分区域，进行了雨污分流改造。后来排水体制建设工作主要是进行合流制溢流污染控制，目前整个东京的合流制系统占比为 82%。

日本制定了全国范围统一、明确的合流制系统控制目标与策略。进行总量控制，要求各排放口全年外排的污染物（以 BOD$_5$ 计）平均浓度不超过 40 mg/L。创新多项 CSO 控制技术，包括"减流类"（源头渗透设施、部分雨污分流改造等）、"送流类"（管网收集与截流能力提升、污水厂处理能力提升与工艺改造、溢流排放口就地处理等）、"贮流类"（调蓄池、隧道等）。进行污水处理厂改造，提高雨天处理能力达到旱天的 3～4 倍，其中旱天同等设计流量污水进入生化池进行生化处理，其他污水一级强化处理之后排放，二者执行不同排放标准。

自 1994 年实现污水处理设施完全普及之后，东京都下水道局在不断建设地下深隧设施等以增强防洪排涝能力和提高对抗地震灾害能力的同时，开始对排水设施的修复再建工作。东京颁布的《2021 东京下水道事业经营规划》中确定的排水管网设施修复再建方针为：①进行排水管网设施的检测和调查，把握其健全程度。在实施老化对策的同时，强化抗洪排涝能力并提高防震性能，有计划推进再建和修复工作。②通过有计划地维护管理，使管网设施使用寿命比法定使用年限延长 30 年左右。灵活应用"资产管理方法"，按照"经济使用寿命"（约 80 年）的思路有效推进修复再建工作。为了实现排水管网修复再建的中长期规划投资的均衡化，计划将东京都主城区按照建设年代划分为三期实施。对第一期的区域，即建设年代最早的四个排水处理系统进行优先实施，要求在 2029 年基本完成；对第二期和第三期修复再建的范围、面积和管道长度以及平均使用年数进行了统计和规划。

案例 3：德国排水体制发展

德国大部分城市保留了合流制排水系统。从 20 世纪 70 年代开始，德国开始建设大量不同类型的雨水调蓄设施，在保障污水处理效能的情况下，对雨水及溢流污水的分散调蓄，成为德国合流制溢流控制的重要技术策略。

德国现有合流制排水系统多分布于南部城市。据 2016 年的统计数据，德国合流制管网长度占全境管网总长（含合流制管道、分流制雨水及污水管道）的 53.5%，而 1990 年左右该比例约为 71.2%，合流制管网占比下降的主要原因并非大范围实施了"合改分"，而是增加的所有新建区域均采用了分流制排水体制，原有城市的合流制区域仍基本保留，并对溢流污染进行综合控制。德国多个城市在其排水总体规划中提出利用 50 年左右的时间实现全面"合改分"，但实际实施难度较大，进展缓慢，例如，北威州首府杜塞尔多夫市在过去 20 年左右的时间完成"合改分"的区域占比不足 5%。

德国合流制区域的污水排放需要依据相关要求申请排放许可，要求合流制排水系统排入水体的污染物负荷（即污水处理厂尾水与溢流排放雨污水年平均污染负荷的总和）不大于相同区域假定分流制排水系统排入水体的年平均污染物负荷（以 COD 计）。德国的城市在其排水总体规划中需提出合流制区域的系统控制策略与实施计划，且一般情况下，在规划实施的中期，需对其实施情况进行评估并对相关内容进行更新修订。

德国根据对污水处理厂进水水量、污染物处理效率的长期分析，严格控制合流制区域截流干管的最大流量及污水处理厂处理量，尽量通过上游（特别是源头）的雨水收集及处理设施对雨水进行分散控制，减少进入合流制系统的雨水量。同时，部分分散溢流排口主要通过设置格栅、过流净化池（如调蓄池内悬空安装水力颗粒分离器等设备）或生物滤池等就地处理设施，对雨季溢流的雨污水进行处理后排放，重点去除大型颗粒物与漂浮物。

2. 国内城市排水体制选择

我国大多城市新建城区采用分流制排水系统，老城区主要采用合流制排水系统。近年来，国家出台系列政策，推动排水体制科学、合理、规范发展（图 3-12）。

总体上，国内大多数城市未强力推行雨污分流改造，多结合当地排水系统完善程度、空间条件、基础设施建设管理水平等，采取了"因地制宜、分步实施"的策略。从近年来国内城市开展情况来看，排水体制完善策略基本分为三类。

1）长期推动"合改分"，如深圳市、广州市、南京市

深圳是我国最年轻的一座现代化城市，建市之初在排水方面确定的是采用雨、污分流体制，并按此进行排水管理和设施规划建设。随着城市 30 余年的高速发展，全市虽建成市政排水管网总长约 6356 km，12 座污水处理厂，但城市河流水体还是普遍受到污染发黑发臭，其原因是每天有近 50 万吨污水通过雨水管网排入河流水体。为解决这一问题，深圳市政府在 2006 年下定决心首先在特区内开展雨污分流整治工作，并

2013年	2018年	2019年	2020年
国办发23号文件《国务院办公厅关于做好城市排水防涝设施建设工作的通知》，提出要求"力争用5年的时间完成雨污分流改造"各城市普遍未完成任务	住房和城乡建设部与生态环境部联合发布《城市黑臭水体治理攻坚战实施方案》中，提出"有条件的地区，要积极推进雨污分流改造。暂不具备条件的地区可通过溢流口改造、截流井改造、管道截流、调蓄等措施降低溢流频次"	住房和城乡建设部、生态环境部、国家发展和改革委员会联合发布的《城镇污水处理提质增效三年行动方案(2019—2021年)》中，提出"实施管网混错接改造、清污分流等，提升现有设施效能"，未再突出合流制区域的"雨污分流改造"要求	国家发展和改革委员会、住房和城乡建设部印发《城镇生活污水处理设施补短板强弱项实施方案》：长江流域及以南地区城市，因地制宜采取溢流口改造、截流井改造、增设调蓄设施等工程措施，对现有雨污合流管网改造，降低合流制管网溢流污染

2018年	2019年	2021年
住房和城乡建设部发布《室外排水设计标准(征求意见稿)》中，提出"现有合流制系统，应采取截流、调蓄和处理等措施，提高截流倍数，控制溢流污染"	《海绵城市建设评价标准》(GB/T 51345—2018)，首次提出了灰色设施与绿色设施合理结合来控制合流制溢流污染，并提出了合流制溢流体积削减与处理设施的水质控制标准	《室外排水设计标准》(GB 50014—2021)，提倡通过截流调蓄完善合流制排水系统，以达到和分流制一样的截污效果；允许城镇不同地区采用不同排水体制，但要求应明确各自的服务边界，合流制排水系统与分流制排水系统之间不应设置连通管；应根据不同排水体制的特点开展截流调蓄的设计，削减向自然水体排放的污染物量

图 3-12　我国排水体制相关政策演变

成立了深圳市排水管网清源行动办公室。深圳实施雨污分流初期，效果并不十分明显，大约有 30%的污水仍流进雨水管网。深圳排水系统仍然存在严重的错接乱排、雨污混流等现象，不能充分发挥污水收集作用。深圳市随后调整雨污分流改造策略，实施"正本清源"工程。广州市研究发现，若采用控制溢流污染措施，需建设调蓄设施规模巨大，投资高。因此，广州自 2019 年开始实施雨污分流，要求 5 年内雨污分流率要达九成。南京市于 2010 年投资 183 亿元全面启动雨污分流改造，2014 年调整为在新城区完善雨污分流体制，2017 年再次重启主城区雨污分流改造。

2）明确放弃全面"合改分"，如北京市

北京市由于城区建设密度高，改造空间极为有限，且部分区域还有建筑遗产特殊保护要求，二环内老城区至今实现完全分流区域不足15%。

3）"合改分"与"合流制溢流控制"综合施策，如上海市

上海市在 2020 年明确提出保留老城区合流制区域，并建设溢流控制措施；针对分流制区域的雨污混接问题持续开展排查整改，提出"绿、灰、蓝、管"并举的规划建设理念。

3.3.3 城市排水体制改造案例

1. 国外实践

1）明尼阿波利斯市——全面雨污分流改造

美国明尼苏达州的明尼阿波利斯市是美国极少数通过长期全面推进"合改分"来解决合流制溢流问题的成功案例。该市合流制区域面积约 15 km²，约占城市总面积的 10%，面积较小。19 世纪 50～60 年代，在联邦政府发布的《示范城市与大城市发展法案》影响下，明尼阿波利斯城市管理部门大规模推进"城市重建"工程，对近 600 mi（1 mi≈1.6 km）城市街道全部进行重建，其间同步实施排水系统改造与新建，是其决策全面实施"合改分"的重要基础条件。1986 年，该市实施 CSO 控制项目，通过技术经济分析得出，若沿用并改造原有合流制截流干管，同时升级污水处理厂达到 CSO 控制要求，其总投资要远高于雨污分流改造，随即加快推进"合改分"。至 1996 年，实现 95%的合流制区域基本完成改造，剩余的 5%位于城市中心城区，至 2007 年基本全部完成改造，虽仍剩余 8 个沿河溢流排口，但近 10 年均未再发生溢流事件，改造总历时近 50 年[19]。

2）纽约市——合流制溢流污染控制

纽约市 70%的区域为合流制。随着城市发展，溢流污染成为河道首要污染源，雨季溢流频次超过 50%。为此，纽约市采取了灰绿结合、定量控制的合流制污染治理策略。

2010 年，纽约市颁布《绿色基础设施规划》，计划 20 年时间通过 GI（绿色基础设施）控制 10%合流制区域中 25.4 mm 的降水，每年控制流量 760 万 m³，但第一个五年仅完成 1.5%。

纽约市建设了"溢流调节系统"，在 CSO 排口设置自动控制闸门等措施，同时修建 4 条直径为 DN2000（公称直径）的调蓄隧道和三座调蓄池，每年可控制 1450 万 m³ 溢流量，达到 85%的溢流控制频率。同时实施"从径流到管网"的全过程监测评估，包括 25000 个集水区、7500 根管道、6000 个检修入孔等。

3）亚特兰大——雨污分流与溢流污染控制相结合

美国亚特兰大市合流制排水系统服务范围总体占比不足 15%，但几乎全部位于城市最高建设密度的中心城区。其在制定 CSO 长期控制规划时对"合改分"的可行性和预期效果进行评估分析后发现，如果对 80%的合流制区域进行分流改造，且同时需要对雨水径流污染进行控制，与保留合流制系统新建调蓄和处理设施对 CSO 污染进行控制的方案进行对比，前者的总投资约是后者的 2 倍。因此，最终亚特兰大市采用部分区域"合改分"与溢流污染控制相结合的综合方案。

2. 国内实践

1）山东省临沂市城区排水体制改造

通过管网普查发现，临沂市合流制排水系统主要集中在老城区，新建城区基本均采用分流制。老城区合流制排水系统存在严重溢流污染问题，但同时老城区大部分区域建筑密度高、地下管网密度高、人口密度高，不具备实施雨污分流条件。针对现实情况，临沂市因地制宜、综合施策，对于老城区外围建筑密度低、具备相关条件的区域逐步开展雨污分流，对陷泥河以东区域做好合流制溢流污染控制，远期随城市发展有条件时再逐步实施雨污分流（图 3-13）。

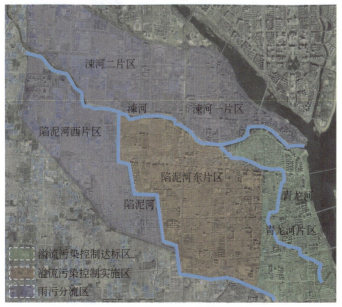

图 3-13　临沂老城区排水体制改造策略

其中,青龙河沿岸建筑密度高、人口密度高、地下管位紧张(图3-14),若实施雨污分流改造,成本约需50亿元,且实施周期长,对居民生产生活影响较大,不具备实施"合改分"条件。为"既快又省"解决青龙河水环境及其服务范围内涝积水问题,根据临沂市降雨特征及青龙河排水系统特点,在青龙河原合流制排水系统基础上,建设溢流污染控制调蓄池、调蓄主管及可控截流井,对青龙河流域原排水系统进行改造。通过合理建设,增加初雨调蓄空间,理顺雨水排放通道,并建立智慧管控平台及青龙河排水系统晴天、雨天调度流程,减少汛期溢流污染,消除内涝积水,实现"涝污"统筹,使青龙河水环境得到显著提升,溢流污染削减率达到70%~80%,周边人居环境得到明显改善,并带动周边老城区、老旧住宅进行城市更新。

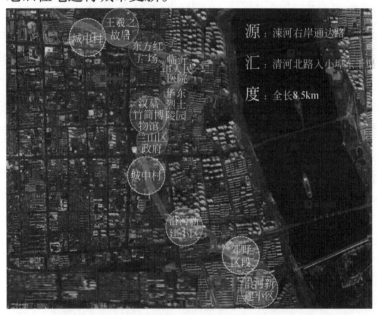

图3-14 青龙河区位图

项目根据临沂近30年降雨雨型统计分析及管网模型模拟,确定了按照15.4 mm截流标准控制初期降雨,按此标准可保障全年80%降雨场次可以不发生溢流。按上述初期降雨截流标准,选择在青龙河沿河上、中、下游分散设置3座全地下溢流污染控制调蓄池(图3-15),总调蓄容积约5.0万 m^3,新建DN1500~DN2400调蓄主管,同时将原DN1200

截污管道与新建调蓄主管道分段连通，纾解原排水系统的排水压力，降雨时截流合流污水进行调蓄，晴天时将所调蓄合流污水送至污水处理厂进行处理。

图 3-15　调蓄池平面位置分布及建成后地面恢复

　　根据青龙河排水分区特点及用地空间布局，在市政合流入河前设置19 座智能截流井。智能截流井有两个排水方向，一个是排向沿河截污管道，另一个是排向河道，两个方向均可通过闸门实现可控排放功能。晴天及降雨量较小时，关闭入河闸门，截流生活污水及初期雨水排入沿河截污管道；降雨较大时，开启排河闸门，且可根据截污管道内水位及河道水位情况，关闭排入沿河截污管方向闸门。既保障雨水有完善的排放通道，使涝水能够不受阻碍直接进入河道，又能减少污水入河，防止河水倒灌（图 3-16）。

　　本项目方案相比对采取雨污分流措施方案，青龙河排水系统改造节省资金 40 多亿元，节省工程时间约 3～5 年，且未对老城区居民生活出行造成明显影响。排水系统改造前对降雨期间排口溢流污染进行监测，排口溢流 COD 浓度均值为 360 mg/L，最高浓度达 435 mg/L，最低浓度为 283 mg/L，且溢流过程持续时长超过 2 h，期间溢流污水浓度无明显

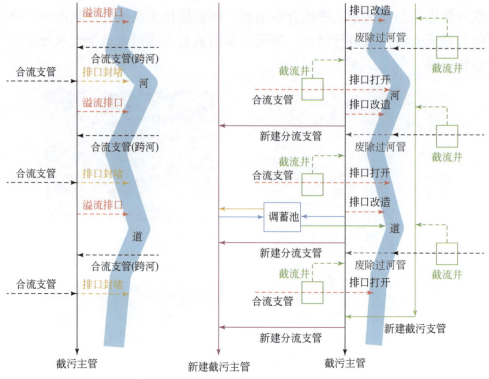

图 3-16　青龙河排水系统改造及调蓄池平面布置示意图

降低。排水系统改造后，对降雨期间排口溢流污染进行监测，降雨量为74 mm，降雨开始 2 h 后打开可控截流井排口，排放降雨后期雨水。排口排放雨水 COD 浓度均值为 101 mg/L，最高浓度为 142 mg/L，最低浓度为 32 mg/L。相较改造前，排口发生溢流时，污染物负荷削减率达到60%～80%。改造前后对比照片见图 3-17。

2）上海市奉贤区老旧小区雨污分流改造项目

上海现状排水体制以分流制为主、合流制为辅，分流制排水系统服务面积占建成区面积的 95.6%。但因开发建设年代较早，目前仍有较多老旧小区采用合流制方式排水。当这些小区位于市政分流制排水系统中时，小区为了避免出现污水冒溢，通常会将合流管道混接至排水能力更高的市政雨水管道，使得合流污水通过分流制雨水管网直排水体，造成受纳水体水环境污染问题。随着上海市对水环境质量要求逐渐提高，在市政分流制排水系统逐渐完善的前提下，这些合流制老旧小区亟需进行雨污分流改造，以解决源头雨污混接问题。

图 3-17　青龙河排水系统改造及两岸品质提升改造前后对比

上海市奉贤区老旧小区雨污分流改造项建设内容包括：

建筑立管雨污分流，解决居民生活。 原有建筑立管为铸铁管，且建设年代久远，日常排水会引发淤堵冒溢问题。结合本次改造，新建 DN100 建筑雨水立管，并保留原有合流立管排放生活污水，提升建筑立管排水能力，解决污水冒溢问题。

充分利用原有设施，减少新建管道规模。 对小区内原有合流管道进行全面检测和评估，保留结构完整的合流管道，充分利用原有设施的排水能力排放雨水；对周边设有绿地的建筑雨水立管进行断接改造，减少排入雨水管道的径流量，以降低新建雨水管道规模。同时，保留原有建筑污水排出管，新建 2 路污水干管，并将其改接至新建污水管道。

建设海绵城市设施，提升雨水回用效率。 海绵城市设施的雨水径流组织详见图 3-18。对小区南侧绿地进行海绵城市建设改造，改造措施包括：雨水花园（163 m²）、植草沟（约 140 m）、透水铺装（1662 m²）、生态多孔纤维棉（约 37 m³）、延时调节设施（95 m）。改造后，小区综合雨水径流系数降至 0.52，年径流总量控制率为 85%，年径流污染去除率为 51%。小区内部分屋面和道路雨水，经初期过滤弃流后汇入雨水调蓄设施，经过滤、紫外消毒后回用于小区绿化和道路浇洒，雨水回用系统设计流量为 120 m³/h，年雨水回用总量约 2200 m³。海绵改造前后对比详见图 3-19，雨水回用技术路线详见图 3-20。

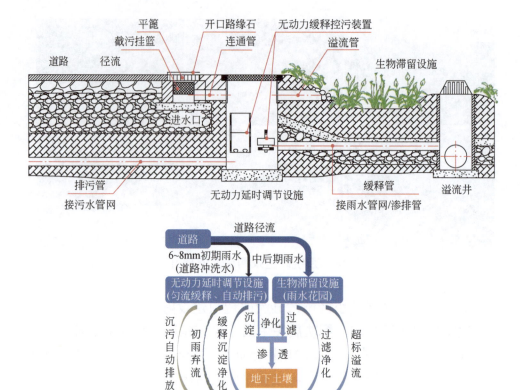

图 3-18　海绵城市设施的雨水径流组织

绿地土壤裸露　　　　道路雨水无法汇入绿地　　　　硬质化率高、雨水渗透性差

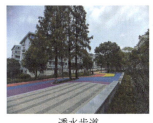
透水步道

雨水花园

雨水回用于绿化浇洒

图 3-19　海绵改造前后对比图

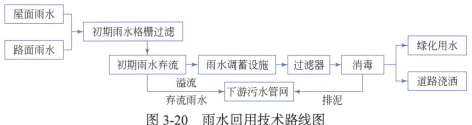

图 3-20　雨水回用技术路线图

上海市奉贤区老旧小区改造项目的实施，不仅解决了小区雨污水排放不畅问题，还进一步提升了小区人居环境质量，为老旧小区雨污分流改造提供示范。项目通过建筑立管改造和重建小区雨污水干管，从建筑物源头到接入市政管网末端的全过程解决小区雨污水排放问题，不仅解决了小区日常排水淤堵冒溢问题，还将小区雨水管渠设计重现期自不足1 年提升至 3 年，保障老旧小区排水安全。

3.4　小　　结

本章主要阐述了雨污管网与城市水环境之间的关系，介绍了雨污管网在城市水环境保护中做出的贡献与不可替代的作用，指出目前国内排水管网普遍存在老化、破损、混错接、污水直排、溢流污染等问题。旱天污水治理以"截直排、挤外水、治混接"为主，通过管网完善、清检修和混错节改造等工程实行治理；雨天溢流污染治理以"源头控制、初雨截流及溢流控制、污染负荷削减、末端治理、厂网联动"为主，通过低影响开发、建设调蓄设施、管道水利调控/清淤维护、末端溢流快速净化、厂网一体化调度等措施进行溢流污染控制。

　　同时，针对规划设计协调性较低、施工建设匹配度较差、运行维护效果不佳、管理调控智慧化水平低等问题，提出以绿色管家理念为指导，围绕全生命周期管控，实现排水管网在规划设计、管网建设、运行维护、更新改造等阶段全流程管理，将本底调查贯穿其中，充分利用在线监测设备及智慧化诊断手段，与智慧水务相衔接，建立综合性智慧管控平台，实现源网厂河湖一体化调度。

　　同时对分流制与合流制进行分析比较，对比国内外排水体制的选择，指出目前对于新建城区国内外普遍采用分流制排水体制，老城区的合流制排水管网根据现状情况，因地制宜，符合"合改分"条件的直接推动雨污分流工程，完成分流改造；不符合条件的先进行合流制溢流控制，保障城市水环境安全，后期伴随城市更新、城市规划，有序推动雨污分流改造工程。

参 考 文 献

[1] 徐祖信. 河流污染治理规划理论与实践[M]. 北京: 中国环境科学出版社, 2003.

[2] 徐祖信. 河流污染治理技术与实践[M]. 北京: 中国水利水电出版社, 2003.

[3] Xu Z, Xu J, Yin H, et al. Urban river pollution control in developing countries[J]. Nature Sustainability, 2019, 2(3): 158-160.

[4] 徐祖信, 徐晋, 金伟, 等. 我国城市黑臭水体治理面临的挑战与机遇[J]. 给水排水, 2019, 55(3): 1-5, 77.

[5] 王浩正, 刘智晓, 刘龙志, 等. 流域治理视角下构建弹性城市排水系统实时控制策略[J]. 中国给水排水, 2020, 36(14): 66-75.

[6] 住房和城乡建设部. 城市黑臭水体整治——排水口、管道及检查井治理技术指南[C]. 中国土木工程学会全国排水委员会年会. 北京: 中国土木工程学会, 2016.

[7] 徐祖信, 张竞艺, 徐晋, 等. 城市排水系统提质增效关键技术研究——以马鞍山市为例[J]. 环境工程技术学报, 2022, 12(2): 348-355.

[8] 周杨军, 解铭, 薛江儒, 等. 关于合流制排水系统提质增效方法与措施的思考[J]. 中国给水排水, 2021, 37(16): 1-7.

[9] 张伟, 潘芳, 张海行, 等. 污水处理提质增效"一厂一策"方案的编制思考[J]. 中国给水排水, 2023, 39(2): 32-37.

[10] 徐祖信, 王诗婧, 尹海龙, 等. 基于节点水质监测的污水管网破损位置判定方法[J]. 中国环境科学, 2016, 36(12): 3678-3685.

[11] 尹海龙, 郭龙天, 胡意杨, 等. 基于光纤分布式测温的污水管道入流识别方法研究[J]. 中国环境科学, 2022, 42(4): 1737-1744.

[12] 赵志超, 黄晓敏, 尹海龙, 等. 雨水管网混接入渗诊断技术研究进展[J]. 环境工程技术学报, 2024, 14(1): 278-288.

[13] 曹井国, 田琪, 闻雪, 等. 城镇排水管渠检测、清淤与非开挖修复标准体系思考[J]. 给水排水, 2020, 46(11): 138-142.

[14] 周杨军, 蒋仕兰, 解铭, 等. 非开挖修复技术在城市排水管道维护中的应用[J]. 中国给水排水, 2020, 36(20): 58-62.

[15] 王哲晓, 徐源, 王晨曲, 等. 海绵城市建设的技术装备应用综述[J]. 水资源保护, 2021, 37(4): 89-96, 104.

[16] 李俊奇. 回顾海绵城市 10 年发展历程: 总结、思考、再出发[EB/OL]. 中国给水排水, 2023-12-14.

[17] 张维, 孙永利, 李家驹, 等. 合流制溢流污染快速净化处理技术进展与思考[J]. 给水排水, 2022, 48(9): 157-164.

[18] Yin H, Lu Y, Xu Z, et al. Characteristics of the overflow pollution of storm drains with inappropriate sewage entry[J]. Environmental Science and Pollution Research, 2017, 24(5): 4902-4915.

[19] 杨正, 赵杨, 车伍, 等. 典型发达国家合流制溢流控制的分析与比较[J]. 中国给水排水, 2020, 36(14): 29-36.

[20] 谢磊, 解铭, 薛江儒. 调蓄池在排水系统中的应用及发展方向探讨[J]. 中国给水排水, 2023, 39(12): 37-43.

[21] 盛铭军. 雨天溢流污水就地处理工艺开发及处理装置 CFD 模拟研究[D]. 上海: 同济大学, 2007.

[22] 尹海龙, 张惠瑾, 徐祖信. 城市排水系统智慧决策技术研究综述[J]. 同济大学学报(自然科学版), 2021, 49(10): 1426-1434.

[23] 王浩正, 刘智晓, 刘龙志, 等. 流域治理视角下构建弹性城市排水系统实时控制策略[J]. 中国给水排水, 2020, 36(14): 66-75.

[24] 潘国庆, 车伍. 国内外城镇排水体制的探讨[J]. 给水排水, 2007(S1): 323-327.

第4章

雨污管网与城市水资源

　　污水再生利用和雨水集蓄利用，已经成为城市水资源配置的重要内容，在国内外得到推广应用。本章介绍了雨污管网在城市水资源利用中的作用，及其在提高水资源有效利用率方面的作用；探讨了污水再生利用的不同模式（集中式、分散式及其他方式），以及分散式与集中式污水再生利用的比较和典型案例；分析了雨水资源的利用模式、雨水集蓄利用规模计算、雨水径流水质特征、雨水综合利用关键技术，合流制系统径流控制与雨污水资源利用的方法及案例。最后讨论了管网与城市水系统韧性之间的关系，包括韧性评价、城市再生水资源与雨水系统优化的策略和提升措施。通过数据和图表展示，介绍了我国在城市水资源管理和利用方面的进展与实践案例。

4.1　雨污管网在城市水资源利用中的作用

4.1.1　城市水资源构成及雨污水利用现状

　　城市水资源构成具有多元化特征，其涵盖地表水、地下水、再生水利用、雨水收集以及海水淡化等。世界上大部分城市水资源主要依赖于地表水、地下水、再生水和雨水等水源。其中，再生水和雨水集蓄利用在许多城市水资源中所占比例逐渐提高。

　　近年来，污水再生利用和雨水集蓄利用在我国城市中得到推广应用，以提高水资源利用效率并减少对自然水源的依赖。在某些沿海城市，海水淡化也成为补充淡水供应的有效途径之一。2024年3月9日，国务院发布的《节约用水条例》中明确提出：县级以上地方人民政府应当根据水资源状况，将再生水、集蓄雨水、海水及海水淡化水、矿坑（井）

水、微咸水等非常规水纳入水资源统一配置。近 5 年我国水资源总量并未发生较大的变化，2017 年我国总水量为 28761.2 亿 m^3，2022 年总水量为 27088.1 亿 m^3（表 4-1）。近年来，随着技术进步，市政再生水和海水淡化利用量大幅增加。例如，近 5 年北京再生水利用量增加了 15454.7 万 m^3，广东省再生水利用量增加了 231121.5 万 m^3，海水淡化增加了 7636 t/d；与此同时，雨水资源利用量也在逐步增加。

表 4-1　2022 年我国部分省份水资源构成

地区名称	地表水资源（亿 m^3）	地下水资源（亿 m^3）	降雨量（mm）	海水淡化（t/d）	市政再生水量（万 m^3）
北京	7.4	26.8	482.1	—	120539.7
天津	11	6.8	584.7	306000	41679.1
河北	88.5	152.8	508.1	390700	91681.6
辽宁	513.8	154.3	914.6	161984	71356.0
吉林	625.2	192.6	820.7	—	29244.5
上海	27.6	8.4	1072.8	—	2056.3
江苏	142.5	102.7	813.8	5020	146352.6
浙江	918	208.3	1567.0	761849	47121.4
福建	1173.1	303.7	1712.4	29950	43186.8
山东	391.1	225.4	878.0	603209	189665.2
河南	172.2	140.4	621.7	—	117128.9
湖北	690.1	258.1	987.2	—	62356.3
广东	2213.3	546.2	2114.3	88896	384748.5
广西	2207.6	436.9	1696.7	750	32192.0
海南	356.1	100.3	2068.8	8690	3015.8
重庆	373.5	82.6	945.2	—	1997.2
贵州	912.4	246.5	1016.6	—	4966.6
陕西	330.6	139.9	671.1	—	44098.5
青海	707.5	319.8	341.1	—	4489.8
宁夏	7.1	15.3	253.7	—	13076.7

注：数据来自水利部《2022 年中国水资源公报》。

1. 污水再生利用

20 世纪 70 年代我国开始探索适合我国国情的城市污水再生利用技

术。城市污水再生利用经历了三个主要发展阶段：起始阶段、示范阶段和全面推进阶段。1981～1985 年，"六五"计划期间，是城市污水再生利用研究的初步探索阶段。"七五"计划到"九五"计划期间，国家启动了污水再生利用的示范项目建设，特别在"七五"和"八五"计划期间，城市污水资源化研究和城市污水再利用技术研究纳入了国家科技发展计划。在"八五"计划期间，北京、西安、大连等城市开始实施污水再利用示范项目。进入"十五"至"十一五"计划期间，污水处理及再生利用被明确纳入国家的多项发展纲要。"十二五"计划标志着污水再生利用实践的新起点。进入"十三五"规划期间，我国的污水再生利用进入了示范工程建设和技术创新阶段。到了"十四五"规划期间，污水再生利用进入了全面发展阶段。如 2022 年北京市污水排放量为 212346 亿 m³，其中城市污水再生利用率超过 50%（图 4-1）。

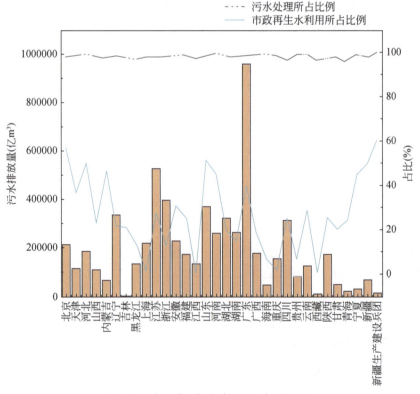

图 4-1　全国部分省市再生水利用量

（数据来自住房和城乡建设部《2022 年城市建设统计年鉴》）

2. 雨水集蓄利用

在城市尺度范围内可采用各种措施对雨水资源进行集蓄和利用，通过自然水体、池塘、湿地等对雨水径流采取调蓄、净化和利用。也可通过自然渗透和回灌设施补给地下水，实现雨水资源的间接利用。雨水集蓄利用还可应用于生态补水、公共设施清洁、城市绿化、冲厕和洗车等领域，且已被纳入绿色城市规划和绿色建筑设计之中，成为提升城市可持续发展的重要组成部分。图 4-2 为我国海绵城市建设试点城市雨水集蓄利用情况。其中甘肃省庆阳市年均降雨量为 537.5 mm，雨水利用率目标为 34%。庆阳市通过有效的雨水管理策略，优化水资源的分配和使用，减轻了对传统水源的依赖，并且提升了水资源的可持续性。通过建立雨水收集、储存及再利用系统，庆阳市成功地将大量雨水转化为城市绿化以及其他生活和工业用水，有效缓解了水资源短缺的问题。

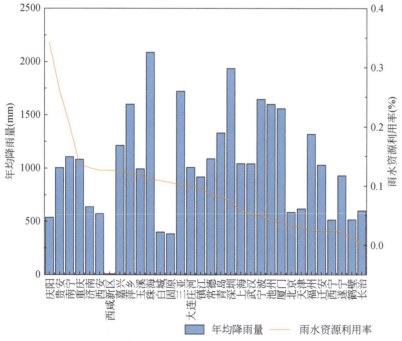

图 4-2　部分海绵城市试点与示范城市雨水集蓄利用情况

（数据来自住房和城乡建设部《2022 年城市建设统计年鉴》）

4.1.2　雨污管网与城市水资源的关系

　　城市水资源是城市基础性的战略资源，同时也是维持绿色可持续发展的核心要素。雨污管网系统则是城市水资源保障的核心组成部分，对于维护城市水循环的健康和平衡发挥着至关重要的作用。雨污管网在城市水资源管理中的功能和作用主要体现为：提高水资源有效利用率、促进水循环利用、减少地表径流和水质污染，为城市可持续发展和有效应对气候变化等挑战提供支撑。

　　城市雨污水循环利用流程见图 4-3，包括直接利用、储存、处理以及回收利用等步骤。其中污水管网在城市水资源的收集和输送中起着重要作用，通过收集城市生产和生活中产生的污水，将经过处理净化后的再生水输送到用水点，以满足各种用水需求，在一定程度上有效减轻对自然资源的需求压力。

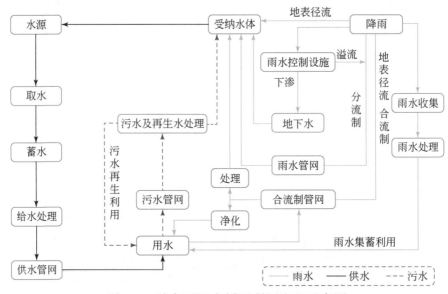

图 4-3　城市雨污水循环利用流程示意图

　　城市雨水经收集、处理后，再由管网输送到各用水点，包括冲厕、工业冷却或市政浇洒等用水系统，以及补充公共供水或转化为再生水，从而满足城市的多种水需求。因此，雨水管网是城市水资源利用系统构成要素之一，主要负责收集自然降雨，减少地面径流，并可将部分雨水直接用于城市绿化等。

合理的雨污管网规划、建设和管理，不仅可以提高水资源的循环利用率，还能够保障城市水资源的长期稳定，支撑城市可持续发展和生态文明的建设。

4.1.3　雨污管网在城市水资源中的作用

1. 城市尺度上的集中收集利用

城市雨污管网系统承担着雨水、污水的集中收集与处理功能，对城市水资源管理发挥着重要作用。污水管网将城市生活和工业污水集中输送至污水处理厂，经过严格净化后转化为再生水，这不仅降低了城市对环境的影响，同时提供了一个补充水源，支持城市各项水需求，如工业生产、城市绿化灌溉等。城市雨污管网充当水资源管理的枢纽，通过集中监控和调度，确保水资源的高效利用和分配。

2. 社区尺度上的分散收集利用

在社区层面，分散式雨污水收集与利用系统对于提升整体城市水资源管理效率至关重要。通过建立小区内的循环系统，如屋顶雨水收集和地面渗透设施，社区能够在小范围内收集和使用雨水并用于绿地灌溉、洗车或补充地下水，促进社区内的水循环，降低对城市主供水系统的依赖。分散式系统通过在源头减少污水和雨水的外排，可有效降低城市排水系统的压力，从而可减少环境污染负荷，保障污水处理厂的稳定运行。在雨季或暴雨事件中，分散式收集系统可以减少大量雨水直接排入市政排水系统，从而可降低积水内涝风险。因此，社区层面上的分散式雨污水管理不仅有助于实现水资源的有效利用和循环，还为减缓城市水资源管理的压力和提高城市的可持续发展做出贡献。

4.2　管网与污水再生利用

4.2.1　污水再生利用模式

近年来，我国城市污水再生水利用行业得到了快速发展。根据住房和城乡建设部的统计数据，截至 2021 年，全国城市再生水管道总长度已达到 15291 km，再生水利用率达 26.3%。在我国严重缺水的大城市，如北京、天津、西安、大连、青岛和太原等，均相继实施了污水再生利用工程，并取得了显著的经济、社会和环境效益（表 4-2）。

表 4-2 城市再生水利用情况[1]

城市	年限	再生水回用量（亿 m^3）	再生水回用率（%）
武汉	截至 2019 年	1.25	14.3
北京	截至 2020 年	12.00	58.8
天津	截至 2020 年	5.61	40.2
太原	截至 2020 年	—	22.0

随着城市用水结构的变化，再生水利用方式也发生了显著变化（图 4-4），以北京为例，2015 年之前，再生水主要用于生态环境、工业生产和市政杂用。然而，从 2015 年开始，再生水作为市政杂用水的比例逐年增加，成为再生水利用的主要方向之一。

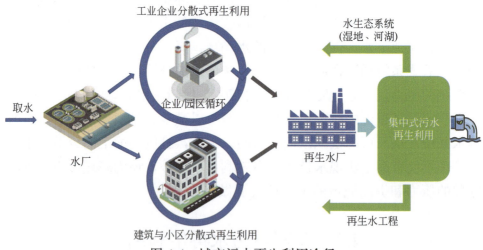

图 4-4 城市污水再生利用途径

1. 集中式污水再生利用

集中式污水再生利用指将城市生活污水通过集中式污水处理系统

处理至符合特定用水标准后进行回用。主要回用于工业生产、园林绿化灌溉、景观补水等多种途径，从而实现再生水在社会循环利用[2]。在大中型城市，该模式应用较广泛，即城市污水在集中式污水处理厂处理达标后，进行再生回用，以满足各种回用需求。

2. 分散式污水再生利用

分散式污水再生利用包括工业企业内部污水再生利用和建筑与小区污水再生利用。工业企业内部污水再生利用是一种以企业自身水资源高效利用为目标的管理策略。这种模式主要通过实施清洁生产审核和再生水回用措施，促进水的减量化和资源化利用。建筑与小区污水再生利用指大型文化场馆、教育机构、宾馆、饭店、办公建筑以及居民小区，通过将这些区域的生活污水统一收集，并使用智能化、一体化的污水处理设施进行处理，使得处理后的再生水可用于社区内的多种用途，比如冲厕、洗车、道路浇洒、绿化灌溉和景观用水等。该模式一般适合于用水量和排水量较大的社区，特别是那些集中了多种功能的大型综合体。

3. 其他污水再生利用方式

其他污水再生利用方式包括以补给地下水为主要目标的地下水补给模式，即城市污水经过深度处理后一般通过深井回灌至地下水，主要应用于水资源非常匮乏的地区由于超量开采地下水引起的地下水漏斗问题，以及沿海城市由于地下水过量开采引起的海水入侵问题等。比如美国在 20 世纪 30 年代，因过度开采地下水，海水与淡水之间的水动力平衡被破坏，多地面临海水入侵的风险。为了应对海水入侵问题，塔尔伯特海水入侵防治项目建设了包括 23 眼多层注水井，最深达到 130 m，主要采用外调水和再生水的混合水源对地下水进行补水，2015 年已基本恢复到 1993 年水平。

此外，还有以再生水作为饮用水源的污水再生利用模式，该模式一般处理工艺复杂，出水水质要求较高，应用于淡水资源匮乏的地区。比如，随着新生水（NEWater）工艺的成熟，新加坡正在探索将污水处理厂与新生水厂整合的方法，以提高效率并降低成本。目前，新加坡公共事业局正在研究使用膜生物反应器（MBR）替代传统污水处理厂中的曝气池和二级沉淀池，并结合新生水厂的超滤（UF）或微滤（MF）单元的方案。即将建成的 Tuas 新生水厂将全面采用 MBR 和反渗透（RO）工艺路线，实现污水处理厂与新生水厂的完全整合[3]。这标志着新加坡在污水再生利用技术方面迈出了重要一步。

目前，我国城市各类再生水水质标准见表 4-3。

表 4-3　城市各类再生水水质标准[4-9]

类别	浊度（NTU）	pH	SS（mg/L）	LAS（mg/L）	COD（mg/L）	BOD$_5$（mg/L）	NH$_3$-N（mg/L）	TP（mg/L）
城市杂用水	≤5	6.0~9.0	≤1000	≤0.5	—	≤10	≤5	—
景观环境用水	≤5	6.0~9.0	—	—	—	—	≤3	≤0.3
绿地灌溉用水	≤5	6.0~9.0	≤1000	≤1.0	—	≤20	≤20	—
工业用水	≤5	6.5~9.0	≤1000	≤0.5	≤60	≤10	≤10	≤1.0
地下水回灌	≤5	6.5~8.5	≤1000	≤0.3	≤15	≤4	≤0.2	≤1.0

4.2.2　典型案例

1. 北京稻香湖再生水厂

北京稻香湖再生水厂总设计规模 16 万 t/d，一期已建规模 8 万 t/d。采用创新型多级多段 AO 生化处理工艺+浸没式超滤的处理工艺，出水水质达到北京市《城镇污水处理厂水污染物排放标准》（DB 11/890 — 2012）B 标准（表 4-4），2021 年总利用量 1556.94 万 t，利用率高达 50%。

表 4-4　稻香湖再生水厂进出水参数

设计水质	COD（mg/L）	BOD（mg/L）	SS（mg/L）	TN（mg/L）	NH$_3$-N（mg/L）	TP（mg/L）	pH	色度
进水	≤420	≤250	≤320	50	35	7	6~9	—
出水	≤30	≤6	≤5	≤15	≤1.5	≤0.3	6~9	15

该项目收集污水总区域面积约 67 km^2，污水主要来源于温泉镇中心区、翠湖科技园、冷泉及南安河等地区，总服务人口超过 100 万人[10]。

其服务范围包括：①市政杂用，海淀区水务局在温泉水岸家园、中关村创客小镇设置了两个取水点，目前已经用于海淀大部分的绿化、市政道路清洁用水。②生态补水，海淀区水务局共设置了 9 处再生水景观，这9 处的水源都由稻香湖再生厂提供，有效改善了周边的生态环境。③生产冷却用水，将再生水提供给京能热电厂。

2. 槐房再生水厂

北京槐房再生水厂处理规模为 60 万 m^3/d，整体工艺采用 MBR，为流域水环境提供高品质再生水。该项目有以下特点：

（1）节水——再生水回用，缔造湿地公园。日产 60 万 m^3 再生水，部分用于大型屋顶湿地公园，新增水域面积 4 hm^2。

（2）透水——绿地退台式设计，雨水拦截。公园绿地采用石笼挡墙构建的多层退台式地形，结合陆生与湿生植物，最大限度地截留雨水，减少地表径流，沉淀泥沙，减少径流污染。同时，放弃常规屋顶花园的轻质土，回归使用普通土作为种植介质，防止水土流失。

（3）储水——湿地储存雨水，延迟排放。公园水系设计模拟河漫滩形态，构建两级蓄洪方案。一级蓄洪方案总计可储存雨水 1.9 万 m^3，蓄水能力比平时增加 55%，水漫区控制在近岸 3 m 范围内。二级蓄洪方案应对极端特大暴雨，水位急涨时可淹没整个公园，延缓雨洪排放，减轻市政管网排水压力。

（4）净水——建设人工湿地，深度净化水质。再生水从公园东北部进入湿地，流经种植有 20 多种湿地植物的潜流湿地和表流湿地，经过湿地植物的再次净化，从西南部排出公园，补给附近水系。

4.3　管网与雨水资源利用

雨水资源的有效利用已成为缓解城市水资源短缺、改善水环境质量、促进可持续发展的重要策略之一。管网作为城市基础设施的重要组成部分，对于雨水资源的收集、输送和利用起着至关重要的作用。然而传统的城市排水系统多基于快速排除雨水的目的设计，往往忽视了雨水作为资源的显著潜在价值。近年来，随着海绵城市建设的持续推进，人们开始重视并探索更为高效和可持续的雨水资源利用方式。

在此背景下，围绕管网与雨水资源利用的研究变得尤为重要。通过优化管网设计、引入智能化水务技术、建立雨水集蓄与利用系统，可以有效提升城市对雨水资源的管理能力。这不仅有助于缓解城市洪涝灾害，减少污染物的排放，还可以增强城市水资源的安全性和韧性，提高城市生态系统的健康度和可持续性。

4.3.1 雨水资源利用模式

广义上的雨水利用包括直接利用、间接利用和综合利用。直接利用强调将收集的雨水经过简单处理后，直接用于满足日常生活或生产中的非饮用水需求，是最直接、最简单的雨水资源利用形式，例如屋顶雨水收集系统，收集的雨水可以直接用于冲厕、灌溉、清洁等；间接利用通过将雨水引入自然或人工系统进行长期存储和净化，再将这部分水资源用于更广泛的用途，例如进行地下水补给、城市湖泊或人工湿地的补水；雨水综合利用系统是指通过综合性的技术措施实现雨水资源的多种目标和功能。

雨水综合利用系统主要针对公共设施、社区或整个城市区域设计，通过在大规模的集水区域（如大型屋顶、道路和广场等）收集雨水，进而引导至中心处理设施进行必要的过滤和净化，使处理后的雨水能够用于景观灌溉、城市供水或工业用途。虽然这种系统在初期需要较高的投资和后续的维护成本，但从长远来看，它可为实现城市的可持续发展提供显著的环境和社会效益。

例如：广州亚运会场馆储水模块组合水池，通过屋面原有排水装置收集屋面雨水，通过 3000 m^3 储水模块组合水池进行雨水的储存，再通过净化装置将收集的雨水处理回用，年均雨水综合利用量 47000 m^3；北京中关村商贸城塑料模块组合水池通过虹吸式屋面雨水收集系统收集屋面雨水，经过预处理的雨水进入储存净化系统中的待用水点，需要时供其应用，年均雨水综合利用总量 31000 m^3。

1. 雨水综合利用及其模式分类

雨水综合利用系统是城市水资源管理的关键组成部分之一，通过几个互相关联的子系统实现雨水的有效收集、处理和利用。首先，雨水收集子系统承担着从屋顶、道路和广场等地表收集雨水的任务，通过配置雨水管道、集水池及初步过滤设施，确保所收集雨水的质量达到基础标准。其次，雨水输送子系统负责将收集得到的雨水高效且安全地从源点输送至中央处理或储存设施，涉及的设备包括但不限于泵站、输送管道以及控制阀门。随后，雨水处理子系统对输送至该系统的雨水进行必要的处理，诸如沉淀、过滤、消毒等，以达到特定利用需求的水质要求。雨水储存子系统的设置旨在存储经过处理的雨水，储存设施包括水库、蓄水池等。最终，利用输送子系统将处理并储存后的雨水分配至终端使用点，如城市绿化、工业用途或作为城市供水系统的补充，以促进雨水资源的高效利用。按照收集、处理、回用的方式，雨水综合利用可以采用如下几种模式，如表 4-5 所示。

表 4-5　雨水综合利用模式

模式	说明
模式一：小区与道路都分散收集、分散回用	小区的雨水收集通过小区独立的收集回用系统处理回用，道路的雨水通过道路的收集储蓄设施回用
模式二：小区分散收集、分散回用，道路分散收集、集中处理后回用	小区的雨水收集通过小区独立的收集回用系统处理回用，道路的雨水通过分散调蓄设施收集后输送至处理厂处理回用
模式三：小区分散收集、分散回用，道路集中收集、集中处理后回用	小区的雨水收集通过小区独立的收集回用系统处理回用，道路的雨水通过市政管网转输至处理厂与污水厂进水混合后处理回用
模式四：道路与小区，按片区进行划分，片区按整体分散收集，分散回用	道路与小区按片区划分，片区内的雨水由市政管网收集，输送至调蓄设施后由各个片区内配套的雨水处理设施处理后回用
模式五：道路与小区，按片区进行划分，片区按整体分散收集，集中处理后回用	道路与小区按片区划分，各个片区内的雨水由市政管网收集，输送至片区的调蓄设施暂存后转输至处理厂集中处理后回用
模式六：整个城区按片区整体收集，集中处理后回用	道路与小区按片区划分，各个片区内的雨水由市政管网集中收集转输至处理厂进行处理回用

实践中，应该通过合理的方式来设计雨水综合利用系统。在城市的

典型用地当中，城市绿地与广场、城市道路、建筑与小区的雨水收集利用方式如下所述。

1）城市绿地与广场

城市绿地、广场及周边区域径流雨水应通过有组织的汇流与转输，经截污等预处理后引入城市绿地内的以雨水渗透、储存、（延时）调节等为主要功能的雨水设施，消纳自身及周边区域径流雨水，并与城市排水管渠系统和排涝除险系统相衔接。雨水设施的选择应因地制宜、经济有效、方便易行，如湿地公园和有景观水体的城市绿地与广场宜设计雨水湿地、湿塘等。海绵型城市绿地与广场典型工艺流程如图 4-5 所示。

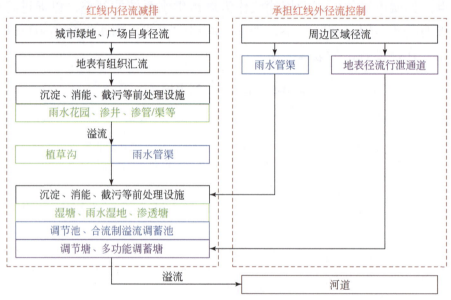

图 4-5 海绵型城市绿地与广场雨水系统典型工艺流程示例

2）城市道路

城市道路径流雨水应通过有组织的汇流与转输，经截污等预处理后引入道路红线内、外绿地内，并通过设置在绿地内的以雨水渗透、储存、（延时）调节等为主要功能的雨水设施进行处理。雨水设施的选择应因地制宜、经济有效、方便易行，如结合道路绿化带和道路红线外绿地优先设计生物滞留带、雨水湿地等设施。海绵型城市道路设计典型工艺流程如图 4-6 所示。

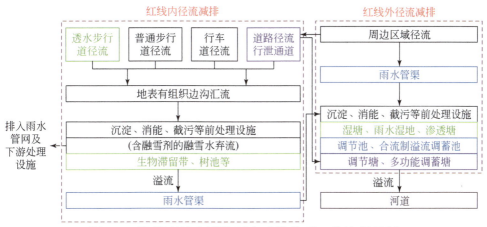

图 4-6　海绵型城市道路雨水系统典型工艺流程示例

3）建筑与小区

建筑屋面和小区路面径流雨水应通过有组织的汇流与转输，经截污、沉淀等预处理后引入绿地内的以雨水渗透、储存、调节等为主要功能的雨水设施。因空间限制等原因不能达到设计目标的建筑与小区，径流雨水还可通过城市排水管渠系统引入相邻地块、绿地与广场内的雨水设施进行综合达标。技术设施的选择应因地制宜、经济有效、方便易行，如结合小区绿地和景观水体优先设计生物滞留设施、渗井、湿塘和雨水湿地、调蓄池等。海绵型建筑与小区设计典型工艺流程如图 4-7 所示。

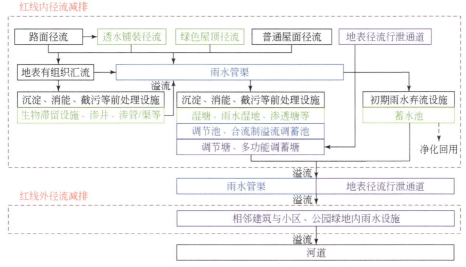

图 4-7　海绵型建筑与小区雨水系统典型工艺流程示例

4.3.2　雨水集蓄利用规模计算

当前常见的雨水集蓄利用系统规模设计的计算方法主要有：水量平衡法、降雨量估算法、降雨径流过程线法、需求分析法、成本效益优化法等。几种代表性方法的特点如表 4-6 所示。

表 4-6　雨水集蓄利用系统规模计算方法的特点

算法名称	依据的资料	方法描述	各算法反映的侧重点
水量平衡法	多年月平均降雨量	基于水量守恒原则的方法，主要考虑到在一定时间内，某一区域（如建筑物、住宅区或整个城市）内降雨产生的总水量与该区域内水的存储、损失和利用之间的关系	运行周期内各基本计算单元间的水量图配、平衡
降雨量估算法	一定重现期日降雨量或场次降雨量	根据汇水表面的径流系数、降雨汇水面积和设计降雨量确定汇集的径流雨水量，从而确定雨水储存池的容积	单日或单场降雨总量控制
降雨径流过程线法	暴雨强度公式	按暴雨流量推理公式可得径流量-降雨历时曲线，曲线与坐标轴所围成的面积即为降雨总径流量。可以用该值作为雨水储存池的设计容积	单场降雨自水径流量的瞬时变化
需求分析法	区域的用水需求量	根据当地降雨特征及其规律，建立日降雨量-全年天数曲线，确定雨水集蓄设施满蓄次数；计算系列雨水储存池容积，并根据日降雨量与全年天数规律分析雨水集蓄利用系统每年可集蓄利用的雨水量；计算动态效益费用比值，选择比值最大时相应的设计降雨量即为雨水集蓄利用系统的最优设计规模	考虑用水情况
成本效益优化法	系统构建成本与雨水集蓄利用收益	与上述方法相结合，加入针对经济成本方面的考量，用于雨水利用规模的确定	从经济与资源利用两个不同的角度来确定规模

4.3.3　雨水综合利用关键技术

城市雨水综合利用涉及大量创新技术，包括：初期雨水弃流技术、雨水低影响开发技术，以及雨水净化处理技术等关键技术。这些技术的集成应用针对雨水资源的有效收集与利用，同时也充分考虑雨水利用过程中水量与水质的双重保障，提升城市水循环的效率。

1. 雨水径流初期弃流技术

为实现雨水的高效利用，通过初期弃流技术，对地表初期冲刷或管渠冲刷产生的高污染物浓度雨水进行控制，以防止其进入雨水收集和利用系统，确保后续收集的雨水质量达到利用标准。表 4-7 为不同初期弃流技术适用范围及特点。

根据项目条件合理地选择初期弃流技术，一般条件下在源头实施初期弃流控制具有更高的效率，对于较大的工程应考虑分散与集中相结合的方式实施初期弃流控制，并结合总体设计方案，通过技术经济分析来选择或组合的初期弃流控制措施，但弃流量需根据控制目的和项目的具体情况确定。在雨水集蓄利用系统中弃流量的确定应适当加大，合理、最大限度地减少雨水径流污染对水环境的影响。

此外，其还需考虑后续处理利用系统和水量平衡的问题，保证可以收集到充足且水质较好的雨水量；当收集雨水量不足或汇水面雨水水质较好时可以减少弃流量，并通过后续的雨水处理措施保障雨水集蓄利用的水质要求。

2. 雨水低影响开发技术

雨水低影响开发技术通过模拟自然环境下的雨水渗透、蓄水和净化过程，以提高雨水的利用效率，减少地表径流，提升地下水补给，并有效控制污染物总负荷量。此外，还可促进城市绿化和生态保护，增强城市的可持续性和居民的生活质量。通过综合性的雨水管理方法，实现雨水资源的合理利用和保护。常见的雨水低影响开发技术的分类如表 4-8 所示。

3. 雨水净化处理技术

对于分流制排水系统，雨水具有相对独立的排放系统，在水质保障方面具有一定优势。而对于合流制排水系统，雨水和污水通过同一管道系统排放，这就要求在提出雨水集蓄利用模式时，必须考虑更复杂的处理技术来确保收集的雨水达到安全利用标准。目前，国内直接且明确对雨水回用水质做出要求的国家标准是 GB 50400—2016 《建筑与小区雨水控制及利用工程技术规范》，如表 4-9 所示。

表 4-7 典型弃流技术适用范围及特点 [11]

类别	类型	描述	优点	缺点	示意图
无动力式弃流	容积型	初期雨水径流首先入弃流池，当弃流池充满后雨水从设置的高水位出水管进入后续处理系统，待雨停后再排空弃流池	简单易行、控制量准确稳定、效果好	汇水面积较大时需要较大的池容，导致造价提高	
	渗透井型	渗透井（雨水口）一般有一定的储水空间，储存的水利用多孔的井壁下渗涵养地下水，从弃流角度来看，其作用类似于分散设置的容积式弃流井，起到了初期雨水弃流的目的，同时也是消除场地径流污染的手段之一	简单易行、控制量准确稳定、同时回补地下水	需定期清掏维护渗透井，井壁外雨水需设过滤材料并定期清理更换	
	小管管型	在雨水输送途中（管道、暗渠、明沟等）设置小管径的管道来弃流初期污染严重的小流量径流，在雨水流量足够大时，雨水越过弃流管向下游输送	容易实施、节约土建费用	整个降雨径流过程中弃流管径一直处于弃流状态，弃流量难以控制且易污染控制效果不稳定，并影响雨水集蓄利用系统的收集量	

续表

类别	类型	描述	优点	缺点	示意图
机械式弃流（智能控制）	雨量型	采用降雨量作为弃流装置的信号源，通过降雨量值（降雨深度）控制雨水初期弃流流量	根据降雨量值进行判断，提高了弃流量的判断精度	造价、运行维护成本较低	
	流量型	使用智能流量计测得雨水径流量，通过中央控制器的编程完成弃流，达到雨水初期弃流的要求	以流量为依据进行判断，减小了径流系数的干扰，能更精确地控制弃流量的变化	造价、运行维护成本较高	
	水质型	通过水质监控仪和传感器，根据所设的雨水水质阈值，自动实现初期雨水的精准弃流	直接通过水质情况进行弃流判断，最为准确	造价、运行维护成本高	

表 4-8　雨水低影响开发技术类型

技术类型	技术名称	适用条件
渗滞类技术	透水铺装	适用于广场、停车场及各级市政道路和建筑小区内道路、公园绿地
	生物滞留	适用于建筑小区内建筑、道路及停车场的周边绿地，公园绿地以及城镇道路绿化带等城镇绿地内
	下沉式绿地	适用于城市建筑小区、公园绿地、道路广场内绿地
	绿色屋顶	适用于符合屋顶荷载、防水等条件的平屋顶建筑和坡度≤15°的坡屋顶建筑
	渗透塘	适用于汇水面积较大且具有一定空间及下渗条件较好的区域
	渗井	适用于公园绿地，建筑小区内建筑、道路及停车场的周边绿地内
	其他	—
集蓄利用类技术	蓄水池	适用于有雨水回用需求的建筑小区、公园绿地、道路广场等
	雨水罐	适用于单体建筑屋面雨水的收集利用，也可用于城市高架道路雨水径流收集回用
	其他	—
	调节塘（干塘）	适用于建筑小区、城市绿地等具有一定空间条件的区域
	湿塘	适用于建筑小区、城市绿地等具有一定空间条件，且非雨季有水面要求的区域
	调节池	适用于建筑小区、城市绿地、广场等具有地下空间条件的场地
	合流制溢流调蓄池	适用于具有合流制溢流控制需求，且具有较好地下空间条件的地区，通常与城市合流制管渠系统联合应用
	多功能调蓄	适用于具有雨水径流调节需求，且具有较好的土地空间条件，可在非雨季提供休憩、运动等功能的地区
	其他	—

续表

技术类型	技术名称	适用条件
截污净化类技术	人工土壤渗滤	适用于具有一定场地条件的建筑小区或城市绿地等
	植被缓冲带	适用于城市道路等不透水面周边或城市水系滨水绿化带
	生态驳岸	适用于河、湖等城市水系
	雨水湿地	适用于具有一定空间条件的建筑小区、城市道路、城市绿地、滨水带等
	沉砂池	适用于雨水含砂量较大且需满足去除要求的地区
	旋流沉砂池	适用于空间条件有限、上游来水流速较高的排水管渠系统
	平流沉砂池	适用于具有较好空间条件的地区
	其他	—
转输类技术	植草沟	适用于建筑小区内道路，广场、停车场等不透水面的周边，城市道路及城市绿地等区域；可以与雨水管渠联合应用，场地竖向允许且不影响安全的情况下也可代替雨水管渠
	渗管/渠	适用于建筑小区及公共绿地内转输流量较小的区域
	管渠及附属构筑物	适用于雨水径流输送需求的各类场地
	其他	—
其他技术	—	—

表 4-9　建筑与小区雨水控制及利用工程雨水集蓄利用水质要求

项目指标	循环冷却系统补水	观赏性水景	娱乐性水景	绿化	车辆冲洗	道路浇洒	冲厕
COD_{Cr}（mg/L）	≤30	≤30	≤20	—	≤30	—	≤30
SS（mg/L）	≤5	≤10	≤5	≤10	≤5	≤10	≤10

其余指标符合国家现行标准/多用途时取最高水质标准项

此外还应满足 GB/T 18920—2020《城市污水再生利用　城市杂用水水质》、GB/T 18921—2002《城市污水再生利用　景观环境用水水质》、

GB/T 19772—2005《城市污水再生利用　地下水回灌水质》、GB/T 25499—2010《城市污水再生利用　绿地灌溉水质》、SL 368—2006《再生水水质标准》等标准。当前常见的雨水净化处理技术见表 4-10。

4.3.4　典型案例

1. 北京市政府原办公区公建雨水集蓄利用项目

1）概况

北京市政府原办公区位于天安门东侧，占地总面积大约为 4.35 hm²，其中绿化面积约 1.95 hm²，建筑物屋面及路面占地面积约 2.4 hm²。该办公区及其周边区域的排水系统为雨污合流制，区域内的排水分为南北两部分，其中南区的汇水区域大约占总面积的三分之二，北区则约占三分之一。外围城市道路在降雨时易发生积水现象。

2）雨水集蓄利用系统方案

依据现场条件和已有的数据进行综合分析后，建议优先考虑南区的雨水收集及其利用方案，其系统流程图见图 4-8。

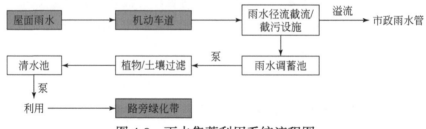

图 4-8　雨水集蓄利用系统流程图

雨水收集。 雨水的收集涉及南区的部分屋面、绿地和路面。鉴于大部分雨水通过路面流入，通过对路面进行简单改造，利用地面坡度自然收集雨水，可以有效减少雨水的流失。

雨水径流截流与截污。 在截流与截污方面，西大门北侧大道上雨水径流集中的地方设置了截流沟和截污装置，用以将雨水引入绿地中的储存池，并排除初期雨水带来的污染，确保储存池中雨水质量。所设置的活动式截污装置能够有效截留径流污染物，并确保雨水流通无阻，同时通过保持路面清洁来从源头减少对水质的影响。

表 4-10　典型雨水净化处理技术一览表

技术名称	技术原理	技术性能	相关参数
沉淀	雨水中密度大于水的固体颗粒在重力作用下沉淀到池底，与水分离。沉淀速率主要取决于固体颗粒的密度和粒径	沉淀的去除率和初始浓度有关，初始浓度越高，沉淀去除率也越高。不同初始浊度的径流雨水达到相同去除率时所需沉淀时间不同	表面负荷、沉淀时间等
过滤	使雨水通过滤料（如砂等）或多孔介质（如土工布、微孔管、网等）以截留水中的悬浮物质，从而使雨水净化的物理处理法	直接过滤对污染物的去除率较低，而接触过滤效果较好	滤料及絮凝剂选择、滤料粒径、滤料层厚度、滤速、反冲洗强度等
吸附	利用吸附剂表面的活性位点，通过物理或化学作用将水中的污染物质吸附在其表面	吸附技术能高效去除水中的有机物、重金属、部分无机物质和微生物	吸附容量、接触时间等
膜分离	通过一个半透膜来分离溶液中的不同组分。根据膜孔径的大小，膜分离技术可以分为微滤（MF）、超滤（UF）、纳滤（NF）和反渗透（RO）。这些膜能有效拦截不同大小的污染物质，只允许水分子和小分子物质通过	可以高效去除悬浮物、细菌、病毒、有机物和一定大小的无机盐	膜孔径、渗透流量等
消毒	通过消毒剂或其他消毒手段灭活水中绝大部分病原体，使雨水中的微生物含量达到利用水指标要求的各种技术	①液氯消毒：消毒的效果与水温、pH 值、接触时间，混合程度，雨水浊度及所含干扰物质，有效氯浓度有关。②臭氧消毒：$[O]$ 具有极强的氧化能力和渗入细胞壁的能力。③次氯酸消毒：从次氯酸钠发生器发出的次氯酸可直接注入雨水中，进行接触消毒。④紫外线消毒：光传播系数越高，紫外线消毒的效果越好，可作为规模较大的雨水集蓄利用工程的选择方案。⑤二氧化氯消毒：以自由基单体存在，效果优于自由性消毒	—

续表

技术名称		技术原理	技术性能	相关参数
	植草沟	当径流通过植被时，污染物由于过滤、渗透、吸收及生物降解的联合作用被去除，植被同时也降低了雨水流速，使颗粒物得到沉淀，达到雨水流量控制的目的	植被能减小雨水流速，保护土壤在大暴雨时不被冲刷，减少水土流失	顶宽、深度、最大边坡、纵向坡度、最大允许流速、曼宁系数 n、水力停留时间等
	植被缓冲带			
	生物滞留	在地势较低的区域种植植物，通过植物截流、土壤过滤滞留雨水，并可对处理后雨水加以收集利用的措施	①有效去除雨水中的小颗粒固体悬浮物、微量的金属离子、营养物质、细菌及有机物。②控制径流流量，保护下游管道及各构筑物	雨水滞留层最大高度、种植土壤覆盖层最小高度、种植土层、砂滤层高度（渗管顶部到种植土层底部）、平面尺寸、地下水位至系统底部的最小距离、距其他建筑物的最小距离等
自然净化技术	雨水人工土壤渗滤	雨水土壤渗滤技术实质是一种生物过滤。土壤渗滤的作用机理包括土壤颗粒的过滤作用、表面吸附作用、离子交换、植物根系和土壤中生物对污染物的吸收分解等	渗滤对雨水主要污染物有明显的去除净化作用，并表现出具有耐冲击负荷能力和良好的再生功能	土壤选择、土壤厚度、滤床面积等
	雨水湿地	雨水径流湿地处理系统利用自然生态系统中物理、化学和生物的协调作用来实现对雨水径流的处理。其主要机理包括：植物的去污机理、土壤或填料的去污机理、微生物降解机理	人工湿地对雨水中有机污染物有较强的降解能力	前置预处理池长宽比、流速、水力停留时间、湿地内侧坡度等
	雨水生态塘	主要去除机理是沉淀去除和生物作用	能去除的污染物包括悬浮颗粒、氮、磷和一些金属离子。另外，对于缓解雨洪峰流量也是有效的，还可减小对下游渠道的冲蚀，降低下游高度及减小洪涝灾害	水力停留时间、构筑物有效水深、构筑物内平均水深、构筑物底层厚度等

调蓄池。为了有效收集利用雨水，首先须对截流的雨水进行储存，再做进一步的处理利用。经过计算，调蓄池一次可调蓄利用 40～50 mm 的降雨量，大于该降雨量的暴雨，通过溢流口排走。

雨水净化利用。经过初期雨水的排除、截污装置控制，收集的雨水虽然具有较好的水质，但还需要采取进一步的处理净化才能达到回用水标准。考虑到降雨的季节性和非连续性、常规水处理设备的锈蚀、费用和管理问题，本方案采用人工与自然相结合的净化方法：利用植被土壤生态过滤技术，结合区内绿化，通过特殊的人工合成土壤、植物根系和土壤微生物群落，对雨水中的污染物进行物理过滤、吸附与吸收、交换和生物降解等多重净化过程。必要时，可通过备用消毒措施来控制细菌学指标。

2. 烟台沿海缺水型海岛雨水集蓄利用

1）项目概况

烟台市长岛海洋生态文明综合试验区位于山东半岛东端，面临着突出的水资源严重短缺问题。该地区的多年平均降雨量约为 500 mm，人均水资源占有量仅为 123 m³，大约是全国平均水平的二十分之一，这在一定程度上限制了当地经济的可持续发展和居民的生活质量。

为解决这一难题，长岛采取了积极的措施，加大雨水资源的集蓄和利用力度。构建应用"屋顶接水、楼面接水、路面接水和山上拦蓄"的综合雨水资源回收利用格局，不仅增加可用水资源，还提高了水资源利用的效率（图 4-9）。

(a)乐园渔家自建屋顶集雨工程　　　　　　(b)道路蓄水池工程

图 4-9　长岛雨水集蓄利用工程

2）雨水集蓄利用措施

长岛的雨水集蓄与利用历史悠久，其规模化工程追溯至 20 世纪 80 年代，至今已成为我国海岛雨水集蓄利用的先锋。从 20 世纪 90 年代开始，大范围推动屋顶集雨工程建设，当地政府出台了集雨工程奖补政策，进一步激发了当地雨水资源管理方面的积极性。在《水土保持法》颁布之后，长岛进一步规范了雨水集蓄利用，将蓄水池建设纳入水土保持设施的建设和验收标准中，这一措施不仅提升了海岛的水资源自给能力，也为雨水集蓄利用技术的推广与实践提供了坚实的法律支持。

长岛创新雨水资源积蓄和利用措施，通过实施全面的"屋顶接水、楼面接水、路面接水和山上拦蓄"系统方案，构建了多元化雨水资源回收利用模式，与近年来开展的海绵城市建设一脉相承。

大范围推动屋顶集雨工程建设。在庙岛、小钦岛实施全域渔户屋檐接水工程建设，成效显著。在长岛城区，由于集雨效益显著，大量居民及渔家乐业户都自觉建设集雨蓄水工程。近年来，长岛致力于建设集雨蓄水工程建设，包括山顶道路、城区道路、广场路面蓄水池建设等。

积极推进小型雨水集蓄工程建设。包括平塘、塘坝、大口井等设施，最大限度拦截和利用雨水资源。截至目前，在长岛城区内，共建设 39 座塘坝平塘、2 座小型水库，以及延伸 3000 m 的环山渠（图 4-10）。

(a)获沟平塘　　　　　　　　　(b)北城平塘

图 4-10　长岛平塘

试点净水技术，提升雨水利用效率。在长岛试点集雨水自动弃流、粗滤技术、雨水窖一体化生物慢滤净化装置，屋顶接水经过集雨水窖净化后用于生活用水。开展了集雨水质安全净化集成技术示范应用，共建设 50 处单户和 2 处村级集中式雨水集蓄利用示范应用工程。突出解决了集雨利用水质净化困难问题,还具有建造运行费用低、使用方便等特点。示范工程每年可增加供水能力 42000 m³ 以上,解决了岛上 3000 多人的生活用水问题(图 4-11)。

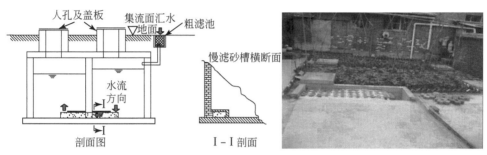

图 4-11　长岛区集雨一体化水窖生物慢滤净化技术

出台《长岛县集雨水工程管理办法》。该办法规定凡新建和改建房屋的单位和个人都必须建设相当规模的集雨水设施,行政机关、企事业单位的集雨水设施容积 50 m³ 以上;居民房屋的容积达到 10 m³ 以上;硬化路面集雨水设施容积每处应达到 100 m³ 以上,同时政府给予工程造价的 10% 予以补助;渔村居民建设集雨水设施的,则由县政府、乡镇政府和村委分别予以 10%、10% 和 20% 的补助。政策资金支持提高了群众建设集雨设施的积极性,促进了集雨水工程在全岛的推广。

3)成效

截至 2023 年底,长岛建设的屋檐接水工程 5530 余户(处),累计蓄水容积达 10 万多 m³,年均蓄水量超过 20 万 m³。逐步建成路面集水池达 60 余处,容积达 2.85 万 m³,年可蓄水 5 万 m³;建设塘坝平塘 39 座、小型水库 2 座,实现了拦蓄能力达到 110 多万 m³。通过这些措施,城区水利工程的总蓄水能力达到了约 200 万 m³ 以上。

长岛试点通过应用集雨水窖一体化生物慢滤净化装置技术,净化后水质达到国家标准要求,不仅解决了村民用水问题,也为开展渔家乐及养殖等提供了水源,展现了雨水集蓄利用项目在经济、社会和环境效益方面的潜力。

4.4 管网与城市水系统韧性

随着人类活动对环境影响的增大和全球及区域气候的显著变化，极端天气引发的自然灾害事件频发，呈现了地质灾害并发、洪涝灾害连锁等新特点。城市水系统韧性就是抵抗灾害并从灾害中恢复的能力。管网系统是城市水系统的重要组成部分，在城市水系统韧性体系中，管网系统起着连接各个要素的关键作用。一旦管网系统受到破坏，城市将无法正常运行。管网直接关系到基础设施韧性的可靠性和安全性，管网通过对雨水、污水、再生水的转输和调蓄，实现城市基础设施在灾害事件中的快速适应和有效恢复，其运行直接影响了水系统的整体韧性水平。

4.4.1 管网与城市水系统韧性评价

1.城市水系统韧性中管网的评价指标

城市水系统韧性包含的指标广泛，其中排水管网的评价指标主要体现在应对极端天气和自然灾害的能力、应对突发事件的能力、系统稳定性和可靠性、可持续性和环境友好性、冗余性和适应性、恢复力和学习转化能力等方面，可围绕这些方面开展韧性评价（表 4-11）。

表 4-11 基于管网的城市水系统韧性评价指标

指标类型	指标	含义
排水管网的容纳量	排水管网的集中程度	表征区域内管网的铺设量
	排水管网的管径	表征管网容纳雨污水的能力
排水管网的应急处理能力	备用管道数量	表征突发事件发生时管道是否能够及时供应
	管道应急修复能力	表征突发事件发生时是否能够及时修复管道
排水管网的稳定性	管道的抗腐蚀性、耐磨损性、抗压性	表征管道的耐久性
	管网设计合理性	表征管网布局的合理性
	管网维护频率	表征对管道和设备的维护频率
排水管网的可持续性	环境友好性	表征排水系统中所使用材料、施工技术对环境的影响程度
排水管网的冗余性	应急预案制度	表征对排水系统应急预案制度的完整性
排水管网的学习性	灾害学习能力	表征从过去灾害中学习更新的能力

1）集中程度及管径

排水管网需要能够在暴雨、洪水等极端天气事件中保持正常运行，迅速排除积水，预防城市内涝等灾害的发生。韧性强的排水管网应该具备足够的容量和排放能力，如雨水管网应对超出城市内涝设计标准的径流等。排水管网的集中程度可体现一个区域内管网的铺设量，代表着对雨水、污水的容纳程度。排水管网的管径体现了对水量的最大容纳程度。

2）备用管道数量和管道应急修复能力

当排水管网发生突发事件，如管道破裂、污水泄漏等，排水管道系统应能够迅速响应，通过更换备用管道、进行管道紧急修复等措施，最小化对城市水系统的影响，并尽快恢复正常运行。排水管网的备用管道数量和紧急修复的技术能力可体现应对突发事件排水管网的恢复速度和能力。

3）管网材料性能、布局合理性和维护频率

排水系统设计的合理性、排水设备的可靠性对城市水系统的抵抗能力有着直接的联系，通过改进排水管网材料的抗腐蚀性、耐磨损性、抗压性，增加排水管网的耐久性；综合考虑地域因素区别和城市发展变化优化管网的规划设计，提高管网设计的合理性；加强维护设备的保养频率，提高设备可靠性。通过这些措施可减少排水系统故障的发生，提高系统的稳定性和可靠性。

4）环境友好性

排水管网对环境的影响同样是水系统韧性需要考虑的因素。排水管网材料的生产、使用过程中均会产生碳排放，对环境造成一定的影响。通过采用绿色、低碳、循环的理念和技术，提高排水系统的效率和资源利用率，减少对环境的影响，促进城市的可持续发展。

5）应急预案制度

韧性系统的一个重要特征是冗余性，即系统有多个备份和替代方案。对于排水管网来说，这意味着系统一定要有备用方案，以在设施出现故障或问题时实施替代的方案。

6）灾害学习能力

排水管网应具有对过去问题的学习能力，优化对极端天气和突发事件的响应速度。系统从过去的灾害和事件中学习，通过改进设计、提高设备性能等方式，提高未来的韧性。

2.提升城市水系统韧性的途径

系统提升城市水系统韧性需要从多方面入手，包括加强基础设施建设、提高冗余性和备份能力、加强智能化和自动化建设、完善应急管理和预案制定、促进跨部门协同和信息共享、推动公众参与和社区建设以及采用综合性方法提升韧性等。这些途径相互关联、相互促进，共同构成了提升城市水系统韧性的完整框架。

在管网建设方面，建设和更新改造城市水系统的基础设施，包括排水管网和污水处理设施等，确保设施的设计和建设符合高标准、高质量要求，适应气候变化、极端天气事件和人口增长等挑战。在城市水系统中增加冗余性和备份能力，即建设备用管道、设备和系统，在主要设施出现故障或损坏时，可迅速切换到备用设施，保持城市水系统的正常运行。

在制度技术方面，利用现代信息技术和自动化技术，对城市水系统进行智能化和自动化改造，通过实时监测、预警和自动控制等手段，提高城市水系统的运行效率和应对突发事件的能力。建立健全城市水系统的应急管理机制，制定详细的应急预案和演练计划，加强应急抢修队伍的建设和培训，提高应急响应和处置能力。加强城市水系统与其他相关部门的协同合作，如气象、交通、环保等部门，建立信息共享和沟通机制，实现跨部门的信息互通和协同作战，提高城市水系统的综合协调能力。

除了以上具体途径外，还应采用综合措施提升城市水系统韧性，包括将水系统与其他城市基础设施相结合，构建综合性的城市防灾减灾体系；加强城市水系统的生态修复和环境治理，提高水资源可持续利用能力；推动科技创新和人才培养，为城市水系统韧性提升提供技术支撑和人才保障等。

4.4.2 城市再生水资源利用系统优化与韧性提升

再生水资源利用可满足工业用水、景观环境用水和城市杂用水等多方面的用水需求，对于解决城市水资源短缺的问题具有重要作用，优化城市再生水资源利用系统可提高城市水系统的稳定性和韧性。

再生水资源利用系统的韧性提升是一个系统工程，需要从多个方面入手，采取综合性的措施（图 4-12）。通过提升处理技术和储存输配能力、拓宽应用领域、强化监控和管理、加强教育和宣传、引入市场机制以及推动科技创新等策略的实施，推动再生水资源利用系统的持续发展和优化，为城市水系统的可持续发展做出更大贡献。

图 4-12　再生水资源利用系统对韧性的提升

再生水资源优化利用的首要任务是提升处理和储存技术，结合膜分离、高级氧化等再生水处理技术建设大型、专业化再生水处理设施，引入自动化调配系统提高处理效率。其次是制定更为严格的再生水出厂标准，根据不同再生水的用途，进一步细化有害物含量、细菌含量、混浊度，定期更新再生水出厂标准，确保水质达到再利用的需求。第三，增加出水水质的稳定性，通过调整水中酸碱度，添加稳定剂，减少有害物质含量进一步提高水质稳定性。第四，储存和输配设施的优化，增加输配设施的更新维护频率，逐步淘汰老旧、低效的设施，确保设施整体的安全稳定，防止在储存和输送过程中发生二次污染。通过建立智能化的储存和输配系统，实现对水质和流量的实时监控和调节，提高管理效率和精细度。

再生水不应仅限于处理后进行排放，而应该是广泛应用于城市生活的各个方面。例如，城市绿化、工业用水、景观水体补水等领域都是再生水的重要应用领域，城市绿化可以通过使用再生水减轻对水源的依赖，缓解城市水资源短缺的问题。工业用水使用再生水可以降低生产成本提高经济效益，可用于冶金、电力、石油化工等行业的冷却水，也可用于洗涤和冲洗作业，经过处理后的再生水还可作为锅炉用水，用于产生蒸汽或热水。景观水体补水使用再生水可以保持水体的清洁与美观，并且可以维持水体的生态平衡，促进水生态循环。通过拓宽应用领域，不仅可以提高再生水的利用率，还可以有效节约新水资源，实现水资源的循环利用。同时，需要在技术和政策层面进行创新和突破，为再生水的应用提供更多的可能性。在技术方面，需要研发更为高效、环保的再生水处理技术，确保再生水的水质达到各领域的使用标准。在政策方面，需要制定更为完善的再生水利用政策，鼓励和支持各领域积极采用再生水，为再生水的应用提供更多的可能性。

建立再生水监控管理体系对保障再生水利用系统的稳定运行和资源的最大化利用至关重要。建立全面、高效的"再生水生产—储存输配—综合利用"监控和管理体系，实时监测关键指标，及时发现并解决潜在问题。在生产环节，需要实时监测化学需氧量、氨氮、总磷、悬浮物等水质指标，构建数据库系统，对监测数据和生产流程数据进行分析，提供决策支持。在储存和输配环节，需要建立高效的监控体系，通过安装流量计和压力计等传感器对流量、压力等关键指标进行监测。在综合利用环节，需要根据用水户的需求和用水特点，评估再生水的用量和用途，制定合理的供应策略，建立用户反馈机制，及时收集用户的意见和建议，对系统进行优化和改进。同时，还需要建立预警机制，对可能出现的问题进行预测和防范。通过这些措施，可以确保再生水利用系统的稳定运行。根据实际需求，合理分配再生水资源，及时调整再生水的供应策略，确保资源的最大化利用。

4.4.3 城市雨水系统优化与韧性提升

优化城市雨水系统，提升应对洪涝灾害的能力，确保日常运行中的安全性和可靠性，对城市水系统的韧性提升具有重要作用。

为提升我国城市雨水系统的韧性，需要从完善雨水管渠系统、提升智慧管控水平、加强应急响应和灾害防范能力以及落实生态、创新的雨水管理理念等多个方面入手。这些措施的实施将有助于构建更加安全、可持续的城市雨水系统，为城市的健康发展和生态环境保护提供有力保障。同时，还需要不断探索和创新，引入更多的先进技术和理念，为城市雨水系统的未来发展注入新的活力和动力（图 4-13）。

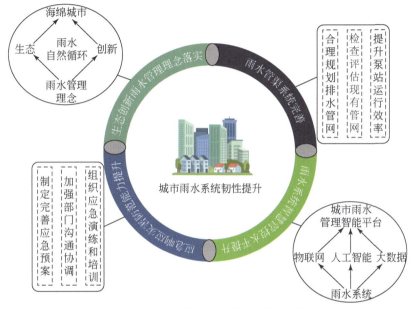

图 4-13 雨水系统对韧性的提升

随着城市化进程的加速，城市雨水系统的完善显得尤为重要。为了应对日益频繁的极端天气事件，必须对现有的雨水管渠系统进行全面的优化和完善。首先，要对排水管网布局进行合理规划，特别是针对低洼易涝区域，通过增加排水设施的数量、优化其布局，加强对排水系统的整体排放能力，在整体规划的基础上，再针对具体的区域和节点进行详细的规划和设计，增强排水系统的局部排水效率。其次，对现有排水管网进行全面检查和评估，对老旧、破损的管道进行及时修复和提标改造，确保管道的正常运行和排水效率。此外，还要提升排涝泵站的运行效率，通过技术升级和改造，提高泵站的排水能力，确保在暴雨期间能够迅速排水，减轻城市内涝的压力。

智慧化是未来城市发展的重要趋势，是提升城市雨水系统韧性的关键。通过物联网、大数据、人工智能等先进技术手段的应用，建立城市雨水管理智能平台，将各类传感器分布在雨水收集、处理、排放等环节，实时收集降雨强度、降雨量、雨水管道流量、水位等数据，并传输到智能平台实时监测和分析雨水系统的运行状态。通过智能算法对数据进行深度挖掘和分析，对雨水系统的运行状态进行自动判断，并根据实际情况进行远程控制和自动调节，迅速做出反应，优化调度方案，确保系统的稳定运行，提高雨水系统的响应速度和应对能力，更好地应对极端天气事件和突发事件。例如，在降雨强度较大时，平台自动调整排水设施的运行参数，提高排水效率；在干旱时期，平台则优化雨水收集和利用方案，实现水资源的最大化利用。同时，智能平台还可以与其他城市基础设施管理系统进行集成和协同工作，智能算法与交通管理系统、气象预报系统等实现数据共享和互通，从而更加精准地预测和应对降雨事件对城市运行的影响。

为了应对城市内涝这一挑战，需要加强应急响应和灾害防范能力。要制定和完善城市内涝应急预案，明确各部门的职责和应急响应流程，确保在灾害发生时能够迅速响应。需加强与气象、水利等部门的沟通协调，及时获取降雨、洪水等灾害信息，形成合力应对灾害，建立信息共享机制，确保灾害信息能够及时、准确地传递给相关部门和人员，更好地预测灾害的发生趋势，提前制定应对措施。还要定期组织应急演练和培训，检验应急预案的可行性和有效性，提高相关部门和人员的应急处理能力和协同作战能力，确保城市在面对内涝等灾害时能够迅速应对，保障城市的安全和稳定。

要落实生态、创新的雨水管理理念，将雨水作为可利用的资源。在城市规划中，融入生态雨水管理理念，注重自然排水和雨水集蓄利用，减少城市化对自然水循环的干扰。通过海绵城市建设，增强城市的雨水吸纳、蓄渗和缓释能力，利用绿地、透水铺装等自然元素，使城市像海绵一样，在适应环境变化和应对雨水带来的自然灾害等方面具有良好的"弹性"。提高雨水资源的集蓄利用效率，实现雨水在城市中的自然循环，提高城市的雨水集蓄利用效率和生态环境质量。加强雨水收集和处理技术的研发与应用，提高雨水利用的效率和安全性。通过采用先进的雨水收集系统和处理技术，将雨水转化为可供城市生活、生产使用的宝贵资源，进一步推动城市的绿色发展和循环经济建设。

4.5　小　　结

随着城市化的快速发展，水资源的合理利用和保护已经成为全球面临的共同挑战，尤其是在水资源匮乏和水污染问题日益严重的当下。如今，我们不仅看到了中国在污水再生利用和雨水资源管理方面的显著进步，也看到了未来发展的巨大潜力和挑战。

城市水资源的管理和利用不仅仅是技术问题，更是一个系统工程，涉及城市规划、环境保护、社会经济发展等多个方面。因此，我们需要进一步加强跨学科、跨部门的合作，通过整合资源、优化配置，形成一个全面、高效、具有高度韧性、可持续的城市水系统。

展望未来，随着技术的进步和社会经济的发展，城市水资源的管理和利用将面临新的机遇和挑战。通过持续的技术创新、政策支持和社会参与，构建一个资源节约型、环境友好型的城市，实现水资源的可持续利用，不仅是可能的，也是必然的。

参 考 文 献

[1] 梁耀匀, 黄潇. 我国市政再生水深度处理技术研究进展[J/OL]. 人民珠江, 2024(2): 1-9.

[2] 宫利娟, 张智渊, 王玉杰. 城市污水全量循环过程中再生水利用模式探讨[J]. 环境与可持续发展, 2018, 43(2): 49-51.

[3] Lay W C L, Lim C, Lee Y, et al. From R&D to application: Membrane bioreactor technology for water reclamation[J]. Water Pract ice and Technology, 2017, 12: 12-24.

[4] 国家市场监督管理总局, 国家标准化管理委员会.城市污水再生利用　城市杂用水水质 (GB/T 18920—2020)[S]. 2020.

[5] 国家市场监督管理总局, 国家标准化管理委员会. 城市污水再生利用　景观环境用水水质 (GB/T 18921—2019)[S]. 2019.

[6] 国家质量监督检验检疫总局, 国家标准化管理委员会. 城市污水再生利用　绿地灌溉水质 (GB/T 25499—2010)[S]. 2010.

[7] 国家质量监督检验检疫总局, 国家标准化管理委员会. 城市污水再生利用　农田灌溉用水水质(GB 20922—2007)[S]. 2007.

[8] 国家质量监督检验检疫总局, 国家标准化管理委员会. 城市污水再生利用　工业用水水质 (GB/T 19923—2005)[S]. 2005.

[9] 国家质量监督检验检疫总局, 国家标准化管理委员会. 城市污水再生利用　地下水回灌水质 (GB/T 19772—2005)[S]. 2005.

[10] 高术波. 全地下再生水厂多级 AO+MBR 工艺设计要点、难点及创新点分[J]. 水处理技术, 2022, 48(8): 144-146, 150.

[11] 车伍, 张炜, 李俊奇, 等. 城市雨水径流污染的初期弃流控制[J]. 中国给水排水, 2007(6): 1-5.

第 5 章

雨污管网与城市安全

城市雨污管网不仅是水环境治理改善的核心问题之一，同时，也与城市洪涝防控、城市公共卫生安全、城市道路安全等安全问题高度相关。本章将介绍我国城市发展普遍面临的洪涝防控挑战，韧性防洪排涝体系建设实践，以及中外典型城市深层隧道排水系统工程等。在污水管网与城市公共卫生安全命题中，需要关注污水管网系统恶臭的产生与控制，其中加强维护、材料选择等是重点。针对管网病害与道路塌陷的耦合关系，以及管网系统爆炸气体产生的道路安全隐患等问题，需改变建设规范标准空白、技术指导缺乏、管理各自为政、预处理能力滞后等情况，积极推进管网与城市安全防控技术体系的构建。

5.1 管网与城市洪涝防控

城市洪涝灾害受到多方面因素影响，一方面受季风性气候控制，气候条件复杂多样，降水时空分布十分不均，暴雨急来急走，容易导致局部地区突发性洪涝灾害；另一方面地形地貌复杂，造就城市类型多样，因此形成多种类型的城市洪涝灾害。

在全球气候变化和城市化持续演进的背景下，城市洪涝发生的可能性将有所增加。此外，快速城市化改变了城市水文、水动力学特性，同等降雨条件下，洪涝总水量将更大，洪涝的破坏力更强。因此，亟需在城市内部加强排水管网清淤修复和排水管网提标改造，提升排水管网排涝能力，保障城市排水系统有效运行。

5.1.1 我国城市洪涝概述

1. 城市洪涝的时空分布

我国降水呈现明显的时空分异性，在中国大部分地区，降水受东亚季风强烈影响，导致洪水经常侵扰湿润的华东和华南沿岸地区，但有时也严重影响干燥的华北和东北地区。强降水和洪水通常从 4 月开始，在东南沿海地区，5 月和 6 月更加频繁，中部地区在 6 月和 7 月经常发生洪水，而华北和东北地区则在 7 月和 8 月易受洪水影响。近几十年来，亚洲夏季季风有逐渐变弱趋势，导致黄河下游和淮河流域夏季降水减少，同时引发长江中下游夏季降雨增加，对我国洪灾风险的时空分布产生一定影响。

2. 洪涝灾害的形成原因

预计到 2050 年，中国的城镇化率将达到 75%。城市化的迅速推进是中国经济社会发展的重要推动力，持续改善人民生活质量与环境，但随之而来的城市内涝问题也备受关注。其主要原因包括地理位置、城市气候、城市规划、城市建设、城市管理等方面。我国主要城市大多靠近河岸、河口或海岸，其他一些城市则分布在山间盆地等地，一旦发生洪涝灾害，易发生城市内涝，城市秩序和市民生产生活将受到严重影响。

我国城市化前期，城市排水系统设计容量主要基于平均降雨量，防洪标准较低。在道路升级过程中，未充分考虑排水容量的增加需求，排水设施未能同步升级，甚至在工程建设时加剧老旧管道损伤程度。一旦遭遇暴雨或更大级别降雨，排水系统无法及时有效排放大量雨水，导致地面积水，最终引发城市内涝。相当数量城市的排水管理体系还相对薄弱，缺乏健全的内涝管理机构和管理方法。同时，排水系统设施管理人员短缺、在线监测系统缺失，导致内涝实时信息获取不准确，难以及时控制内涝。另外，排水系统日常维护不全面，存在资金短缺、检测维护设备相对落后等问题。

3. 城市洪涝灾害防治

1）强化政策

中央和地方政府需共同加强城市排水系统建设，提高政府相关投入。目前城市内涝防控相关标准法规主要关注技术层面，但缺乏对基础设施规划和监督方面的支撑。因此，需要进一步完善适应国情的城市排水和内涝防治法规。

2）完善新区规划

城市内涝频发的主要原因之一是大多数城市缺乏系统韧性。未来新开发区域的城市规划应以防洪安全为首要任务之一，提高城市防洪韧性，考虑包括道路设计、扩大绿地面积、防洪措施规划、协调工作、增加设计重现期、解决历史问题、重视地下建设等措施。

3）完善管理和预警系统

为降低城市内涝负面影响，需加强排水管理。老旧区域的排水管道容量普遍不足，需要更新。复杂管道则需要科学定位，及时解决漏水等问题。暴雨季节需要定期清理避免阻塞，特别是下水道、水道和河道，确保排水顺畅。此外还需建立先进的防洪预警系统，重视应急机制完善和实施。

4）因地制宜开展海绵城市建设

海绵城市建设有助于提升道路透水性，增加绿化面积，优化利用地下空间，降低城市热岛效应，净化并提高雨水利用率，降低城市内涝风险，增强城市韧性。通过创建雨水循环系统，海绵城市在暴雨时能够减少地表径流，有效预防城市内涝问题。目前，中国已有 30 个试点海绵城市，其核心理念是将城市打造成可吸收和储存水的海绵，主要措施包括建设绿色建筑、透水道路、生物保留设施、湿地、湖泊、河流、雨水花园和森林。

5）提高公众意识

通过教育宣传、网络平台宣传等渠道，开展内涝知识的科普及教育活动，向公众普及内涝的原因、危害、案例以及预防方法，增强认识和理解。在城市公共设施中设置相关的标识、警示牌和提示信息，有效提升公众城市内涝防范意识，促进全社会共同参与，减少损失和危害。

6）借鉴成功经验

美国、法国和日本等发达国家在城市防洪方面取得了显著进展。美国颁布相关法规，规定新开发区域的雨水流量不得超过开发前的原始流量。法国建立了大规模排水系统和有效的洪水预警系统，显著减少了城市内涝威胁。日本耗时 14 年建成大都市区外的地下排水渠，有效应对东京市内涝问题。国外先进经验对我国城市内涝相关政策、法规、规划、工程等，具备借鉴意义。

5.1.2 城市洪涝防控相关技术

1）城市排水管网模型

城市洪涝模拟一般包括降雨产流过程、地表汇流过程以及管网排水过程三个方面内容，研究方法一般包括水文学和水动力学方法两种。由于城市地区下垫面条件复杂以及变化较快，传统的水文学方法虽然起步早，体系较成熟，应用经验多，但在城市区域并不十分适用。水动力学方法基于实际物理过程，对参数敏感度小，可以更加详细准确地表征雨水的产汇流过程，取得更好的模拟效果和准确度，并且近年来计算机技术的快速发展弥补了该方法对计算机硬件要求高的缺陷，因而已被广泛应用于洪涝灾害模拟中。

在城市管网排水过程中，管网中的水流状态为非恒定流。近年来，随着计算机技术的快速发展以及管网汇流计算方法的优化，国内外都开始采用非恒定流计算排水管网中的各种水力要素。

国外开展的排水管网模型研究有：英国公路研究所提出了 RRL 模型（城市径流模型），丹麦水力学所提出了 MOUSE 模型（城市暴雨径流模型），英国 Wallingford 公司开发了 InfoWorks 模型。虽然我国对雨水管网模型的起步时间落后于发达国家，但是近年来发展迅速，通过总结和吸收各个国家的研究成果，我国对排水管网的研究目前也取得了一系列显著的成果。

2）城市排水管网汇流计算方法

业界通常采用水文学方法和水动力学方法求解管网排水过程，目前这两种方法都相对比较成熟且应用广泛。管道中两种水流状态（满流与非满流）的交替出现是模拟的主要难点之一。对于管道中明满流交替的现象，通常采用激波拟合法和激波捕捉法求解管道流量。这两种方法是将非满流和满流视为两种不同的水流流动状态，当管道处于满流状态时利用有压流基本方程，当管道处于非满流状态时采用明渠流控制方程分别求解计算，由于这些方法增加了计算的复杂性，因而应用起来较为困难。还有一种方法是基于 Preissmann 狭缝的激波捕捉法。这种方法是通过引入一个狭缝从而统一了明渠流方程和压力流方程，利用一个方程求解两种不同流动状态的水流，简化了模型计算方法，更易应用。

3）管网与地表水交换动力模型

在管网与地表之间的水量交换中，一维管网水动力模型（SFM）和二维地表水动力模型（OFM）耦合方法是影响模型效率与精度的关键。其中，SFM 由于模型构建相对简单、计算效率高、运行时间短而成为最常用的模拟工具。Chang 等通过建立一维 SFM 与二维 OFM 耦合的城市雨洪模型，采取在不同地表覆盖类型上使用不同的耦合方法，模拟不同土地利用类型上排水系统与地表之间的水流动态流动过程，从而提升模拟精度。

5.1.3 城市泄洪排涝关键节点识别技术

近年来，国内有机构基于城市小流域暴雨径流模型对城市现有排水系统排放能力进行评估。通过以城市排水系统暴雨径流的水流运动为主要模拟对象，基于城市暴雨径流模型，根据现状汇水区排水系统、河道和天然池塘湖泊，针对场次降雨数据模拟出城市内涝点，再根据下垫面条件甄选出泄洪排涝关键节点。

排放能力主要考察场次降雨过程下管道内流量和充满度的变化情况以及检查井内的水位变化，筛选出长时间处于满流的管道、溢流的检查井。排水能力评估具体分析指标见表 5-1。

表 5-1 排水能力评估分析指标汇总

分析类别	评估内容	具体步骤
管道内流量评估	暴雨径流模型对场次暴雨进行模拟计算后，得到降雨后管道内流量过程	对比管内流量计算结果和管道自身最大的排水能力，得到排水管道的承载状态。其中管道自身的排水能力计算是将管道内水流状态简化为均匀流，采用流量公式和流速公式计算
管道内充满度评估	暴雨径流模型对场次暴雨进行模拟计算后，得到降雨后的管道内充满度的变化情况	对比结果中管道末端水流高度和管道自身管径，得到现有排水系统的承载状态

续表

分析类别	评估内容	具体步骤
检查井溢流个数评估	分析检查井是否向外溢水，评价排水系统排放能力	暴雨径流模型对场次暴雨进行模拟计算后，对比管道末端检查井内水流的高度的计算结果和管道埋深

5.1.4 案例

1. 背景

2021年7月17~23日，受异常的大气环流和台风影响，河南省遭遇历史罕见的特大暴雨，其中郑州市因"7·20"特大暴雨城市内涝灾害遭受重大人员伤亡和财产损失，暴露出城区排水防涝基础设施建设存在短板，河道防御体系存在瓶颈，应急设施和管理能力不足等问题。基于上述问题，为加快推进城市排水防涝设施和应急管理能力建设，全面提升全省城市防洪排涝能力，河南省政府于2021年10月15日制定《河南省城市防洪排涝能力提升方案》，重点实施城市排涝行泄通道畅通工程、排水管网系统与雨水泵站提升工程、基础设施改造提升工程、地下空间排水防涝提升工程、雨水源头减排和雨水调蓄工程等。

2. 工程措施与成效

郑州市地跨黄河流域、淮河流域两大流域，外河黄河和内河贾鲁河水系影响主城区防洪安全，其中贾鲁河承担着全域85%的排洪、除涝任务。针对郑州市现有水系未能有效沟通城区河流与主要排涝泄洪河流贾鲁河，以及流域防洪体系较为薄弱的现状，推进郑州市常庄水库加固提升及金水河分洪工程政府和社会资本合作（PPP）项目。郑州市贾鲁河流域防洪能力提升规划工程投用后将与郭家咀水库恢复建设加固、金水河调洪及金水河综合整治四项工程四位一体，联合调度，协同发挥作用，对郑州城区的防洪排涝和南水北调等重要工程安全发挥重要作用。

郑州市常庄水库加固提升及金水河分洪工程PPP项目主要包括分洪管线工程、分洪出口工程和贾鲁河河道整治工程等，如图5-1所示为项目总体区位。其中分洪管线工程作为沟通城区金水河与内河贾鲁河的重要枢纽，全长约 5.44 km，设计过流能力为 75 m³/s。

<table>
<tr><td>(a) 金水河分洪工程区位</td><td>(b) 分洪管线线路方案</td></tr>
</table>

图 5-1　项目总体区位图

分洪管线工程包括顶管工程和沉井工程，顶管工程为双排 DN4000 预应力钢筒混凝土顶管（JPCCP）平行铺设，两管道间距 6 m，管道内径 4 m，外径 4.8 m，顶管管材采用预制方式，每节长 3 m，全线共需管材 3600 余节。沉井工程为管线工程的辅助结构，管道沿线共布设 15 个沉井，均为圆形结构，最大沉井内径 34 m，外径 38 m，井壁为 2 m 厚的钢筋混凝土结构；最深沉井达 39.7 m，如图 5-2 所示。

图 5-2　项目局部区位图

金水河分洪工程全长约 5.44 km。工程投入使用后，过流能力为 75 m³/s。将郑州市城区金水河防洪标准由 20 年一遇提升至 100 年一遇，满足"200年一遇洪水不漫堤防"要求,进一步增强了城区防灾减灾能力。

5.2 管网与城市公共卫生安全

公共卫生是关系国家或区域公众健康的重要事业,可分为食品卫生、环境卫生、劳动卫生等。污水管网主要与环境卫生有关。污水管网的腐蚀、破裂、结垢等问题会污染土壤、地下水等环境,进而影响城市公共卫生。

5.2.1 污水管网腐蚀

排水管网腐蚀是城市排水系统运行管理中一个不可忽视的问题。排水管网中的金属管道会受到水分、氧气、酸碱度等因素的影响(图5-3)。此外,土壤环境中的腐蚀性气体(如硫化氢、二氧化碳等)也可能导致排水管道的腐蚀。这些化学反应可能导致管道壁厚度减小,进而影响管道的承载能力和运行安全。当排水管网中存在不同的金属材质时,还可能会产生电化学腐蚀。例如,铁管与铜管或钢管接触时,可能出现电位差,加速管道腐蚀。城市生活污水和工业废水中可能含有大量的细菌,如硫酸盐还原菌等。这些细菌能够产生酸性物质和硫化氢等有害物质,对金属管道造成腐蚀。

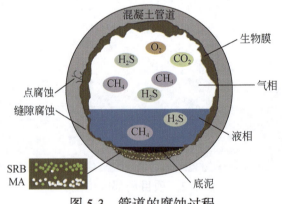

图5-3 管道的腐蚀过程

城市排水管网腐蚀会对城市公共卫生产生不利影响。首先,管道腐蚀产生的铁锈、重金属离子等物质会释放到水中，对水质造成二次污染。其次，管道中污水产生的腐蚀，会进一步产生硫化氢、氨气等物质会造成管道腐蚀，可能引起恶臭，不仅影响城市环境，还可能对周边居民健康造成影响。最后，腐蚀会降低管道的承载能力，导致管道破裂和渗漏，泄漏的污水可能污染土壤、地下水等环境。除了科学合理的防腐措施，管道材质、施工质量等会影响管道的腐蚀程度，因此选择合适材质、提高管道寿命，是保证供水管网和排水管网长期运行的必要措施。

5.2.2 污水管网恶臭产生与控制

伴随着城市化进程、产业发展和人口规模增长，污水管网所承载的污水量和有机物质含量日益增加，恶臭问题逐渐凸显，对居民生活、人体健康和环境造成不利影响。解决污水管网系统恶臭问题已成为城市环境管理中的重要任务之一。

1. 形成原因

污水管网恶臭的产生，主要与管网内的厌氧条件、有机物分解和物质积累与沉积紧密相关（图 5-4）。在厌氧条件下，缺氧环境将促使硫化物如硫醇和硫化物的生成，这些化合物具有强烈的臭味特征。此外，污水中丰富的有机物在微生物作用下分解，产生大量硫化氢（H_2S）和其他恶臭气体。其中，硫化氢不仅有强烈臭味，还可能对人体健康构成威胁。管道内的物质积累和沉积还为有机物分解提供了"温床"，增加了恶臭物质生成。这些积累物随着时间的推移会逐渐增多，还可能导致管道堵塞和运行效率下降。

2. 主要特征

污水管网恶臭的特征可以通过化学需氧量（COD）、硫酸盐和液相中硫化物的变化来观察（图 5-5）。COD 反映了污水中有机物的浓度，其变化直接影响恶臭强度。硫酸盐作为硫的重要来源，在还原条件下转化为硫化物，进而形成恶臭的硫化氢。硫化氢的生成不仅与恶臭有关，还会导致管道材料的腐蚀，影响管网的安全和稳定。液相中硫化物的变化更是恶臭问题的核心，硫化物含量的增加意味着更高的恶臭风险和更大的处理难度。因此，监测和控制这些化学指标对于恶臭的控制至关重要。

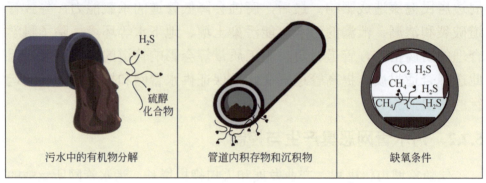

图 5-4　恶臭产生原因

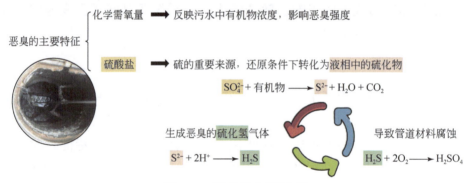

图 5-5　恶臭的主要特征

3. 控制方法

针对污水管网恶臭问题，有效的控制方法包括定期清洁维护和材料的选择。定期清洁维护是基础，通过手工清洁、机械绞车、高压水射流等多种方式可以有效降低恶臭的产生（表 5-2 和图 5-6）。此外，使用抗微生物腐蚀和耐水侵蚀的材料，如水泥砂浆、聚氨酯和环氧树脂衬里，对提高管网的耐久性和减少维护成本具有重要意义。对于特别严重的恶臭问题，可以考虑使用生物过滤、化学喷雾和封闭管理等措施，以进一步减轻或消除恶臭。

表 5-2　常用管道清理技术

序号	方案	优点	缺点	适用性
1	人工疏通	施工简单、直观、彻底	费用较高、易造成环境污染	适用管内状况良好、堵水措施有效的管道
2	机械绞车疏通	效率较高,适用于各类条件	仍需下井工作,对管涵结构造成一定的影响	适用小型管道
3	高压水射流清洗	可减少人为下井作业危险	硬质条件下的淤泥效果较差;淤泥量较大,运送难度增加	适用非硬质障碍物的淤泥类清理
4	水力铣削清洗技术	可清除硬质沉积物、树根等障碍物	大尺寸管涵应用较为困难	可清除大部分坚硬障碍物、淤泥等
5	真空吸泥车疏通	方便快捷,对环境影响较小	成本较高,产率较低,污泥的含水率较高	适于日常维护
6	管涵清淤机器人	具有较好的适用性、灵活	管内和水下情况复杂,机械设备存在故障检修困难	适合管内情况复杂、人员无法进入管道

图 5-6　污水管道应急处理

5.2.3　污水管道有害气体监控及预警系统

　　城市排水管道大部分为重力管道,内部常存在沉积物和生物膜,两者均含大量有机质、无机盐和水,是管道内微生物生长赋存的主要部位,其中的微生物活动主导了管道内甲烷（CH_4）的产生。而管道内 CH_4 的累积会产生气体爆炸风险,危及管道甚至道路安全。目前,污水管道中 CH_4 气体爆炸阈值为 5.5%,为此,结合污水管道有害气体安全监控设备，国内已经开展相关信息系统开发，探索形成污水管道有害气体监控及预警系统。

污水管道有害性气体安全预警系统有数据采集处理和安全评价预警两大模块，实现的主要功能包括：采集、监测、控制、存储、计算处理、安全评价及预测、通信等。本节主要研究开发基于 GPRS 的实时预警预报系统，实现对污水管道设施实时预警预报。本系统的构成如图 5-7 所示。

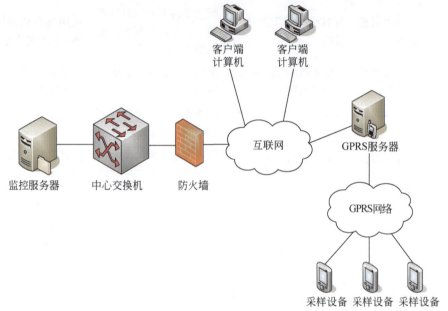

图 5-7　预警预报系统构成图

污水管道有害性气体安全预警系统由数据采集模块、实时分析模块、数据传输模块、数据处理模块、预警功能模块等组成。

（1）数据采集模块：对下污水管道内的 CH_4、H_2S 等有害气体的成分、浓度等参数每隔 30 s 进行在线数据采集。

（2）实时分析模块：对采集到的数据进行分析、比较，判断有害气体的浓度是否超过规定的阈值门限。

（3）数据传输模块：完成定期/不定期（有害气体浓度超标时）的有害气体成分、浓度等监测数据的传输。

（4）数据处理模块：对来自传感器网络的数据进行进一步的分析、过滤、存储等智能处理，并支持对历史数据的查询、修改和删除等功能。

（5）预警功能模块：接收数据处理模块输出的告警数据，并以声、光等形式向管理人员发出警报。同时支持严重、重要、一般、提示等告警级别。

5.3 管网与城市道路安全

管网与城市道路安全有着密切的关系。供水、排水、天然气和其他管道，在城市道路下方通行，其安全运行对于城市道路的安全至关重要。管网状况直接影响道路的稳定性和承载能力，如果管道出问题，可能导致道路塌陷或者损坏；管网泄漏可能会引发事故，例如天然气泄漏可能导致爆炸，供水管道泄漏则可能造成道路结冰或积水，增加交通事故风险。因此，保障管网的安全和稳定对于维护城市道路安全意义重大。

5.3.1 城市道路塌陷

城市地面塌陷不仅造成交通拥堵，引发土体变形还会给周边既有建（构）筑物带来安全隐患，严重的地面坍塌还会对居民财产和生命安全构成威胁（图 5-8）。部分统计数据显示，我国从 2013 年开始城市道路塌陷灾害明显增多[1]，城市路面塌陷事故不断发生，全国发生路面塌陷或沉降的事故次数，每年能达到 500～1000 次[2]。2022 年，全年国内公开报道的城市路面塌陷灾害有 1013 起。

道路塌陷本质上就是由于路基产生变形而导致路面下沉的现象。其中，地下管网渗漏水、破裂等缺陷，也是导致路面塌陷的原因之一。大量研究表明，供排水管道渗漏引发的流土、土体侵蚀等会不断侵蚀管周土体而导致路面塌陷，尤其是排水管网中严重的结构性缺陷是导致渗漏的主要原因，并且这种结构性缺陷又会在出现渗漏后不断恶化，进而导致更为严重的土体流失、管周空洞，甚至路面塌陷。

我国城市地面塌陷事故大多数是由人为因素导致的，如地下施工、管线渗漏，且由于管道渗漏引起的路面塌陷事故占比高达50%以上。地下管道渗漏诱发的地面塌陷多发生在人口密集、交通荷载较大的建成区，其灾变时间长，不易被发觉和重视。目前对城市道路塌陷事故的致灾机

图 5-8　城市路面塌陷

理、管−土−介质−荷载耦合作用导致路面塌陷的问题研究较少,如何对城市道路塌陷进行综合探测,提前预警、预防,进而防止塌陷事故的发生,是目前城市安全迫切需要解决的问题。

5.3.2　管网病害与道路塌陷的关系

城市路面塌陷可以归结为自然因素和人工因素两种诱因,与自然因素相比,人为因素导致的地面塌陷分布更普遍,且在建成区出现的频率更高,因此对人们的生命财产安全具有更大的威胁。2016 年 5 月 6 日,上海新虹桥商圈内出现一处洞口直径约 1 m、深度约 1 m 的塌陷,经调查核实是由于地下排水管道老化渗漏导致水土流失形成空洞造成[3]。2016 年,兰州市通报的 18 起严重路面塌陷事故调查结果显示超过半数是由管道破裂漏水造成[4]。郑州市区部分城区老旧地下排水管道的检测发现老旧雨污水排水管线普遍存在破裂、脱节、错口、腐蚀、渗漏等病害,研究认为管道破裂渗漏是郑州市路面塌陷的一大诱因[5]。图 5-9 所示的统计

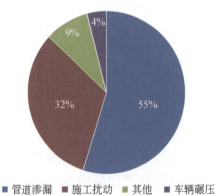

图 5-9　我国城市道路塌陷人为原因分布比例

数据也表明在导致的地面塌陷的各类人为致灾因素中，管道渗漏最为普遍，占所有人为导致地面塌陷的灾害中的 55%。

　　管道漏失不仅是导致城市道路塌陷的主要原因，而且其后果也较其他因素更为严重。管线渗漏诱发的地面塌陷多发生在人口密集、交通荷载较大的建成区，且具有形成时间长、影响范围广、防治难度大、难以恢复等特点，其诱发城市地面塌陷可能造成更大的生命财产损失，如 2012 年哈尔滨市一处塌陷造成 4 人坠落，2 死 2 伤；深圳近 5 年发生的 36 次路面坍塌就造成 8 人死亡；2015 年北京市丰台区岳各庄南桥西的卢沟桥路发生塌陷，事故形成长约 2 m、深 1 m 的土坑，1 辆停在路面的汽车坠入其中。同样的塌陷事故，在郑州市区道路内也频繁发生，2014 年郑州市仅西三环快速路就接连发生了 15 次塌陷事故[5]，然而修复后又发生多起路面塌陷事故，并造成 1 人死亡。事故调查结果显示，因为汛期多次强降雨造成管道附近发生沉降，引起管道附近水土流失，诱发给水管道断裂，进一步加快塌陷坑的形成，最终造成事故发生。我国地下管网以往处于"重建设、轻维护"的状态，地下管网系统的维护检测和更新工作严重滞后，加上设计、管材质量、使用年限等问题使管网整体上漏失问题非常严重[6-9]。

　　2000 年前，我国铺设的城市市政管网总长度已达 53 万 km，其中：供水管道 25.5 万 km，排水管道 14.2 万 km，燃气管道 8.9 万 km，供热管道 4.4 万 km。这些管网基本已达到使用年限，老化、破损、渗漏等缺陷频发，排水管网常见的缺陷如图 5-10 所示。

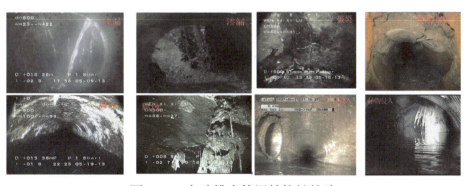

图 5-10　市政排水管网结构性缺陷

城市排水管道多埋置于地表以下，而管道漏失必引起浅表地层土体的含水量或地层地下水位变化，严重的漏失则形成地层中水的渗流，因此管道渗漏成为导致城市地表塌陷的主要原因之一。20 世纪 80 年代，英国学者首先开始研究排污管道的破损类型，并发现渗漏可能导致地表沉降，Rogers 等在大量的现场调查和试验研究的基础上总结出影响管周土体侵蚀速率的四大因素为：管道破损口大小、排水管道内水力条件、地下水位、管周土体性质[10]，Serpenete 进一步将污水管道内的水力条件阐述为"满管流发生的强度和频率"，使得影响因素进一步参数化[11]。我国欧阳振华将路面塌陷灾变过程细分为细粒土流失、地下空洞的形成和达到塌陷临界状态三个阶段，并且认为路面坍塌实质上是管道渗漏所引起空洞发育的规律及空洞稳定性问题，这与土体性质、管道破损程度和位置、覆土厚度等相关[12]。

中国工程院院士王复明表示，地下管网等地下设施是城市的"生命线"，但又是隐蔽工程，其安全运维普遍受到忽视。很多城市地下管网的规划建设存在"先天不足"，运行维护又"后天失养"，老旧的管道发生渗漏、腐蚀、开裂、沉降后，如果得不到及时处置，日积月累，渗漏水的淘蚀就会造成管道周围土体松散、脱空，"由里及表"逐渐发展，最后"积病成险"，一旦遭遇暴雨，就容易导致道路塌陷事件发生。因此，深入调研和分析管道渗漏导致路面坍塌的机理和原因，寻求可行有效的防控治理方案已经到了刻不容缓的地步。

案例——郑州道路塌陷排查

郑州"7·20"特大暴雨灾害后，郑州市共排查道路塌陷 2840 处，其中，车行道塌陷 365 处（含严重塌陷 29 处），人行道塌陷 2475 处。虽然，这些道路塌陷基本上都已完成抢修，可在最近的两轮强降雨中，郑州市区道路塌陷仍旧频频发生，如图 5-11 所示。郑州市的道路塌陷中，有人防工程老化、坍塌形成过水通道引发的道路塌陷；深基坑施工回填不实，雨水渗透、浸泡引发的道路塌陷；老旧管网及附属设施疲劳运行，管线破损、渗漏引发的道路塌陷，也是引发郑州道路塌陷的主要因素。

郑州市区道路内频繁发生塌陷早在 2014 年就已经有多方报道，仅西三环快速路，就接连发生了 15 次塌陷事故。此外，郑州市区内在 2016 年 8 月、9 月、12 月还多次发生路面塌陷事故，其中 8 月份的事故中形

(a)郑州市农业路与经二路交叉口道路塌陷现场　(b)郑州六厂前街塌陷现场，快车道只剩一层沥青路面

图 5-11　郑州市区道路塌陷频繁发生

成了长约 30 m、宽约 20 m、深 4 m 的大坑，造成三人掉入坑中、一人死亡，事故调查结果显示，因为汛期多次强降雨造成管道附近发生沉降，引起管道附近水土流失，诱发给水管道断裂，进一步加快塌陷坑的形成，最终造成事故发生。郑州部分城区老旧地下排水管道的 CCTV 检测结果表明，老旧雨污水排水管线普遍存在破裂、脱节、错口、腐蚀、渗漏等病害，管道破裂渗漏是郑州市路面塌陷的一大诱因。

　　2016～2020 年，深圳市共发生地面塌陷事故 1429 起，平均每年 286 起，累计造成 7 人死亡，财产损失约 23822.5 万元。具体原因是近年来深圳市人口急剧增长，大量地下工程的施工和运营对地面产生了扰动，过度抽取地下水加剧了对岩土层的破坏，直接或间接引发地面塌陷。同时地下管网的老化破损、给排水管网渗漏引起地下土体流失形成空洞，导致地面塌陷的频繁发生。据分析，深圳市地面塌陷事故主要发生在雨季（每年的 4～9 月），在 5～8 月尤为严重，占事故总数的 68.95%。期间发生的道路塌陷与管网老化关系较大，管网破损是造成地面塌陷最主要的原因，占总数的 52.21%。

　　城市道路塌陷是近年来国内城市多发的严重安全事故，其危害主要表现在突然毁坏城镇设施、工程建筑，干扰及破坏交通线路，往往对人民生命财产造成重大损失，对城市安全管理和和谐运行造成重大威胁等，对政府形象和公共管理能力提出很大挑战。其发生原因受地下管网缺陷影响较大，应当加强地下管道的运维管理工作，降低事故的发生概率。

5.3.3 管网系统爆炸气体与道路安全

道路塌陷与管网气体泄漏密切相关，一部分是由于气体泄漏引起路面塌陷，还有一部分是由于路面塌陷导致气体泄漏，继而引发更大的灾害。我国第一批市政管网于 1979 年左右集中埋入地下，随着地下基础设施的老化和市政设施建设项目增多，逐渐增加的管道爆裂、道路塌陷等事故应引起足够重视，尽早对老旧市政管网存在的安全隐患进行诊断排除。

目前的研究分析显示，排水管道起爆的原因之一可能是污水污物聚集产生可燃气体。污水中所含的物质相互作用产生了一系列物理、化学反应，同时排放的废弃物中富含大量的碳水化合物、蛋白质、油脂等有机物，形成了富营养水体环境，十分适合微生物生存繁殖，在合适的条件下发生生化代谢反应，最终产生如沼气（主要成分甲烷）、硫化氢、氨气、二氧化硫等可燃气体；还可能与违规倾倒、排放废弃物有关。

如 2013 年 11 月 22 日，位于山东省青岛经济技术开发区的中国石油化工股份有限公司管道储运分公司东黄输油管道泄漏的原油进入市政排水暗渠，在形成密闭空间的暗渠内油气积聚遇火花发生爆炸，造成重大人员伤亡和经济损失。2021 年 5 月 20 日上午，武汉市洪山区一道路交叉口地下气体起爆，造成行人受伤。根据通报，本次事故为工人施工引起地下排水管气体起爆。

5.3.4 管网与城市安全防控技术

确保管网在整个服役周期内的结构完整性是减小和避免管道漏失引发地面塌陷风险最有效的方式，20 世纪末发达国家提出采用"检测-评估-更新"的管道生命周期管理模式替代"事故-抢修"模式。然而市政管道渗漏是一个普遍存在于管网系统的问题，无论从管理层面还是从经济层面都不可能对所有出现缺陷的市政管道进行修复。虽然长期轻微的渗漏或渗水可能引发管土结构破坏，但短期内并不会导致严重失效，而严重的渗漏不仅会破坏管道结构而且能快速掏空地表导致地面塌陷。因此，对市政管网进行日常监测、定期检测、及时修复应当作为市政管道运维管理的主要步骤，也将避免大部分的道路塌陷灾害发生。

1. 检测方法

目前，排水管道检测方法主要包括 CCTV 检测、声呐检测、管道潜望镜检测和传统检测方法等（图 5-12）。随着技术进步，近些年逐渐出现了三维激光扫描检测、管中探地雷达监测[13]、无人机检测等手段，相较于其他检测设备，具有检测效果准确、速度快、适用条件广泛等优点。

(a) 管中探地雷达机器人设备   (b) 无人机检测设备

(c) CCTV检测设备   (d) 双轴动力声呐检测设备

图 5-12 常用管道检测设备

2. 修复技术

在进行管道检测、路面探测后，及时制定措施处理管道缺陷、防治路面塌陷是减少灾害发生的主要途径。目前常用的管道修复手段以非开挖技术为主，常用的有 CIPP 修复技术、水泥砂浆喷涂法、穿插法、管片内衬法、热塑成型法等非开挖修复技术（图 5-13）。

针对管道渗漏、破裂等问题，采用上述非开挖修复技术可以较好地解决这些缺陷问题，采用水泥砂浆和 CIPP 内衬修复后的效果如图 5-14 所示。

图 5-13　市政管道非开挖修复技术体系

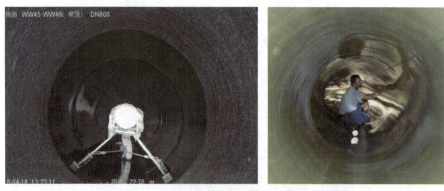

图 5-14　非开挖修复技术修复后排水管道

　　总体来看，相较于传统的明挖修复，非开挖修复技术具备如下主要特点（如表 5-3 所示），具有不开挖地面、不阻碍交通、综合周期短、成本低等优点，成为目前市政管道修复的主要选择。

表 5-3　管道明挖法和非开挖修复技术对比

	传统开挖修复	非开挖修复
土方开挖量	高	减少 99%
二氧化碳排放量	高	降低 95%
综合成本	高	降低约 30%～40%
工期	长	短（数小时到几天）
对道路交通影响	阻碍交通	无
环境影响	噪声大、空气污染、易污水溢流	噪声小、空气污染极低、无污水溢流
无开挖条件	无法施工	工艺多样，适用范围广
暴露面	大（危险）	小（安全）
验收	多（需对道路、管道、周围管线验收）	少（仅对管道验收）

针对管周空洞、道路下方水土流失等问题，可以采用注浆填充的方法进行处理。按照注浆管的设置，可分为管内向外钻孔注浆和从地面向下钻孔注浆两种方式（图 5-15），大型管道可优先采用管内向外钻孔注浆，有利于管道周围浆液分布更均匀，材料更节省。管道基础注浆分为土体注浆和裂缝注浆，土体注浆材料可选用水泥浆液和化学浆液 2 种，裂缝注浆一般选用化学注浆。为了加快水泥浆凝固，可以添加水泥用量 0.5%～3.0% 的水玻璃，在满足强度要求的前提下，可在水泥浆中添加占水泥质量的 20%～70% 粉煤灰；化学注浆的材料主要是遇水可膨胀的聚氨酯。利用该技术，还可对管周土体空洞进行注浆填充。

3. 管道系统整体运维管理

随着市政管网建设里程的逐渐增加，传统方法已不能满足当前市政管网管理的需求。以排水管网为例，由于缺乏现代化、智能化的管理系统，城市排水管网漏损、堵塞、破裂等缺陷频发。彭靖、胡楠等对城市排水管网发展现状及不足进行了研究，并指出传统排水管道管理升级的重要方向是构建智慧排水平台，从而实现城市排水的全方位监控和全局

(a)管内向外注浆　　　　　　　(b)从地面向下注浆

图 5-15　钻孔注浆示意图

化调度，在确保城市公共设施安全和居民的人身财产安全、提高城市防灾免灾能力方面具有重要作用[13-17]。云计算、大数据、GIS 等移动互联技术的兴起，为市政管网的信息化管理带来了新的技术和机遇[18]。

　　传统的二维管线管理模式，已无法适应如今越来越复杂的管网，存在管理效率低下、管线监测不准确、数据传递更新不及时等诸多弊端，无法跟上城市现代化、信息化、智能化发展的步伐，加强管网的智能化管理对城市可持续高质量发展意义重大。随着物联网、云计算、工业互联网、人工智能（AI）等新一代信息技术不断发展，以及国家大数据战略的实施和发展数字经济进程的稳步推进，城市管网的发展与管理模式正在由"数字化"进入"智慧化"时代，更有利于提升城市安全水平，降低管网事故和路面塌陷灾害的发生。

5.4　小　　结

　　城市雨污管网是解决水环境治理、洪涝防控、公共卫生安全和道路安全等城市安全问题的关键。本章围绕城市洪涝防控挑战、韧性防洪排涝体系建设、中外典型城市排水系统工程，以及污水管网与公共卫生安全、管网病害与道路塌陷的耦合关系等方面，进行了深入探讨；强调在全球气候变化和城市化加速的背景下，城市洪涝灾害风险增大，需要加强内部排水管网的清淤修复和提标改造，以提升排涝能力和保障排水系统有效运行。针对城市排水管网高发的恶臭问题，提出定期清洁维护和选择合适材料等有效控制方法；同时，指出应重视城市排水管网病害是导致道路塌陷的主要原因之一，需要通过加强城市排水管网建设、维护和管理，以及借鉴国外成功经验，建立完善的预警系统和应急机制，以提高城市洪涝灾害的防控能力，确保城市公共安全。

先进实践表明，通过提高公众意识和科普教育，促进全社会共同参与防洪排涝和城市安全管理，有助于减少洪涝灾害和管网相关安全问题带来的损失。郑州金水河防洪排涝工程等案例展示了城市防洪排涝能力的提升对于缓解洪涝灾害和保障城市安全的重要性。在未来相当长时间内，构建韧性防洪排涝体系、提升管网和城市道路安全，对于应对气候变化、城市化挑战和保障城市可持续发展至关重要。

参 考 文 献

[1] 刘春明. 城市道路塌陷成因分析与对策[J]. 城市勘测, 2018(S1): 184-187.

[2] 李孟. "塌塌不休"，脚底下的安全如何保障?城市路面塌陷情况调查[J]. 中华建设, 2016(11): 14-16.

[3] 俞凯, 徐燕清. 上海一路口现塌陷空洞, 因地下管道老化渗水致土壤流失[N]. 澎湃新闻, 2016-05-06.

[4] 孟永辉, 王妍. 兰州 5 个月路面塌陷 18 起 专家：地下管网老化渗漏是主因[N]. 央广网, 2016-12-06.

[5] 韩俊杰, 陈娟. 郑州耗资数十亿道路半年塌陷 15 次, 专家组结论遭质疑[N]. 中国青年报, 2014-10-13(04 版).

[6] 马保松. 非开挖管道修复更新技术[M]. 北京: 人民交通出版社, 2014.

[7] 马保松. 非开挖工程学[M]. 北京: 人民交通出版社, 2008.

[8] 续理. 非开挖管道定向穿越施工指南[M]. 北京: 石油工业出版社, 2009.

[9] 段超杰. 地铁施工中管线渗漏对隧道周围地层变形的影响研究[D]. 北京: 北京交通大学. 2011.

[10] Rogers C J. Sewer deterioration dtudies: The background to the structural assessment procedure in the sewerage rehabilitation manual[J]. Water Research Centre, 1986.

[11] Serpenete P E. Understanding the Modes of Failure for Sewer//Macaitis W A. Urban Drainage Rehabilitation Programs and Technique Selected Papers on Urban Drainage Rehabilitation from 1988—1993[M]. New York: ASCE,1994.

[12] 欧阳振华, 蔡美峰, 李长洪. 地表塌陷中隐伏土洞的形成与扩展机理研究[J]. 金属矿山,

2006(6): 16-18.

[13] 黄乐艺. 城市地下供水管线渗漏探地雷达正演模拟与解释方法应用研究[D]. 北京: 北京交通大学, 2016.

[14] 彭靖. 关于城市智慧排水建设的探讨[J]. 城市勘测, 2018(S1): 302-303.

[15] 胡楠. 城市智慧排水建设与发展研究[J]. 数据通信, 2017(5): 19-20.

[16] 李金印, 王骊. 智慧城市雨水排水工程建设问题分析[J]. 城市道桥与防洪, 2020(11): 92-95, 15.

[17] 牛洪刚. 智慧海绵城市监测系统与平台设计及研究[J]. 铁道建筑技术, 2018(4): 37-40.

[18] 韩丽明, 张艳玲, 赵瑶, 等. 改进的边缘计算和全生命周期的排水管网监测方法[J]. 西安工业大学学报, 2023, 43(6): 588-597.

第6章

城市雨污管网资产管理技术及模式

自 1978 年改革开放 40 多年来，随着我国城市化进程的加快，城市排水管网建设也得到了快速发展，排水管网、泵站及相关设施资产规模不断增长，排水管材不断丰富改良，排水管网水质水量监测、缺陷检测、非开挖修复、管养维护、智慧管控等相关装备更新迭代，新工艺和新技术不断涌现。特别是近些年来黑臭水体治理、污水系统提质增效等重点工作的开展，管网新改建工程实践活跃，资金持续投入，孕育了雨污管网大市场、产业链和企业主体，逐渐形成有中国特色的管网技术链、产业格局与发展模式。本章从排水管网技术与产业发展、管网技术发展研究、管网技术链产业发展范式等方面,阐述我国排水管网技术产业现状和发展趋势，并结合管网产业发展的国际经验，以期为行业提供参考和借鉴。

6.1　管网技术与产业发展现状

随着我国城市化的快速发展，城市雨污管网建设也走上快车道，雨污管道、泵站及相关设施资产不断增加；排水管材及管网建设模式不断丰富优化；排水深隧和综合管廊等新型排水方式逐步得到探索和尝试；排水管网水质水量监测、缺陷检测、非开挖修复、管养维护、智慧管控等相关技术及设备不断创新和发展。

6.1.1　管网资产

1. 排水管网建设现状

1）管道及泵站

根据住房和城乡建设部《2022 年城乡建设统计年鉴》[1]，截至 2022

年底，我国城市排水管道长度达到 91.35 万 km，较 2021 年增长 4.73%，其中污水管道、雨水管道和雨污合流管道长度分别为 42.06 万 km、40.70 万 km、8.59 万 km，占比分别为 46.04%、44.55%和 9.40%。截至 2022 年底，我国城市建成区排水管道密度为 12.34 km/km^2，城市人均污水收集管道长度为 4.23 m/人。

根据中国城镇供水排水协会《城镇排水统计年鉴》（二〇一八年）[2]，截至 2017 年底，我国排水泵站达到 5114 座，其中污水泵站 3036 座，污水泵站排水能力 1.52 万 m^3/s，雨水泵站 1747 座，雨水泵站排水能力 3.59 万 m^3/s，雨污合流泵站 331 座，雨污合流泵站排水能力 0.45 万 m^3/s。

2）管材

典型的城市排水管材如表 6-1 所示[3]，目前排水管道管材仍以混凝土管、钢筋混凝土管为主，化学建材管为辅。其中，塑料管具有热传导率低、运输及施工方便、不易阻塞与积垢的优点，但其抗冲击性差、在温度极端环境下容易出现形变，因而不适合在极冷或极热环境下使用。金属管具有强度高、韧性好、适应性强、维护方便等优点，但其抗腐蚀性差，对防腐要求高，也因此提高了使用成本。混凝土管具有抗压能力强、使用寿命长、价格低廉等优势，在我国被广泛应用在排水管网建设中，但其接口较多，更易产生接口错位等问题，且抗腐蚀能力差，使用中常发生质量缺陷，也更易产生管道结垢。随着我国污水系统提质增效工作的推进，部分城市（如常州等）在排水管道的更新修复中逐步以球墨铸铁管替代有缺陷的存量污水管道。

表 6-1 典型城市排水管材及占比

区域	城市	排水管材及占比
东北	哈尔滨	混凝土管：80%；PVC 和 PE 管：20%
北方	太原	混凝土管：80%；PVC 和 PE 管：20%
西北	西安	钢筋混凝土管：>80%；PVC 和 PE 管：<20%
中部	武汉	钢筋混凝土管：>80%；PVC 和 PE 管：<20%
西南	成都	混凝土管：>80%；钢筋混凝土管和 HDPE 管：<20%
	重庆	混凝土管：>80%；HDPE 管：<20%

续表

区域	城市	排水管材及占比
东部	青岛	混凝土管：>80%；PVC 管：<20%
	南京	PVC 管：>60%；混凝土管：<40%
	杭州	钢筋混凝土管：>70%；球墨铸铁管：<20%；玻璃钢夹砂管：<10%
	常州	球墨铸铁管：>70%；钢筋混凝土管：<20%；钢管：<10%
南部	广州	钢筋混凝土管：>80%；球墨铸铁管：<20%
	深圳	钢筋混凝土管：>80%；塑料管：<20%

总体而言，排水管道材质更趋向于使用品质优良、运输方便、经济便捷的材料[4]。

3）排水管网运营模式

目前，水务行业的运管模式多为政府和社会资本合作模式（以下简称 PPP 模式），经营主体一类是地方国有水务企业（或政府），另一类是市场化水务企业。就排水管网运管模式而言，目前主要分为：BOT、TOT、ROT、委托运营、特许经营、ABO、EPCO 等模式（表 6-2）。

表 6-2　排水管网运营模式对比

序号	模式	定义	特点	案例
1	BOT 模式（build-operate-transfer，即建设-运营-移交）	国家或地方政府部门通过特许协议，授予签约方承担公共性基础设施项目的投融资、建造、经营和维护	在一定时期内，项目公司拥有投资建设设施的所有权，并被允许向设施使用者收取适当的费用，由此回收项目投融资、经营和维护成本并获得合理的回报。特许期届满，项目公司将设施无偿地移交给签约方的政府部门	宜昌市主城区污水厂网、生态水网共建项目二期 PPP 工程（BOT+LOT）；湖南省吉首经开区污水处理厂及配套管网工程特许经营（BOT+TOT）项目；仲恺高新区排水及污水处理一体化特许经营项目（BOT）
2	TOT 模式（transfer-operate-transfer，即移交-运营-移交）	政府通过公开招标方式，出让已建成的市政公用设施的资产和特许经营权，中标者在合同期内拥有该设施的所有权和经营权，合同期满后将设施无偿移交给政府	TOT 模式适用于存量项目。在初期，企业获得政府存量项目的所有权和经营权，省去建设环节，可以减少建设风险，有利于收回投资成本	岳阳市中心城区污水系统综合治理一期项目（DBFOT+TOT）；河南省平顶山市区污水处理项目等

序号	模式	定义	特点	案例
3	ROT (rehabilitate-operate-transfer，即改建-运营-移交)	特许经营者在获得特许权的基础上，对过往的旧资产或者项目进行改造，并获得改造后一段时间的特许经营权，特许权期限届满后，再移交给政府的一种模式	ROT 模式适合于需要扩建/改建的水务设施，解决政府缺乏扩建工程资金的问题，同时又将原有设施的运营管理结合起来	济南市中心城区雨污合流管网改造和城市内涝治理大明湖排水分区PPP 项目（BOT+ROT）；珠海香洲水质净化厂一期 TOT 转让及二期扩建 BOT 项目；惠州市梅湖水质净化中心一、二期工程（TOT & BOT）
4	委托运营模式	政府部门将建成或即将建成的污水处理项目，整体委托给专业的污水处理企业进行运营管理，并支付给受托运营企业相应的运营管理费用的经营模式	适合物理外围及责任边界比较容易划分，同时其运营管理需要专业化队伍和经验的水务设施；政府并不急于套现设施投资，而着眼于提高设施运营管理和服务的质量；或者没有足够专业化队伍应对	深圳宝安区排水管网特许深圳金信安水务集团进行委托运营；北京通州区建成区排水管网委托运营项目
5	特许经营模式	政府采用竞争方式依法授权法人或者其他组织，通过协议明确权利义务和风险分担，约定其在一定期限和范围内投资建设运营基础设施和公用事业并获得收益，提供公共产品或者公共服务	特许经营可以采取以下方式：（1）在一定期限内，政府授予特许经营者投资新建或改扩建、运营基础设施和公用事业，期限届满移交政府；（2）在一定期限内，政府授予特许经营者投资新建或改扩建、拥有并运营基础设施和公用事业，期限届满移交政府；（3）特许经营者投资新建或改扩建基础设施和公用事业并移交政府后，由政府授予其在一定期限内运营	北京市政府特许北京排水集团进行中心城区的特许经营；广州市中心城区公共排水设施以特许经营模式授权广州市水务投资集团有限公司运维管理

续表

序号	模式	定义	特点	案例
6	ABO、EPCO	ABO 模式一般指授权（authorize）-建设（build）-运营（operate）模式，由政府授权单位履行业主职责，依约提供所需公共产品及服务，政府履行规则制定、绩效考核等职责，同时支付授权运营费用。EPCO 即设计、采购、施工及运营一体化的总承包模式，是在 EPC 总承包模式基础上向后端运营环节的延伸，通过该种整合方式提高项目的运营效率，降低全生命周期的成本	财政部、银保监会等相关文件（财政部对十三届全国人大四次会议第 9528 号建议的答复（财金函〔2021〕40 号等）明确采用 ABO、EPCO 等尚无制度规范的模式实施项目，存在一定地方政府隐性债务风险隐患	中山市未达标水体综合整治工程（五乡、大南联围流域）EPC+O（勘察设计、采购、施工+运营）；淮南市黑臭水体水质提升工程设计-采购-施工-运维（EPC+O）一体化项目；江门市蓬江区水环境综合治理项目（二期）（EPC+O）
7	政府购买服务	通过发挥市场机制作用，把政府直接提供的一部分公共服务事项以及政府履职所需服务事项，按照一定的方式和程序，交由具备条件的社会力量和事业单位承担，并由政府根据合同约定向其支付费用	政府购买服务不含项目建设，履行期限不超过 3 年，无法满足地方生态环境长期系统治理的需求	南京市江宁区民政局，采用竞争性磋商方式采购 1500 万元、128 个公益服务项目。项目需求涉及扶老助残、救孤济困、社区治理、乡村振兴、城市精细化管理等公益内容

2023 年，国家发展和改革委员会、财政部出台《关于规范实施政府和社会资本合作新机制的指导意见》，要求 PPP 项目应聚焦使用者付费项目，全部采取特许经营模式，优先选择民营企业参与，明确收费渠道和方式，项目经营收入能够覆盖建设投资和运营成本、具备一定投资回报，不因采用政府和社会资本合作模式额外新增地方财政未来支出责任。政府可在严防新增地方政府隐性债务、符合法律法规和有关政策规定要

求的前提下，按照一视同仁的原则，在项目建设期对使用者付费项目给予政府投资支持；政府付费只能按规定补贴运营、不能补贴建设成本。除此之外，不得通过可行性缺口补助、承诺保底收益率、可用性付费等任何方式，使用财政资金弥补项目建设和运营成本。

该指导意见要求，市场化程度较高、公共属性较弱的项目，应由民营企业独资或控股；关系国计民生、公共属性较强的项目，民营企业股权占比原则上不低于35%；少数涉及国家安全、公共属性强且具有自然垄断属性的项目，应积极创造条件、支持民营企业参与。

2. 排水管网建设

随着城镇化进程的不断推进，我国城市排水管道长度始终保持持续增长态势，其中，2012～2022年近十年间，我国排水管道长度每年增长率保持在6%～10%左右。图6-1为1978～2022年我国城市排水管网建设情况。

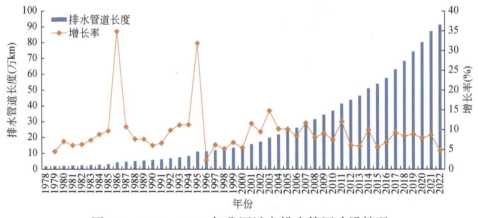

图6-1　1978～2022年我国城市排水管网建设情况

就细分用途和管道结构而言，目前我国排水管道仍以污水管道为主，随着国家对水环境治理、排水防涝等问题的重视，雨水管道、污水管道均表现为持续增长趋势，雨污合流管道表现为持续下降趋势。截至2022年底，我国城市污水管道长度达到42.06万km，较2012年增长24.27万km，十年间增长136.32%；雨水管道长度达到40.70万km，较2012年增长24.91万km，十年间增长157.86%；雨污合流管道长度达到8.59

万 km，较 2012 年减少 1.74 万 km，十年间减少 16.81%。图 6-2 为 2012～2022 年我国城市污水管道、雨水管道和雨污合流管道长度变化情况。

图 6-2　2012～2022 年我国城市污水管道、雨水管道和雨污合流管道长度变化

3. 综合管廊建设

综合管廊指在城市地下建造一个隧道空间，将电力、通信、燃气、供热、给水、排水等各种工程管线集于一体，并设有专门的检修口、吊装口和监测系统，是保障城市正常运行的重要基础设施，有利于进一步保障城市地下管网安全，有效解决城市马路"拉链顽疾"（频繁开挖施工），提高城市地下空间利用率。

自 2013 年有关部门首次提出开展综合管廊试点以来，我国综合管廊建设呈现蓬勃发展趋势；2018 年以后，通过政策引导，呈现"回归理性，科学有序推进"的趋势。根据住房和城乡建设部 2016～2022 年中国城乡建设统计年鉴，截至 2022 年底，全国已建综合管廊总长度达到 7093.75 km，在建综合管廊长度达到 1638.46 km，累计投资额达到 3445.5 亿元，如图 6-3 所示。自 2018 年以来，综合管廊建设的固定资产投资开始逐年减少，但总综合管廊里程仍在逐年增加。

在政府部门规划编制、试点城市、融资管理等方面的上位政策支持下（表 6-3），我国综合管廊自建设以来，在结构形式、附属设施、新材料应用、施工工法、运营维护、投融资模式及收费模式等方面均取得了一定成果。随着政策完善和技术发展，我国综合管廊建设逐渐从高增长期转向理性减缓期，并向集约化和高质量建设方向迈进[5, 6]。

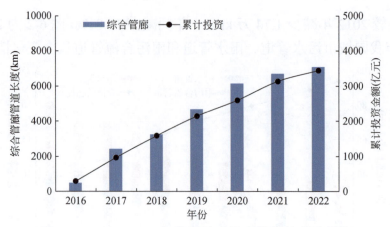

图 6-3　2016～2022 年我国城市综合管廊长度及投资

表 6-3　国内综合管廊部分相关政策、规范

颁布年份	法规名称
2011（2016 年修订）	《厦门市城市综合管廊设计规划指引》
2011	《城市综合管廊规划设计指引》
2013	《关于综合管廊使用费和维护费收费标准》
2015	《关于加快地下综合管廊试点项目建设的实施意见》
	《城市综合管廊工程技术规范》
2016（2020 年修订）	《城市工程管线综合规划规范》
2017	《城镇综合管廊监控与报警系统工程技术标准》
2018	《城市地下综合管廊管线工程技术规程》
2019	《城市地下综合管廊运行维护及安全技术标准》
	《城市地下综合管廊建设规划技术导则》
2022	《地下管线及综合管廊工程标识系统标准》
	《城市综合管廊与轨道交通共建工程技术标准》

4. 排水深隧建设

深层排水隧道多建于地下 30～60 m 的位置，具有对周边环境干扰小、可拓展空间大、排水能力强、调蓄容积大等优点，近年来在排水防涝、污染防治、污水处理厂搬迁和集并工程中的应用越来越多，为大型

和特大型城市基础设施建设和环境改善提供新思路。

国际上，地下排水深隧已应用于巴黎、伦敦、芝加哥、东京等国际化大城市的水污染防治和排洪防涝工作中，取得了较好的治理效果。目前，我国的深圳、广州、上海等城市也在积极探索并应用。根据功能定位，排水深隧主要分为雨洪排放型隧道、污水输送型隧道、调蓄型隧道和复合型隧道 4 种形式。国内已建的排水深隧情况如表 6-4 所示[7-11]。

表 6-4　国内排水深隧建设情况

序号	排水深隧名称	工程规模（长度，直径，埋深）	功能定位	建设时间
1	香港净化海港计划污水隧道	L=23.6 km, D=0.9~3 m, H=100 m	污水输送	1994 年
2	广州深层隧道系统（东濠涌试验段）	L=3.2 km, D=3~6 m, H=30~40 m	雨洪排放 CSO 调蓄	2014 年
3	上海苏州河深隧	L=15.3 km, D=10 m, H=50~60 m	雨洪排放	2017 年
4	武汉大东湖核心区污水深隧	L=17.6 km, D=3~3.4 m, H=30~42 m	污水传输	2018 年
5	深圳前海-南山排水深隧	L=4.1 km, D=6 m, H=30~40 m	雨洪排放 CSO 调蓄	2019 年
6	杭州城西南排通道	L=13 km, D=11 m, H=53 m	雨洪排放	2022 年

地下排水深隧作为传统灰色基础设施，可有效缓解城市局部洪涝及合流制溢流污染、污水转输等问题，建设施工对地表和浅层地下空间影响小。但其建设工程量大、施工周期长、费用昂贵，且隧道建成后运行管理维护复杂，故在决策时，必须考虑其适用条件。

6.1.2　管网技术及产业发展

1. 管网监测和检测

排水管网监测和检测技术主要包括液位监测、流量监测、水质监测和缺陷检测四个方面（图 6-4）。

1）液位监测

排水管网液位在线监测设备按照测量方式可分为接触式和非接触

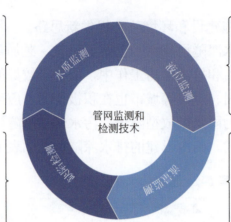

◆ 化学分析法
◆ 电化学分析法
◆ 生物传感技术
◆ 直接光谱法
◆ 质谱法
◆ 色谱法

◆ 投入式压力液位计
◆ 浮子式液位计
◆ 超声波液位计
◆ 雷达液位计

◆ CCTV检测
◆ QV检测
◆ 声呐检测
◆ 电法测漏
◆ 探地雷达法
◆ 红外热成像法

◆ 电磁流量计
◆ 雷达流量计
◆ 超声波时差法流量计
◆ 超声波多普勒法流量计
◆ 超声波互相关法流量计

图 6-4　管网监测和检测技术分类

式两种测量方式。接触式测量方式中常见的监测设备主要是投入式压力液位计、浮子式液位计；非接触式测量方式的监测设备主要是超声波液位计和雷达液位计[12-14]。

目前，排水管网液位监测技术瓶颈主要表现在：

检测精度有待提高。排水管网的复杂性和环境因素，导致现有液位监测技术很难实现高精度实时监测，且由于液位传感器的误差和漂移，也影响监测结果的准确性；如投入式压力液位计和浮子式液位计受到淤泥、油污等影响，影响设备正常运行；超声波液位计也仍然需要解决特定环境条件下的漂移问题。

数据分析能力不足。目前虽已有一些软件和算法对液位数据进行处理和分析，但对异常情况的预警和预测能力还有待提高。这些瓶颈问题限制了排水管网液位监测对可靠性、适应性的需求。

未来，排水管网液位监测技术发展将聚焦于智能化系统的开发，采用机器学习和人工智能技术实现对外部干扰的实时适应；同时推进多传感器融合技术，整合不同类型的传感器以提高监测系统的鲁棒性（Robustness）；重点关注环境适应性技术，以确保监测系统在各种环境条件下的可靠性；此外在技术改进方面，注重研发低成本、易安装的设备，以降低系统建设和维护成本。这些技术进步旨在推动液位监测技术朝着更切实可行、智能化、适应性强的方向发展，更好满足排水系统的实际需求。

2）流量监测

在整个传感器行业，流量传感器是全球产值规模最高的一类产品。流量测量不仅要有瞬时流速、瞬时流量、液位、水温和累计流量的测定，还对测量精度和周期提出更高要求。流量计的种类繁多，而用于地下管网流量测量的流量计主要是超声波流量计、电磁流量计和雷达流量计等。超声波流量计又分为超声波多普勒法流量计、超声波时差法流量计和超声波互相关法流量计[15]。

目前排水管网流量监测技术仍面临一系列挑战，关键问题包括：测量范围的限制，特定技术在监测非满管状态时存在困难，以及不同技术的精度和误差水平的差异；定期校正需求也增加了维护操作的复杂性。这些瓶颈问题使得当前技术设备无法完全适应高精度和全面性排水管网流量监测的需求。

未来，排水管网流量监测技术发展应聚焦于提高测量范围，优化精度和减小误差水平。特别是需要研究新技术以实现对非满管状态的有效监测，满足实际排水系统中液位变化的要求；简化定期校正流程、推动多传感器融合技术的应用，并引入绿色环保技术，这也是未来发展的重要方向，为流量监测系统提供更可靠、高效和环保的解决方案。

3）水质监测

水质监测技术可以分为离线监测和在线监测两个主要类别。其中，离线监测通过手动或其他方式采集水样，在实验室中完成分析；在线监测利用位于监测点的终端传感设备，对水样进行实时分析，并将水质参数结果传输到中央数据库。

回顾监测方法的历史发展，传统方法主要包括被动监测、强制监测和问题驱动监测，然而随着水质监测技术的逐步发展，主动和有针对性的监测方法已经得到广泛应用。水质监测使用的主要检测技术包括生物传感技术、化学分析方法、电化学分析方法和物理方法。在物理方法领域，还可以进一步划分为质谱法、色谱法和直接光谱法。随着国内水质监测企业技术和科研能力的提高，近年来水质监测产品市场国产替代化逐渐增强。

目前排水管网水质监测技术面临多方面的挑战。一方面，部分技术受监测参数限制，未能全面覆盖复杂水质情况；另一方面，质谱法和色谱法等物理方法所需的设备复杂且成本高昂，对于资源有限的排水管网系统而言是一项负担。同时，化学分析法可能导致试剂添加的二次污染风险，而实时在线监测的难度也限制了对水质动态变化的及时监控。

未来排水管网水质监测技术发展应聚焦于综合性、便携性、实时性、环保性等方向。进一步考虑综合多种技术手段，如光谱法和电化学法分析法的结合，以提高水质监测的全面性和准确性；着眼于研发便携式、低成本的监测设备，以降低系统运营成本；还应强化高频低耗实时在线监测技术，通过自动化和智能化手段实现对水质动态变化的及时感知和响应。

4）缺陷检测

对排水管道定期检测，及时发现存量管道的缺陷问题，及时干预，精准修复，可以延缓缺陷发育裂变，提高管道使用效能。常用的排水管道缺陷检测技术有 CCTV 检测、QV 检测、声呐检测、电法测漏、探地雷达法、红外热成像法等。其中，CCTV 检测在国内外已有广泛研究，成为排水管道检测的标准方法；QV 检测在快速检测领域发展迅猛，便携性和高效性使其在快速排查中非常有用；声呐检测技术用于检测管道内异常声音，适用于管道内满水或水位较高且不具备降水条件的情景；电法测漏和探地雷达法在非侵入性检测领域具有潜力，可用于定位管道问题和地下障碍物；红外热成像技术已广泛用于检测管道中温度变化，特别是确定是否存在漏水或堵塞问题。

尽管排水管网缺陷检测有多种技术方法，然而单一检测方法无法适应我国复杂的管道内部环境。如 CCTV 检测需要在检测前排水、清淤，限制了检测的实时性和便捷性；QV 检测无法涵盖大范围管道；电法测漏受管道材料电导率影响较大，在不同管道环境下表现不一致；红外热成像法则容易受到土壤及环境温度干扰，特别是在埋深较大的情况下，检测效果有限。

未来排水管网缺陷检测技术的发展应注重提高实时性、扩大检测范围、降低对环境条件的依赖性。进一步开发将多种影像检查法相结合的检测设备，提高复杂环境的适应性；结合先进的传感器和算法、机器学习等技术，加强数据处理和分析能力，提高检测结果的准确性和可靠性，推动智能化的管道缺陷检测技术发展。

2. 管网非开挖修复技术及产业

排水管网非开挖修复技术是指采用少开挖或不开挖地表的方法进行地下管道修复或更新，按修复范围可分为整体修复和局部修复。整体修复包括原位固化技术、现场制管技术、涂层修复技术、碎裂管技术等，其中以原位固化技术最为常用。局部修复是对管道内的局部破损、接口错位、局部腐蚀等缺陷进行点修复，主要包括点状原位固化技术、不锈钢双胀环技术、不锈钢快速锁技术等。排水管网非开挖修复技术分类如图 6-5 所示[16-18]。

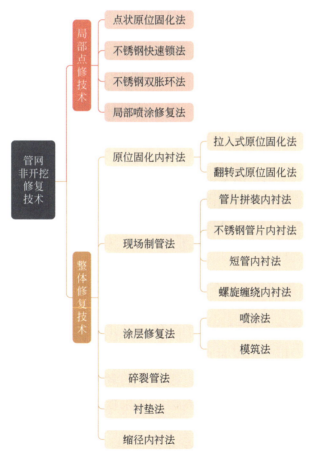

图 6-5 管网非开挖修复技术分类

近年来，翻转原位固化法的应用比例有减少趋势，相比之下紫外光原位固化的推广应用发展迅速，同时管片内衬修复等新型修复工艺也逐渐兴起。大量工程应用表明,非开挖修复技术的选择,需要综合现场条件、管道破损程度、工程投资等多因素确定,是一种多目标优化过程;同一工程中可能同时用到多种修复技术,以发挥综合优势,取得理想修复效果。

3. 管网养护技术及产业

排水管道养护是指在不破坏排水管渠物理结构的前提下,运用疏通、清洗等手段来消除排水管渠的淤堵现象,进而完全恢复或部分恢复管渠的过水断面及转输功能。在排水管网养护工作中,管道的疏通清洗是核心任务,其养护技术包括人力疏通、简易器具疏通、机器疏通清洗和水力疏通清洗四类(图6-6)。

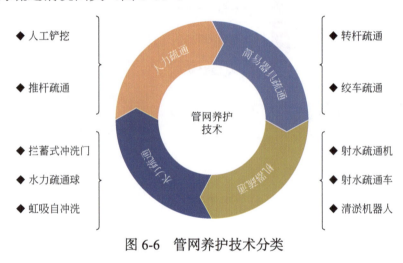

图 6-6 管网养护技术分类

目前,我国排水管网的养护维修已逐步向机械化、自动化过渡,逐渐采用钻杆通沟机、高压射水车、真空吸泥车等设备,以"抓、冲、吸"的新方法来代替"竹片、大勺、绞车"的老方法;从突发冒溢堵塞时的应急清通进展至科学的预防性养护;从呆板的日常管道养护逐渐过渡到基于信息化的系统现代化作业管理;传统低效的排水养护方法逐步被具有人文关怀、高效低耗的技术所替代[19-21]。

常用的养护方式适用条件及优缺点如表 6-5 所示,每种作业方法的适用效果与管道实际运行状况有关,应在掌握管道工况的基础上,结合管道规格和属性,选择相适应的作业方法。

表 6-5　常用养护方式对比表

养护分类	养护方式	适用管道	优点	缺点
人力疏通	人工铲挖	大型管、明沟渠	成本低、见效快	安全隐患多、劳动强度大
	推杆疏通	小型管（DN600 以下）	成本低、技术难度小	施工效率低，推力小，扰动积泥有限
简易器具疏通	转杆疏通	小型管（DN600 以下）	比推杆疏通节省人力	需要提供点源，扰动积泥有限
	绞车疏通	小型管、中型管、大型管（DN1500 以下）	清理效果好，适用范围广	对场地要求高，疏通速度慢，费工费时
机器疏通清洗	射水疏通车	小型管、中型管、大型管、倒虹管（DN1000 以下）	对常见缺陷清理效果好，简便安全	疏通中型以上管道需要低水位运行
	清淤机器人	大型管、特大型管、明沟渠	无需人下井作业，安全系数高	
水力疏通	拦蓄式冲洗门	小型管、中型管、大型管	冲洗成本低、效果好	需要安装相应设备
	水力疏通球	小型管	价格便宜、操作简单	管道高水位不宜使用

4. 厂网河一体化技术与产业发展趋势

厂网河一体化技术是将污水处理厂（再生水厂、净化水厂）、排水管网和河流（湖泊）生态系统整体串联协同发展的技术，旨在解决河流污染、水安全、水生态的问题。近年来，国家和地方政府高度重视城市生活污水治理以及黑臭水体整治，并针对污水厂网设施建设不同步、运管脱节等问题提出一系列相关政策要求，倡导厂网一体化建设和运行。

2019 年 4 月，住房和城乡建设部等三部委联合印发《城镇污水处理提质增效三年行动方案（2019—2021 年）》，明确提出"积极推行污水处理厂、管网与河湖水体联动'厂—网—河（湖）'一体化、专业化运行维护，保障污水收集处理设施的系统性和完整性"。2021 年 6 月，国家发展和改革委员会、住房和城乡建设部联合印发《"十四五"城镇污水处理及资源化利用发展规划》，再次强调"推广实施供排水一体化，'厂—

网—河（湖）'一体化专业化运行维护，保障污水收集处理设施的系统性和完整性"。《室外排水设计标准》（GB 50014—2021）也指出：配套管网应同实现能源、环境和生态的协同发展。厂网河一体化技术与产业将逐步向着厂网规模匹配发展，厂网管理有效协同能够联动调度，智慧化系统化管控发展。

5. 管网智慧管控技术及产业

智慧水务是通过信息化技术、物联网技术、大数据技术等手段，对水资源的监测、调度、管理和利用进行智能化、自动化和系统优化的一种水务管理模式[22]。2022 年 7 月，住房和城乡建设部、国家发展和改革委员会联合发布《"十四五"全国城市基础设施建设规划》，要求加强泛在感知、终端联网与智能调度体系构建。以北京、上海、深圳等城市为代表，一些城市也提出要加快智慧水务建设，推进传统基础设施智能化升级。

1）智慧排水及智慧决策技术

智慧排水作为智慧水务的重要组成部分，是体现城市水务治理智能化水平的重要标志之一。智慧排水的核心作用是基于城市已有的排水设施，实现对排水设施运行状态的实时监测控制和排水设施的智慧化管理，达到"实时监测、预警预报、动态管理、智慧管网"的总体目标，从而提高管网诊断评估、城市内涝防治、溢流污染控制等方面的实际应用能力。

智慧排水目前正处于由信息化阶段向物联网阶段、人工智能阶段迈进的过程。其中，物联网阶段的特点是以物联网技术为核心，依托互联网达到排水管网信息智慧感知、互通互联，是目前我国城市排水系统建设的主要形式，与信息化阶段相比，这一阶段具备平台多样化、信息实时化、功能智慧化的特点。人工智能阶段是在智慧感知的基础上，耦合新型传感技术、大数据技术、人工智能算法、排水管网数学模型等手段对排水管网智能化诊断和优化调度调控，实现排水管网智慧化决策[23]。

智慧决策是智慧排水的关键核心技术，在城市排水系统中担负"大脑"功能。表 6-6 从排水管网诊断评估、城市内涝防治和溢流污染控制方面总结了智慧决策中的技术方法和特点。

表 6-6　城市排水系统智慧决策技术

智慧决策技术模块	细分领域	技术方法	特点
排水管网诊断评估	管道检测智能识别技术	CCTV 图像人工智能识别技术	人工智能图像识别可提高 CCTV 管道缺陷判读的效率，但成本高昂且在高水位情况下不具现实性
	排水管道数字化诊断技术	全局水量平衡分析技术	第一层次，较为宏观，无法解决未知接管去向和水量的情况
		水量水质分区诊断技术	第二层次，是智慧水务平台中管网数字模型的基础，可实现水量来源分区溯源解析
		溯源反演技术	第三层次，进一步拓展智慧排水的实现途径和应用价值
内涝防治与溢流污染控制	城市内涝预警技术	基于数值模拟的地面积水预测	时空尺度上精细模拟
		基于机器学习的地面积水预测	明显降低了模拟计算时间，响应速度更快，便于操作
	城市排水系统优化调度技术	基于机理模型的排水系统优化调度	耦合管网水动力水质模型（如 SWMM）和优化算法（如遗传算法）
		基于数据驱动的排水系统优化调度	提高排水系统优化调度的精准性，但需要先验数据

2）智慧排水机理模型及人工智能算法

在城市智慧排水智慧决策中，成熟的机理模型、基于经验关系的非机理性描述方法或概念模型，以及先进的人工智能算法是实现智慧化的关键。20 世纪 70 年代，美国环境保护署发布暴雨洪水管理模型（SWMM），包括对城市降雨径流和排水管网输送过程的模拟，代表着城市排水系统水动力模型开发的开端；80 年代在计算机技术推动下，城市水动力模型得到推广的同时，污水处理厂动态模拟模型研究取得突破；90 年代对水质模拟理论方法的研究促进了水动力学模型和水质模型的耦合。2000 年左右，地理信息系统（GIS）被用于城市排水系统平台信息化中，图形化界面展示更为直观。近十几年来，随着水环境治理要求的提高和对模型应用要求的提高，城市排水系统混合模型、实时控制（RTC）模型在城市排水系统管理中得到广泛研究和应用，各种数据驱动的人工智能算法在城市智慧排水中逐步发展应用且能够进一步地提升预测精度[24]。表 6-7 总结了应用于城市智慧排水的各类模型及特点。

表 6-7 城市智慧排水机理模型和人工智能算法

模型分类	模型	详细说明
机理模型	水文过程模拟（理查德方程、圣维南方程）	机理性水文模拟完全按照物理定律描述降雨径流过程，理查德方程描述土壤水位移，圣维南方程描述地表漫流和河道汇流过程
	水力传输过程	机理性水力传输过程使用圣维南方程描述自由表面水体流动，一维管道采用其求解管道水体流速和水深
	水质模拟	包括污染物累积与冲刷模拟方法，污染物在管网系统中的传输通常采用连续流完全混合反应器模拟
经验模型/概念性模型	水文过程模拟 径流系数法	经验模型，最简单的由降雨推算径流量方法，一般用于推算最大瞬时流量，以确定排水管道设计参数
	单位线法	经验模型，根据历史实测水文资料整理单位时段内的径流过程线，作为计算未来净降雨和径流关系的依据
	SCS-CN 模型法	径流虚线数值模型，适用于中小流域及城市水文学计算的经验模型
	非线性/线性水库法	地表径流采用非线性的概念性水库法模拟，并采用曼宁方程描述汇流过程，排水管网模型如 SWMM、InfoWorks、ICM、PCSWMM 等水文模拟部分采用的是非线性水库模型
	概率分布模型	前提假设土壤湿度根据概率分布，有效降雨为除去蒸发、土壤蓄水后的地表和地下水蓄水
	水力传输过程 马斯京根法	概念性模型，前提假设是河道存水量由柱状蓄水和楔状蓄水两部分组成，最初被用于河道水流模拟
	静动态体积法	可用于模拟河道和排水管网中的水力传输
	连续概念水库法	可分为连续线性概念水库法和连续非线性概念水库法
	水质模拟	污水处理过程模拟方法中的概念性模型包括连续时间-随机状态模式的灰箱模型

续表

模型分类	模型	详细说明
机器学习算法	回归分析（RA）	研究因变量和自变量之间的关系，可用于简单的时间序列模型预测
	多层感知机（MLP）	包括输入层、隐藏层、输出层，参数量较大，可应用于排水管网三维渲染
	随机森林（RF）	建立决策森林，原理简单且训练速度快，可应用于缺陷诊断、内涝风险预测等
	支持向量机算法（SVM）	算法简单且鲁棒性较好，适用于小样本非线性学习，可应用于积水深度预报
	卷积神经网络（CNN）	具有局部连接、权值共享的特点，适用于处理图像相关机器学习问题，可应用于排水管网缺陷识别
	循环神经网络（RNN）	上一时刻的神经网络输出数据和当前时刻的输入数据作为输入层，适用于时间序列数据处理，可应用于排水系统实时优化控制，雨天在线调蓄等
	长短时记忆神经网络（LSTM）	加控机制解决 RNN 时间序列长期依赖问题，可应用于降雨预测、雨天溢流预测等
	径向基函数神经网络（RBF）	由非监督式和监督式学习两个阶段组成，训练速度快，可应用于污水管道缺陷检测
	自注意力模型（Transformer）	基于自注意力机制的序列至序列模型，能够关注全局和局部信息，可应用于缺陷检测

3）排水管网智慧化运营管控平台

排水管网智慧化运营管控平台是智慧排水关键技术、各类机理模型和人工智能算法集成并发挥示范应用作用的系统。随着大数据技术、物联网技术、地理信息技术和虚拟现实等技术，我国排水管网智慧化运营管控平台的建设正朝着数据资源化、控制智能化、管理精细化、决策智慧化的方向高质量发展。表 6-8 总结了我国部分城市排水管网智慧化运营管控平台的架构与特点等。总体来看，排水管网智慧化运营管控平台总体架构涉及数据获取与存储、处理和分析、业务应用等方面，基本包含感知设施与通信层、数据层、应用与服务层、客户端层。

表 6-8 排水管网智慧化运营管控平台对比

平台所属单位	总体架构	特色功能	特点与不足
中国市政工程西南设计研究总院有限公司	感知层、通信层、数据层、物联网层、应用层、客户端层	沿海排水管网漏损预警、面源污染评估	传感器类型和应用服务较少,人机交互能力欠缺,网络传输方式单一
北京城市排水集团	感知交互层、基础设施层、数据中心层、平台层	城市防汛调度体系、厂网一体化运营管控	感知监测功能强大、平台类型多,缺少人机交互能力
杭州市市政设施监管中心	基础设施层、数据层、应用与服务层、表现层	污染源动态监管	智慧排水云服务中心提供统一基础服务,优化调度能力和人机交互能力欠缺
福州市勘测院	感知层、网络层、平台层、数据层、应用层、使用者层	融合北斗卫星导航、空间数据一体化管理	GIS 空间分析功能强大,传感器类型较少
北京京航计算通讯研究所	感知层、网络层、数据层、服务层、应用层、展现层	"一张图"理念实现分析、预警、调度、应急、监控监测	"一张图"展示效果良好
宁波市城市排水有限公司	支撑层、数据层、应用与服务层、应用系统层	源—网—厂全过程监控	辅助决策与统计分析能力欠缺,运营管理体制应完善跨部门协同
温州市排水有限公司	基础层、数据服务层、业务应用层、人机交互层	BIM 设施漫游与管理、统一接口标准	人机交互能力较好,仿真能力弱

4）智慧水务产业发展

近年来,伴随着物联网、大数据、人工智能等新一代技术的突破,智慧水务行业发展在经历信息化和数字化后迎来智慧化的蜕变。我国智慧水务行业步入快速发展阶段,市场规模逐步扩大(图 6-7),产业链条趋于成熟。根据《城镇水务行业智慧水务调研分析报告(2020 年)》统计,自 2014 年智慧水务项目开始落地,市场规模为 65.6 亿元。而后逐年增加,2021 年市场规模达 102.9 亿元,2022 年约为 122 亿元。

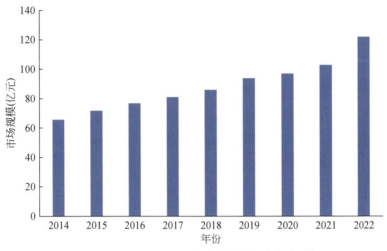

图 6-7　2014～2022 年智慧水务市场规模

智慧水务平台总体架构各层的软硬件需求促进了智慧水务产业链条的完善与成熟,现阶段的智慧水务产业链条包括上游感知设施与通信层、中游技术平台层、下游应用与服务层。上中下游产业链条及代表企业如图 6-8 所示。

图 6-8　智慧水务产业链条与代表性企业

从智慧水务企业方面来看，我国智慧水务企业发展态势迅猛，企业分布地域性特点突出，体现了我国智慧水务行业发展与区域经济发展水平及信息技术发展水平等因素息息相关。根据中国企业数据库企查猫数据统计，截至 2023 年 12 月 1 日，注册资金 1000 万元以上且在业或存续的中国智慧水务企业共 17465 家，2021～2023 年为主要注册热潮，年注册企业均超过 2000 家。中国智慧水务主要企业 2000 年以后年注册数量如图 6-9 所示。

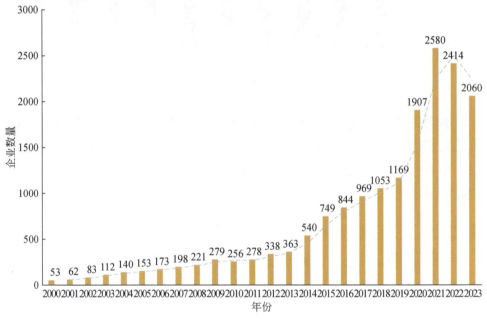

图 6-9　智慧水务主要企业年注册数量

我国智慧水务/智慧排水发展至今已取得了较大的进步和成果，但仍存在亟需解决的问题，包括但不限于：

现阶段我国水务行业智慧化建设业务协同能力不足。水务行业建设缺乏整体规划，大多数地区和单位依据自身需求独立开展业务，排水企业的信息化系统无法有效耦合，业务深度和广度无法深入拓展。

智慧决策能力不足。现有的水务智慧化平台建设重业务管理，对历史和监测数据的深入挖掘和人工智能分析相关研究在智慧化平台的应用程度较低，数据对于智慧化决策的支撑力度有待提升。

6.1.3　管网技术研究及布局

当前，随着我国海绵城市建设、黑臭水体治理、污水系统提质增效等重点工作的开展与实施，排水管网技术研发对城市水环境保护的重要支撑作用进一步凸显。围绕重点流域环境问题与挑战，国家安排重大流域研究计划、重点研究、重点专项等，进一步增强科技研发供给的系统性、有效性、针对性，有力推动技术进步、技术创新。

根据国家自然科学基金项目，目前排水管网技术研究工作主要集中在三个方面：一是排水管道腐蚀、污染物沉积转化等理论及技术方面，包括排水管道沉积物中主要污染物的累积、释放、转化、转移等机制及原理；二是管道监测检测技术开发及研究方面，包括排水管道检测机器人技术研发、排水管道缺陷智能检测与识别等；三是排水管网与排水防涝、海绵城市等方面的研究。此外，各大高校、科研机构和环保/水务公司等对排水管网温室气体排放及能源提取、降雨条件下大流域排水系统的洪涝风险评估、管道结构安全等方面正开展相关研究工作。

"十四五"国家重点研发计划重点专项"长江黄河等重点流域水资源与水环境综合治理"围绕六大任务进行立项布局（图 6-10）。通过基础理论研究、关键技术与装备研发、流域管理创新、典型区域和小流域集成示范，支撑长江、黄河流域水安全保障与治理能力的实质性提升，形成重点典型流域水系统治理范式，并进行推广应用。

图 6-10　"长江黄河等重点流域水资源与水环境综合治理"六大任务

其中，中国长江三峡集团有限公司牵头"城市污水管网智慧化管控关键技术研发与应用示范"项目（所属"长江黄河等重点流域水资源与水环境综合治理"），围绕污水管网运行动态监测、非常规运行状态诊断、生化过程控制、优化运行调度和智慧管控数字孪生，开展污水管网智慧化管控关键技术和装备研究及集成示范，形成可复制可推广的城市污水管网智慧化管控模式，为城镇污水处理高质量提质增效提供科技支撑（图 6-11）。

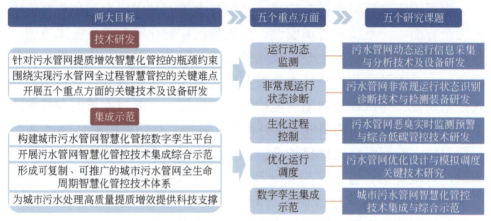

图 6-11　"城市污水管网智慧化管控关键技术研发与应用示范"课题研究

6.2　管网技术链产业发展范式

随着城市绿色、可持续、高质量发展的需求，排水管网的运行维护正由粗放式管理，逐步向精细化、系统化、数字化管理转变。排水管网产业模式及技术也将随着管网运行维护管理水平提升及科技快速发展，发生质的飞跃：从以排水管网规划建设为重点逐步向以运行维护为重点，从排水管网工程施工建设技术向管网监测和检测技术、管网非开挖修复技术、管网养护技术及管网智慧管控技术发展。本节选取北京中心城区排水管网系统、深圳流域排水管网系统、广州市区综合排水系统、重庆区域排水管网系统、常州一体化排水系统五个具有持续发展范式的地域排水系统，分析梳理排水管网运营管理模式、技术发展经验、产业统筹发展优势，总结排水管网技术链产业发展范式，以期为排水管网产业持续高质量发展提供参考。

6.2.1　北京中心城区排水管网系统

1. 背景

北京中心城区特许经营范围内拥有 10000 km 排水管线，101 座排水泵站，约 900 km 再生水管线，22 座再生水泵站。17 座再生水处理厂，日处理能力 450 万 m^3，年产再生水 12.4 亿 m^3。

2010 年，北京市中心城区完成了涉水业务重组，北京排水集团接收排水管网资产、设施和人员，实现对中心城区排水设施实施集中统一管理，主要负责北京中心城区雨污水收集、处理、再生水利用和防汛保障等工作。其中，成立了专业化公司——北京北排建设有限公司，以排水管网应急抢险保障、工程建设、厂网运维为主营业务；成立北京北排装备产业有限公司，在排水管网领域形成专业化设备集成优势；在排水管网可再生能源利用领域成立北京北排能源科技有限公司，整合集团内部水源热泵、有机质发电、光伏发电等绿色清洁能源业务。

2. 举措

北京中心城区排水管网的管理过程中，存在两个方面的突出问题，一是在厂网设施多头管理、分散管理的格局下，雨污水收集、处理、回用等设施难以形成紧密联动和系统化管理；二是在厂网设施系统的投融资、建设、运营等分散管理的格局下，各环节间脱节问题比较突出。这两方面问题经常会导致系统规划难以落实，投融资、建设和运营难以统筹，水厂和管网难以衔接，污水收不上来直排入河、汛期因排水不畅而形成城市内涝等问题。

为着力解决所遇到的突出问题，将北京中心城区城镇污水处理系统作为整体，推动厂网融合，雨污水的收集、处理、回用等厂网设施相互联通、互为联动、彼此影响，共同构建一个完整的、具有循环性的设施系统，采取厂网一体化投资、建设、运营的管理模式，符合其设施系统运行规律，有利于增强系统的完整性、发挥系统的整体性功能。

2010 年，北京市政府部署实施市中心城区涉水业务重组改革，由北京排水集团对市中心城区全部污水处理系统厂网设施进行集中管理、一体化运营。2014年，北京市政府与北京排水集团签订特许经营协议，将北京中心城区排水和再生水设施投融资、建设和运营特许经营权授予北排，全面确定政府和企业之间的契约关系和各自的权利义务。由北京排水集团对全市主要排水设施进行统一投资、统一建设、统一管养，政府统筹制定规划目标、考核标准、付费标准、建设标准和管养标准，根据考核结果由市财政统一支付服务费。

1）排水设施快速、均衡发展和系统化加强

近年来，北京中心城区排水管网以厂网一体化运营技术发展为核心，对城镇排水系统的污水处理厂和排水管网进行统筹建设和协调运行，保障整个排水系统运行安全和高效。推进中心城区特许经营范围内的处理厂站、管线和再生水设施的工程建设，强化厂网一体建设，实施统筹规划、建设时序同步，实现排水设施快速、均衡发展和系统化加强。

2013～2015年，以污水处理和再生水设施建设、雨水泵站升级改造、排水管网和再生水管网建设为重点，着力全面提升污水处理系统厂网设施能力，适度超前扩容处理设施规模，将污水处理厂全部升级为再生水厂，出水水质指标达到地表准IV类标准。同时，统筹考虑流域内及流域间（跨流域）水量平衡问题，通过建设调水管、泵站等设施，实现流域内和流域间（跨流域）水厂水量合理调配，提早布局，领先启动，为水污染防治和城市水安全保障积累先发优势。

2016～2018年，以实现水环境还清为目标，以污水收集与截污管网系统完善建设为重点，提升污水收集功效，大力削减排入水环境的污染负荷。

2019～2021年，以面源污染和溢流污染消减、小微水体整治为重点，全面推进城乡水环境治理工作，持续改善城市水环境质量。

2）厂网一体化管理

北京排水集团基于雨污水收集、处理、回用设施及下游水体连接联通、互相影响、相互联动的内在特性和规律，对污水、再生水、污泥处理处置设施、排水管网的运营进行覆盖点源和面源的全系统统筹和调度，进行协调运行，以保证城市排水系统安全高效运转。

以河道流域为单位组建各流域分公司，按照各排水分区实施网格化管理，按照管线拓扑关系建立排水小流域，形成点、线、面结合的小流域精细化管理格局，精准实施源头监控和超标溯源。

完善水厂、管网、泵站一体化调度方案，确保每类设施发挥应有作用，实现"水质保障、水量均衡、水位预调"的系统化运营。完善厂网一体防汛机制，建设集实时监测、预警、会商、调度指挥等功能于一体的信息化管理系统，管网、泵站、水厂全体人员各司其职，及时发现突发问题，有重点有针对性地加强应急抢险力量，有力提升安全运行保障水平。

实施厂网一体管理后，中心城区清河、坝河、通惠河、凉水河实现还清，首都水环境、水安全保障度显著提升。

6.2.2　深圳流域排水管网系统

1. 背景

深圳市总面积 1997.47 km²，建成区面积 956 km²，城市水质净化厂 36 座，处理能力达 624.5 万 m³/d，分散式污水处理设施 43 座，处理能力达 133.93 万 m³/d，市政排水管渠总长 1.59 万 km（雨水管渠 0.72 万 km，污水管渠 0.63 万 km，其他各类管渠 0.24 万 km）。

2019 年 5 月，在深圳水务集团之上成立了市属国有全资水务控股集团——深圳环境水务集团，作为深圳市主要管网运营管理企业，通过全要素统筹发展，实施并实现供排水一体化管理，源厂网河一体化管理。目前，运维 9036 个排水小区，排水管网 2 万 km，市政雨水管渠 4200 km，污水管渠 2700 km，净化厂 22 座（处理能力 386.4 万 t/d），分散处理设施 16 座（处理能力 9.31 万 t/d），河道运维 122 条（总长度 389 km），水库运维 52 个。

2001 年以前，深圳市排水设施主要由政府部门直接负责运营管理。2001 年以来，深圳市排水行业经历了原特区内供排水合并、排水设施特许经营（包括 BOT、TOT 和委托运营）、政府涉水事务一体化等多次改革，政府部门通过采购服务的方式，将排水设施委托给专业企业运营，集中力量做好排水行业监管工作，从而实现了政事分离。目前采取特许经营/专营模式，原特区内由市水务集团运营，原特区外由区属国有排水公司运营，全面推进了排水管渠运维的专业化、机械化、数字化和智能化，并且在茅洲河、深圳河、观澜河、龙岗河、坪山河五大流域积极推进"厂—网—河"全要素治理模式。

2. 举措

深圳市排水管网发展以流域为单元，根据流域水系的特点，系统规划水污染治理，统筹推进"厂、网、河"各项工作任务。特别是以管网为核心，打造雨污分流排水体制，构建"排水户—毛细管—支管—干管—污水处理厂"路径完整、接驳顺畅、运转高效的污水收集处理系统，确保污水入厂、清水入河，逐步建立健全"厂—网—河"一体化运行的长效工作机制体制。

1）构建流域"厂—网—河"一张图一体化管理责任主体

绘制"厂、网、河、站、泥、池、源"全要素一张图，通过厂网联动、河网联动、上下游联动、市政水务设施联动等实现全要素治理。在茅洲河、深圳河湾、观澜河、龙岗河、坪山河等流域，积极推行"厂—网—河"专业化、一体化运维模式。针对流域水环境治理的特征及困境，以流域为单位，发挥企业运营、技术、管理优势，以河流水质为目标导向，创新建立厂网河一体化全要素治理模式，目标为"源头管控、过程调控、结果可控"。2018 年 7 月，深圳市治水提质指挥部成立深圳河流域下沉督办协调组，明确深圳水务集团为流域排水设施统一建设运营主体和责任主体。深圳水务集团成立盐田、罗湖、福田、南山、布沙五家区域分公司，全面增效各区供排水保障与服务能力。

2）全流域"厂—网—河"一体化智慧统筹调度

成立流域管理中心，分别编制《流域污水统筹调度方案》，全面梳理流域内"厂、网、河"全要素的基本情况，明确调度原则和目标，分别制定旱季调度方案、雨季不同工况下调度方案及应急调度方案，指导各流域管理中心更好开展"厂—网—河"一体化运维与调度工作。流域全要素调度系统包括以下内容：

"一个中心"：构建统一指挥调度中心，实现流域权责统一，破除管理壁垒。

"二张总图"："厂网河"全要素信息图、GIS 信息图。

"三大系统"：搭建监控、分析、调度三大支撑系统，打造感知—

决策—实施的智慧化调度管控平台。

6.2.3　广州市区综合排水系统

1. 背景

广州市域面积 7434 km²，建成区面积 1350.95 km²，城市污水处理厂 65 座，处理能力 800 万 m³/d，排水管道长度 4.3 万 km，再生水管道长度 13.5 km。2018 年，广州市政府印发《关于组建广州市城市排水有限公司的工作方案》，成立城市排水有限公司（市水投集团分公司），将中心六区公共排水设施以特许经营方式交由市水投集团管理，市排水公司具体执行，并明确管理职责及付费方式。同时，制定《广州市城市污水处理特许经营补充协议》，进一步明确经营范围、排水设施管理计费及付费方式。特许经营费用包括污水处理服务费、初雨处理服务费、公共排水设施运维服务费等 3 项内容，其中，污水处理付费、初雨处理付费、公共排水设施养护费单价分别为 2.3 元/m³、0.22 元/m³ 以及 76 元/延米。采用使用者付费+可行性缺口政府付费方式，由市区两级按比例出资。

2. 举措

2018 年，广州市委、市政府批准成立广州市排水有限公司，改变了中心城区排水设施"市、区两级+雨污分割"的多头管理模式，组建覆盖全面、责任清晰、技术先进、管理精细、产业现代的公共排水设施运营维管队伍，有效实现城市公共排水设施"一体化"管理。

广州排水公司管养排水管网 1.6 万余千米，提出城市排水管网"片区化+网格化"管理模式，将广州中心城区 13 个污水系统划分为 43 个片区，实行片长负责制；设置 77 个考核点，重点对污水浓度和排水管网满管率等运行指标进行考核，形成范围上"横向到边、纵向到底"，责任上"源头到末端全覆盖+可追溯+可倒查"的排水精细化管理模式，污涝同治，排水管网运行效能持续提升，城市排涝能力同步提高。

创新"点-线-面"三级防内涝应急抢险布防体系，完善预报预案制度体系、预警体系、应急指挥体系，明确组织指挥架构、响应启动条件、应急抢险流程、易涝风险位置、现场处置措施等，提升防内涝应急抢险工作精细化、标准化水平。统筹制定"厂—网—河"调度方案并严格进行实时，提出污水厂网最优运行水位，制定晴天、雨天污水处理厂运行调度方案以及突发状况应对机制，使"厂网河"形成循环的运行系统，实现了"厂—网"一体化管理。

1）强化雨污管网管理，系统化提升排水能力

低浓度工业废水、施工基坑水等排入市政管网以及汛期雨水进入污水处理厂，极大影响了污水厂提质增效的进一步推进。2018 年以来，广州市全面开展黑臭水体整治攻坚战，为实现国、省考水质断面及黑臭河涌水质治理成效，广州污水系统对大量的低浓度外水进行了收集处理。2019～2021 年，全市大力开展污水提质增效 3 年行动，积极推进污水系统外水排查、截流系统异常水量调查、雨污水混接排查、管网清淤维护等，全面开展提质增效"挤外水"，污水厂进水浓度逐年提升，2021 污水集中收集率及进水浓度较 2018 年分别提升 18.3%、12.4 mg/L，效果显著。

2）强化源头管控，提升污水收集处理效能整合

动员全市各级各部门、各区、街、镇的力量，从源头整治各类错混接以及低浓度外水，提高进水浓度。水务管理部门督促各区继续加快推进排水单元清污分流、达标创建等工作，并对排水单元的接驳井水质进行检测。生态环境管理部门负责整治工业废水排放，对处理达标的工业废水，原则上直排河涌，不占用市政污水设施空间。地方农业部门负责整治农田灌溉水、鱼塘水等。由住建、交通、水务等部门强化建筑工地管理，杜绝建筑基坑水违规排入市政污水管网。

3）强化工业废水管理，建立协同运行机制

由地方生态环境部门牵头，做好工业废水接入城镇污水排查工作，细化明确鼓励和禁止接入的工业行业名录，确定评估程序和接入标准。对评估认定不能接入的，要依法限期退出，并精准监控，严格"一企一管"。对评估后认定可以接入的，建立规范的废水排放企业与城镇污水处理厂协同运行机制。合理规划并严格执行不同工业废水的排放时间段，使城镇污水处理厂可以最大限度利用和平衡营养源，促进城镇污水处理提质增效。

6.2.4　重庆区域排水管网系统

1. 背景

重庆市域面积 7434 km²，建成区面积 1350.95km²，共有污水处理厂 85 座，处理能力 450 万 m³/d，排水管道长度约 2.5 万 km。重庆市排水产业主要由三家单位进行管理：重庆市住建委内设排水管理处，负责城镇排水与污水处理的监督管理；重庆市住建委直属事业单位——重庆市城镇排水事务中心，作为产业设施管理部门；成立于 2001 年的重庆水务集团，作为产业化专业管理公司。

2. 举措

1) 全面有序推进排水管网新建补建、更新改造

重庆市将管网建设融入城市基础设施建设、城市提升、城市更新项目中一体化推进，分年度制定建设计划，落实建设主体、建设时序并监督实施，基本消除城中村、老旧城区和城乡接合部管网空白区，基本消除城市建成区生活污水直排口；同步推进管网更新改造，超额完成管网改造规划目标。

"十三五"期间，累计新建城镇污水管网 1.185 万 km（城市污水管网新建 3080 km，乡镇污水管网新建 8680 km），并扎实开展管网缺失整改，共补建缺失管网 560 余千米，完成第一轮中央环保督察反馈的城市污水管网建设滞后和主城 28 个片区管网缺失问题整改。在管网排查的基础上，重点查找合流制管网、雨污错接混接点，梳理截流井、溢流口问题，逐年加大合流制管网、雨污错接混接点改造力度，累计完成管网改造 930 km，实现管网收集效能提升。

2) 强化规划、政策、机制支撑

编制专项规划，按照"聚散结合、分流域治理"原则，扎实推进中心城区排水专项规划和全市"十四五"建设规划编制工作。完善政策标准，起草《重庆市城镇排水与污水管理条例》，编制《重庆市排水管网设施养护维修定额》《重庆市城镇排水户监测工作指南》《山地城市排水管渠运行、维护及操作安全技术标准》等。

3）推动排水"厂网一体"管理机制改革

已初步形成了《重庆市城市排水"厂网一体"管理机制改革试点实施方案（征求意见稿）》和《重庆市城市污水处理按效付费管理办法（征求意见稿）》等文件。按照"分步分类、试点先行"的原则，先后推动实施巴南区花溪河、沙坪坝区清水溪及凤凰溪、梁平区龙溪河等流域综合治理项目，实现了单一流域内的排水"厂网一体"管理探索。

6.2.5 常州一体化排水系统

1. 背景

常州市域面积 4385 km^2，共有污水处理厂 12 座，处理能力 113 万 m^3/d，排水管道长度约 9300 km。常州市排水产业实施主体为常州市住建局下属事业单位常州市排水管理处，下辖 5 座城市污水处理厂，66 座污水中途提升泵站，13 座铁路雨水立交泵站，382 km 污水管道和 516 km 雨水管道。

20 世纪 90 年代，常州市排水管理处与常州市排水公司开始实行"两块牌子，一套班子"的管理体制，探索形成"规建管养一体化、厂站网一体化"体制机制。2000 年以来，常州市排水管理处先后组织实施污水处理设施建设、流域水环境整治、污水限期截管和老小区雨污分流改造等项目。2006～2008 年，重点推进"清水工程"水环境整治，先后完成 36 条河道的污水截流工程建设；2009 年起，在落实长效管理基础上，扩大整治区域，实施 15 条河道污水截流工作。

2. 举措

1）统筹雨污一体化管理，形成"大排水"格局

逐步形成从雨水到污水、从市政道路到厂站网、从排水防涝到初期雨水治理、从沿河截污到黑臭水体治理、从污泥焚烧到中水回用，集职能、区域于一体的城市"大排水"格局。基本实现了四个全覆盖：一是规划全覆盖，市区排水管网统一规划、统筹建设、共建共享；二是管网城乡全覆盖，雨污水全系统和城乡一体化管理，污水设施建设、运行覆盖到各乡镇和开发区；三是行业管理全覆盖，承担接管审批、污水排放源头监管、雨污水工程建设规划及技术审查、行业标准规范制定、工程建设质量监督等行业管理；四是技术创新全覆盖，最大限度发挥城市污水基础设施的效益和功能。

2）夯实"大排水"规划建设基础，确保系统高质量运行

考虑实际情况，在规划中提出"分流为主，截流为辅"的排水体制。在管网规划系统性、污水转输系统安全性及未来发展需求上，注重已建管网系统缺陷弥补，实施过程中以新带老，并定期评估城市总体规划变化及上轮排水规划与实际运行情况的符合性。设计阶段重点考虑实施的可行性、工程质量的目标可达性、运行维护的便利性及保障性要求。

3）加强全过程监管，高质量建设排水管网

常州排水管网建设包括自建和第三方主体投资建设的排水管网。自建管网由建设单位牵头，从设计、施工、验收移交全过程，注重建设单位、监理、质监部门对工程质量的监管。常州市排水管理处对管材选用、窨井、施工方案选择进行审核，做好技术标准确定、预处理设施核查、功能性试验、CCTV 检测、验收及移交管理等环节管理，并在施工过程中同步做好质量问题整改，不合格的管道不移交使用。对第三方主体建设的管网，常州市排水管理处提前介入管道规划的合理性评估，质监部门将市排水处出具的污水管道验收意见作为整体工程验收的前置条件，管理相关方（业主、排水管理部门、质监等）统筹协调；不合格管道不出具验收合格证书，业主方不支付工程款，未移交的管道不允许企业接管，督促倒逼第三方建设主体努力保障管网建设的工程质量。

6.3　小　　结

雨污管网作为城市重要的市政基础设施之一，与城市建设发展相伴相生。雨污管网技术及产业发展对社会和经济产生重要影响，高质量高标准的排水管网系统可有效缓解城市内涝、改善水环境问题，提升人民生活质量和幸福指数；雨污水管网相关产业可促进城市相关产业发展壮大，为经济增长提供活力与动力；与此同时，城市化的快速发展也带动和促进了我国雨污管网技术及产业的不断创新和成长。

我国城市雨污管网在资产、技术、产业格局方面已取得阶段性成就：

（1）城市建成区排水管道长度已达 91.35 万 km，管道密度 12.34 km/km^2， 排水泵站达到 5114 座，排水管道长度每年增长率仍保持在 6%～10%左右，排水管网相关设施资产不断增加；排水管材也从混凝土管、塑料管道，再到球墨铸铁管等先进管材；排水深隧、综合管廊等新型排水方式也得到探索和尝试。

（2）排水管网液位监测、流量监测、水质监测和缺陷检测技术不断升级，逐步向高精度、低能耗、少维护转变；有效降低周边环境影响的管道非开挖修复技术不断应用和实践；高效且低耗的高压冲洗车、吸污车和联合车等技术设备应用于管道疏通维护；智慧化运营平台、管网数值模拟、实时控制技术有效促进了雨污管网维护管理水平，逐步向精细化、系统化、数字化管理转变。

（3）在产业发展范式方面，从传统模式逐渐过渡到专业运维、产业统筹发展模式，形成了"厂—网—河"全要素治理模式、特许经营、按效付费等建设运营模式。

总体上，我国排水管网产业发展进展迅速，对城市水环境、水安全提升支撑效果明显，但当前行业在产业发展质量和技术上还有诸多不足，需要进一步提升产业链统筹、一体化运营水平，充分利用新技术改变传统作业模式，实施城市大安全管控、重视"双碳"背景下能源开发、碳减排的新要求。

参 考 文 献

[1] 中华人民共和国住房和城乡建设部. 2022年城乡建设统计年鉴[M]. 北京: 中国统计出版社, 2023.

[2] 中国城镇供水排水协会. 城镇排水统计年鉴(二〇一八年)[M]. 北京: 中国城镇供水排水协会, 2018.

[3] Wang J, Liu G H, Wang J Y, et al. Current status, existent problems, and coping strategy of urbandrainage pipeline network in China [J]. Environmental Science and Pollution Research, 2021, 28:43035-43039.

[4] 卢伟, 袁辉洲, 李展鹏, 等. 深圳市排水管材适用性研究[J]. 给水排水, 2022, 48(10): 423-430.

[5] 李蕾, 庄璐. 我国综合管廊建设存在的问题及建议[J]. 工业建筑, 2023,53: 27-31.

[6] 李洋洋, 季雅莎, 喻化龙, 等. 国内外综合管廊现状和存在问题以及发展趋势分析[J]. 市政技术, 2023, 41(10): 261-269.

[7] 杜立刚, 邹惠君, 饶世雄, 等. 武汉市大东湖核心区污水深隧传输系统工程设计[J]. 中国给水排水, 2020, 36(2): 74-78.

[8] 宋嘉美, 高祯, 杨园晶, 等. 深圳市前海-南山排水深隧系统工程设计[J]. 中国给水排水, 2021, 37(18): 76-81.

[9] 谢小龙, 杨涛, 胡晓彬, 等. 深层隧道排水系统在武汉污水传输工程中的应用[J]. 给水排水, 2022, 48(1): 132-136.

[10] 张盛楠, 李成江, 宗绍利, 等. 应用深层隧道储存和输送城市雨污水的思考与案例分析[J]. 中国给水排水, 2017, 33(2): 13-19.

[11] 王晓鹏. 苏州河深隧调蓄工程试验段建造管理关键技术[J]. 中国市政工程, 2022(3): 30-32.

[12] 韩平. 超声波液位计在液位测量中的应用[J]. 中国仪器仪表, 2011(3): 32-34.

[13] 朱晓辉. 污水液位控制中液位计的选型及应用[J]. 工业计量, 2001(3): 49.

[14] 李俊. 浅谈常见液位计的特点及应用[J]. 山东工业技术, 2015(3): 295.

[15] 肖权, 邓沛, 常超, 等. 武汉大东湖污水深隧系统流量监测方法[J]. 中国给水排水, 2022, 38(10): 95-100.

[16] 居朝荣. 排水管道非开挖修复技术研究进展与工程应用[J]. 城市道桥与防洪, 2021(9): 119-121.

[17] 赵士雄. 排水管道非开挖修复技术探讨与应用[J]. 工程技术研究, 2023, 8(139): 69-71.

[18] 付兴伟. 排水管道非开挖修复技术比选方法研究[J]. 给水排水, 2021, 47(139): 422-428.

[19] 刘艳臣, 张书军, 沈悦啸, 等. 快速城市化进程中排水管网运行管理的技术思考与展望[J]. 中国给水排水, 2011, 27(18): 9-12.

[20] 寇长喜. 城镇排水管道功能性缺陷筛查与疏通养护[J]. 城市道桥与防洪, 2021(9): 122-124.

[21] 朱军. 排水管道养护与管理[M]. 北京: 中国建筑工业出版社, 2022: 38-40.

[22] 王爱杰, 许冬件, 钱志敏, 等. 我国智慧水务发展现状及趋势[J]. 环境工程, 2023, 41(9): 46-53.

[23] 尹海龙, 张惠瑾, 徐祖信. 城市排水系统智慧决策技术研究综述[J]. 同济大学学报(自然科学版), 2021, 49(10): 1426-1434.

[24] 王浩正, 冯宇, 孙文超, 等. 城市排水系统模型综述[J]. 中国给水排水, 2021, 37(22): 1-10.

第7章

雨污管网管理与政策

改革开放以来，我国持续完善排水管网相关的政策，推动我国排水管网整体建设、运维、管理水平不断提升。雨水管网先后经历了与污水管网结合建设、单独强调雨水管网建设、补齐雨水管网短板、建管并重等阶段；污水管网先后经历了作为污水处理厂配套工程建设、以城市黑臭水体治理为契机快速推进建设、注重污水收集效能等阶段。与此同时，在政策法规、全文强制性规范的引领下，我国已逐步建立完善包含规划、设计、施工验收、运行维护、评估等全过程的专项技术标准体系。本章重点介绍我国排水管网政策体系逐步完善的历程和特点，以及基于构建完善内涝防治体系、加强雨水源头减排的雨水管网设计标准演变提升过程，并介绍了国内外相关典型实践。

7.1 雨污管网政策

城市排水属于市政公用事业，排水管网没有经营性收益，具有非盈利属性；排水管网的建设资金需求量大，高度依赖于国家政策引导、地方投入与管理水平，其中国家层面制定发布的政策发挥着重要的指导作用。

本节将系统梳理我国排水管网政策体系建设完善的历程和特点，结合我国城市排水管网仍存在的问题，展望未来我国排水管网政策的重点方向。

7.1.1 雨水管网相关政策

雨水管网是城市排水防涝设施体系的重要组成部分。随着城镇化进程加速，城市下垫面硬化比例逐年提高，地表径流显著加大，雨水管网的建设需求也在不断增长。为有效应对城市内涝积水，保证汛期城市排水安全，我国基于城市实际情况，不断完善雨水管网相关政策，从单纯强调设施建设、规模扩张逐步转向提升建设标准、系统治理。我国雨水管网相关政策体系主要经历了 4 个发展阶段（图 7-1 和表 7-1）。

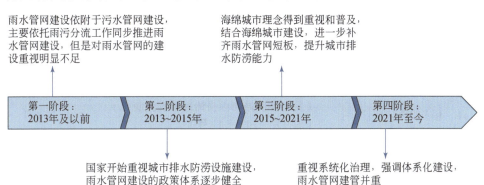

图 7-1　雨水管网政策体系发展阶段

表 7-1　雨水管网相关政策

序号	发布单位	文件名称	发布时间
1	建设部　国家环境保护总局　科学技术部	《城市污水处理及污染防治技术政策》（建城〔2000〕124 号）	2000 年 5 月
2	国务院办公厅	《关于印发"十二五"全国城镇污水处理及再生利用设施建设规划的通知》（国办发〔2012〕24 号）	2012 年 4 月
3	国务院办公厅	《关于做好城市排水防涝设施建设工作的通知》（国办发〔2013〕23 号）	2013 年 3 月
4	住房和城乡建设部	《关于印发城市排水防涝设施普查数据采集与管理技术导则（试行）的通知》（建城〔2013〕88 号）	2013 年 6 月
5	住房和城乡建设部	《关于印发城市排水（雨水）防涝综合规划编制大纲的通知》（建城〔2013〕98 号）	2013 年 6 月
6	国务院	《国务院关于加强城市基础设施建设的意见》（国发〔2013〕36 号）	2013 年 9 月
7	国务院	《城镇排水与污水处理条例》（国务院令第 641 号）	2013 年 6 月

续表

序号	发布单位	文件名称	发布时间
8	住房和城乡建设部 中国气象局	《关于做好暴雨强度公式修订有关工作的通知》（建城〔2014〕66号）	2014年4月
9	国务院办公厅	《关于推进海绵城市建设的指导意见》（国办发〔2015〕75号）	2015年10月
10	住房和城乡建设部 国家发展和改革委员会	《关于做好城市排水防涝补短板建设的通知》（建办城函〔2017〕43号）	2017年2月
11	国务院办公厅	《关于加强城市内涝治理的实施意见》（国办发〔2021〕11号）	2021年4月
12	住房和城乡建设部 国家发展和改革委员会 水利部	《关于印发"十四五"城市排水防涝体系建设行动计划的通知》（建城〔2022〕36号）	2022年4月
13	十四届全国人大常委会第六次会议审议通过	国务院关于增加发行国债支持灾后恢复重建和提升防灾减灾救灾能力的议案	2023年10月

1. 依托雨污分流：2013年以前

这一阶段的主要特点是：雨水管网建设依附于污水管网建设，主要依托雨污分流工作同步推进雨水管网建设，但对雨水管网的建设重视不足。

建国初期，我国本着市政建设为生产服务、为人民服务的方针，城市排水管网建设重点为新建合流管网、疏浚旧管渠、改明渠为暗渠，这种建设模式一直延续到20世纪末。合流管网具有投资少、见效快等优势，顺应了当时城市建设的需求。随着我国快速城镇化，硬化地面增多，降雨径流增大，加之合流制管网设计标准偏低，主干管网的截流倍数较小，雨天频繁溢流，对城市水体造成不良影响。

2000年，建设部、国家环境保护总局、科学技术部发布《城市污水处理及污染防治技术政策》，首次在国家政策层面提出新城区应优先考虑采用完全分流制，同步建设雨水管网与污水管网，在经济发达的城市或受纳水体环境要求较高时，可考虑将初期雨水纳入城市污水收集系统。

2012年，国务院办公厅印发《"十二五"全国城镇污水处理及再生利用设施建设规划》，进一步强调在降雨量充沛地区，新建管网要采取雨污分流，对现有无法满足使用要求的雨污合流管网进行改造，对已建的合流制排水系统，要结合当地条件，加快实施雨污分流改造。

2013 年以前，我国对城市雨水管网的相关政策要求大多依附于城市污水处理的文件，内容中顺带提及雨污分流，结合雨污分流同步推进部分雨水管网的建设。这一阶段，我国的雨水管网建设是污水管网建设的"附属"，未得到足够重视，建设标准也比较低。

2. 逐步重视城市排水防涝设施建设：2013～2015 年

这一阶段的主要特点是：国家开始重视城市排水防涝设施建设，雨水管网建设的政策体系逐步健全。

由于城市雨天径流量大，雨水管网规划不完善、建设标准低，导致汛期我国城市频频发生内涝积水。据不完全统计，2000～2012 年，全国 60% 以上的城市发生过不同程度的内涝积水。如何应对暴雨内涝灾害，如何完善城市排水防涝设施，是当时全社会、行业主管部门高度关注的问题。2013 年，我国密集出台了数项城市排水防涝设施建设的政策文件，为加快城市雨水管网建设提出了具体要求和工作指引。

2013 年 3 月，国务院办公厅印发《关于做好城市排水防涝设施建设工作的通知》（国办发〔2013〕23 号），是我国第一个以城市雨水管网建设为主要内容的国务院文件。文件要求力争用 5 年时间完成雨污分流改造，建立管网等排水设施地理信息系统，首次从标准、规划、建设、管理、保障等方面构建了城市排水防涝工作体系，此后城市雨水管网建设进入快车道。

考虑到当时我国城市地下管网普遍底数不清，排水防涝规划方法不明，2013 年 6 月，住房和城乡建设部先后印发《城市排水防涝设施普查数据采集与管理技术导则（试行）》（建城〔2013〕88 号）与《城市排水（雨水）防涝综合规划编制大纲的通知》（建城〔2013〕98 号），指导各地通过现场测绘、地理信息系统、网络拓扑分析等技术方法，加强雨水管网普查数据的系统性、准确性和完整性，形成规范的城市排水防涝设施普查数据库，开展城市排水防涝能力与内涝风险评估，编制城市排水（雨水）防涝综合规划、近期建设规划等。

2013 年 9 月，国务院印发《关于加强城市基础设施建设的意见》（国发〔2013〕36 号），要求加强雨水管网检查、改造和建设，加快雨污分流改造与排水防涝设施建设，解决城市内涝积水问题。文件首次将雨水管网作为市政地下管网的重要组成部分且单独提出建设要求与任务，雨水管网建设不再是污水管网建设的附属内容。

3. 强调补短板、提能力：2015～2021 年

这一阶段的特点是：海绵城市理念得到重视和普及，结合海绵城市建设，进一步补齐雨水管网短板，提升城市排水防涝能力。

2013 年 12 月，习近平总书记在中央城镇化工作会议上提出"建设自然积存、自然渗透、自然净化的海绵城市"，为我国雨水科学管理指明了方向[1]。

强降雨是导致城市暴雨内涝的直接原因之一，当前各地雨水管网设计采用的暴雨强度公式大多为 20 年前编制，不能真实反映最新降雨规律。2014 年 4 月，住房和城乡建设部、中国气象局联合发布《关于做好暴雨强度公式修订有关工作的通知》（建城〔2014〕66 号），指导各地制（修）订暴雨强度公式、分析典型降雨过程和设计雨型等，为科学设计雨水管网创造条件。

2015 年 10 月，国务院办公厅印发《关于推进海绵城市建设的指导意见》（国办发〔2015〕75 号），明确提出实施源头减排、过程控制、系统治理，切实提高城市排水防涝、防洪和防灾减灾能力。雨水管网是过程控制的重要设施，文件要求大力推进城市排水防涝设施的达标建设，实施雨污分流，控制初期雨水污染[2]。2015 年起，财政部、住房和城乡建设部、水利部先后开展两批海绵城市建设试点、三批系统化全域推进海绵城市建设示范，均以建设与完善排水防涝设施体系为重点，通过中央财政支持，大幅提升当地雨水管网建设水平与排水防涝能力。

2016 年，受超强厄尔尼诺事件和拉尼娜现象影响，全国发生多次大范围强降雨，北京、河北、湖北、湖南等多地发生严重内涝，暴露出我国城市排水防涝体系存在的薄弱环节，亟需补齐城市雨水管网的短板。2017 年 2 月，为落实国务院第 158 次常务会议批准的《灾后水利薄弱环节和城市排水防涝补短板行动方案》，住房和城乡建设部、国家发展和改革委员会联合发布《关于做好城市排水防涝补短板建设的通知》（建

办城函〔2017〕43 号），启动城市排水防涝设施补短板工作，将内涝灾害严重、社会关注度高的 60 个城市纳入城市排水防涝补短板范围，明确雨水管渠的重点建设任务，对易涝点所在排水片区的排水（雨水）管渠进行改造，新建雨水管渠，因地制宜、科学合理设置大型排水（雨水）管廊。通过三年的集中整治，60 个排水防涝补短板城市共排查整治 1116 个易涝积水区段，城市雨水管网规模大幅增加，管网建设水平显著提升。

4. 重视系统化治理、体系化建设：2021 年至今

这一阶段的主要特点是：重视系统化治理，强调体系化建设，雨水管网建管并重。

党的十九届五中全会明确提出增强城市防洪排涝能力，建设海绵城市、韧性城市。"十四五"期间，从顶层设计、资金支持等角度，我国在排水防涝、雨水管网建设发布了一系列政策文件。

2021 年 4 月，国务院办公厅印发《关于加强城市内涝治理的实施意见》（国办发〔2021〕11 号），明确提出到 2025 年，各城市因地制宜基本形成"源头减排、管网排放、蓄排并举、超标应急"的城市排水防涝工程体系，排水防涝能力显著提升，内涝治理工作取得明显成效。文件首次提出统筹区域流域生态环境治理和城市建设、统筹城市水资源利用和防灾减灾、统筹城市防洪和内涝治理的系统化治理原则，强调要加大排水管网建设力度，逐步消除管网空白区，新建排水管网原则上应尽可能达到国家建设标准的上限要求，强化日常运行维护；首次从扩大雨水管网建设规模、提高雨水管网建设标准、提升城市雨水管网运行管理水平、加大中央预算内投资支持力度等方面提出了具体要求，对我国今后一段时间的城市雨水管网建设具有重要意义[3]。

2021 年郑州"7·20"特大暴雨灾害再次暴露了我国城市在排水基础设施、应急救灾方面的短板。2022 年 4 月，住房和城乡建设部、国家发展和改革委员会、水利部联合印发《"十四五"城市排水防涝体系建设行动计划》，明确了系统构建城市排水防涝工程体系的具体行动措施，包括加强排水管网清疏养护、积水点治理和重点部位提标改造、建立市政排水管网地理信息系统（GIS）并动态更新等。

2023 年夏季，我国多地遭遇暴雨、洪涝、台风等灾害。为了帮助地方加快重建，进一步提升我国防灾减灾救灾能力，中央财政在第四季度增发国债 10000 亿元，用于灾后恢复重建、自然灾害应急能力提升工程、城市排水防涝能力提升行动等 8 个方面，其中约 1400 亿的中央资金用于提升城市排水防涝能力。

7.1.2 污水管网相关政策

随着城镇化建设的推进，我国城市污水收集处理设施建设和相关政策体系也随之建设完善，主要经历了 4 个发展阶段（图 7-2）。

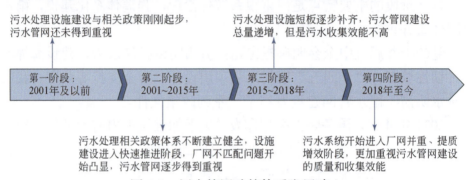

图 7-2 污水管网政策体系发展建立

1. 开始起步、管网未受重视: 2001 年及以前

这一阶段主要特点是: 污水处理设施建设与相关政策刚刚起步，污水管网还未得到重视。

1984 年，我国第一座大型城市污水处理厂——天津市纪庄子污水处理厂竣工投产，规模为 26 万 m^3/d。

1994 年，建设部印发《城市排水许可管理办法》，实行城市排水设施有偿使用管理，要求排水户办理排水许可手续。2000 年，建设部、国家环境保护总局、科学技术部印发《城市污水处理及污染防治技术政策》，提出合理确定污水处理设施的布局和设计规模，优先安排城市污水收集系统的建设。

这一阶段，国家出台了一些政策，但尚不健全。各地主要聚焦污水处理厂的建设，陆续配套建设了一些污水收集管网，但总体而言，污水处理管网在这一阶段未得到重视。

2. 持续健全体系、建设快速推进：2001 ~ 2015 年

这一阶段主要特点是：污水处理相关政策体系不断建立健全，设施建设进入快速推进阶段，厂网不匹配问题开始凸显，污水管网逐步得到重视。

"十五"以来，国家发展和改革委员会、住房和城乡建设部每五年编制污水处理及再生利用规划，明确不同时期建设目标、任务和重点工作。到 2015 年，城市污水处理规模较"九五"末增长约 7 倍，达到 1.4 亿 m^3/d，污水处理率达到 91.9%，污水处理能力基本满足需求。

1）基本确立法规政策体系

2013 年，国务院颁布《城镇排水与污水处理条例》，明确了排水与污水处理设施规划、建设、运行维护等一系列制度要求，规范各方行为，使城镇排水与污水处理工作有法可依。2015 年，住房和城乡建设部发布部令《城镇污水排入排水管网许可管理办法》，规范污水排入城镇排水管网的管理，保障城镇排水与污水处理设施安全运行。

2）加强污水管网等设施建设运维

2004 年，建设部印发《关于加强城镇污水处理厂运行监管的意见》，明确加快配套管网的建设，发挥污水处理设施效益，保证污水处理厂一定的运行负荷率。2010 年，住房和城乡建设部印发《城镇污水处理工作考核暂行办法》，将污水管网建设运行维护纳入到考核体系中，但主要是考核污水处理厂的运行。2012 年、2015 年，住房和城乡建设部连续印发《关于进一步加强城市排水监测体系建设工作的通知》《污水排入城镇下水道水质标准》，进一步规范排水户排水要求，减少对污水管网运行的冲击。

3）建立污水处理收费制度，但不包括污水管网运营维护费用

2002 年，国家发展计划委员会、建设部、国家环境保护总局发布《关于印发推进城市污水、垃圾处理产业化发展意见的通知》，明确污水和垃圾处理费的征收标准可按保本微利、逐步到位的原则核定，开启了以特许经营制度为核心的城市污水处理行业改革，但是由于其仅适用于污水处理设施，因此主要采用"政府建网、企业建厂"的模式。

2014 年，财政部、国家发展和改革委员会、住房和城乡建设部联合印发《污水处理费征收使用管理办法》；2015 年，国家发展和改革委员会、财政部、住房和城乡建设部联合印发《关于制定和调整污水处理收费标准等有关问题的通知》，要求 2016 年底前，设市城市污水处理收费标准原则上每吨应调整至居民不低于 0.95 元，非居民不低于 1.4 元，已经达到最低收费标准但尚未补偿成本并合理盈利的，应当结合污染防治形势进一步提高污水处理收费标准，明确将缴入国库的污水处理费与地方财政补贴资金统筹使用，保障设施运行维护费用。

由于《水污染防治法》等法律法规规定，污水处理收费不包括污水管网的运行维护费用，使得污水管网的建设、运行维护很难像污水处理厂一样，通过市场化手段推进，进一步加剧了厂网建设脱节、管理分离。

3. 强调控源截污：2015～2018 年

这一阶段的主要特点是：污水处理设施短板逐步补齐，各地以城市黑臭水体治理为契机，强调控源截污，污水管网建设总量递增，但是污水收集效能不高。

进入新时代，落实新要求，污水收集处理相关政策体系也在不断更新完善。2015 年，国务院印发《水污染防治行动计划》，明确提出地级及以上城市建成区黑臭水体均控制在 10%以内，全面加强配套管网建设，强化城中村、老旧城区和城乡接合部污水截流、收集，这是首次在全国范围明确提出要治理城市黑臭水体。

为贯彻落实《水污染防治行动计划》，住房和城乡建设部、生态环境部印发《城市黑臭水体整治工作指南》《城市黑臭水体整治——排水口、管道及检查井治理技术指南（试行）》，按照"控源截污、内源治理、生态修复、活水保质"的技术路线推进黑臭水体治理。这些相关技术指南中，都将"控源截污"作为黑臭水体治理的关键内容，推动了地方政府工作重点转向污水收集，兼顾污水处理，有效保障了城市黑臭水体治理成效[4]。

2018 年，经国务院同意，住房和城乡建设部、生态环境部共同印发《城市黑臭水体治理攻坚战实施方案》，再次明确了黑臭水体治理工程中要按照既有的技术路线持续推进，即首先要强调控源截污，加强城市污水收集。

在城市黑臭水体治理考核压力下，各地加大投入，重视控源截污，建设了大量污水管网。河南省信阳市等城市出现了 3 年建设的污水管网长度超出历史建设总长度的现象。随着污水管网的建设，污水管网空白区逐步消除，城市污水直排口显著减少，城市生活污水收集处理能力显著增强，城市黑臭水体治理取得显著效果。

但随之而来的问题是，污水管网的建设和运维质量不高。一些地方急于消除城市黑臭水体，采取末端截污方式，导致污水处理厂来水量显著增多，污染物进厂浓度出现明显下降。根据住房和城乡建设部污水处理信息系统中的相关数据，从 2007 年到 2018 年，我国城市污水处理厂平均进水浓度下降了 25%左右。污水管网建设总量增多的同时，收集效能不高的问题逐步凸显。

4. 着重提质增效：2018 年至今

这一阶段的主要特点是：污水系统开始进入厂网并重、提质增效阶段，更加重视污水管网建设的质量和收集效能。

2018 年，习近平总书记在全国生态环境保护大会上明确提出，"在治水上有不少问题要解决，其中有一个问题非常迫切，就是要加快补齐城镇污水收集和处理设施短板"。这是从党和国家领导层面，首次明确将城市生活污水问题，尤其是污水收集作为一个重要问题提出来的，在很大程度上推动了污水收集系统的高质量发展，标志着我国城市污水管网建设正式进入高质量发展和效能提升阶段。

同年，中共中央、国务院印发《关于全面加强生态环境保护　坚决打好污染防治攻坚战的意见》，提出实施城镇污水处理"提质增效"三年行动，加快补齐城镇污水收集和处理设施短板，尽快实现污水管网全覆盖、全收集、全处理。这是国家层面首次明确提出城镇污水处理"提质增效"一词，并在此后一段时间里，成为城市生活污水收集处理的主要任务和工作目标[5]。

2019 年，经国务院同意，住房和城乡建设部、生态环境部、国家发展和改革委员会联合印发《城镇污水处理提质增效三年行动方案（2019—2021 年）》，在设施建设和长效机制建设两方面对进一步提升污水收集处理系统效能提出要求。该文件是城市污水管网建设的标志性事件，标志着我国正式从重视污水处理厂的建设转入厂网并重，以管网建设为主的阶段；从重视污水处理厂出水浓度到进水浓度和出水浓度并重阶段。尤其是文件中提出了城市生活污水集中收集率的概念，要求在计算各地污水收集处理效能时，要引入污水处理厂进水浓度（以 BOD 计算）。相对于污水处理率而言，这是更科学、更系统反映整个污水系统收集和处理效能的指标，对于推动我国污水收集处理设施建设，起到了关键性的导向作用。

上述方案要求，摸清家底，全面有效地开展管网等设施普查、排查工作；推进管网建设改造，加强清污分流，对城市污水管网建设也具有里程碑意义。有别于雨污分流，清污分流指的是各地要采取源头截污的方式，提高管网的建设质量，将高浓度的污水截流到污水处理厂，提高管网输送污水的效能，避免见到污水就截流，尤其是避免末端总口截流。此外，方案还提出，积极推行污水处理厂、管网与河湖水体联动的"厂—网—河（湖）"一体化，注重设施运行维护，推进管网的专业化运维，确保系统运行的高效性。这是一次推动污水收集处理设施从高速建设向高质量发展转型的有益探索。

2020 年，国家发展和改革委员会与住房和城乡建设部联合印发《城镇生活污水处理设施补短板强弱项实施方案》，再次强调要将城镇污水收集管网建设作为补短板的重中之重；要求加快淘汰砖井，推行混凝土现浇或成品检查井，提升管网建设质量。这些要求对于提升我国污水管网建设质量，起到重要指导作用。

2021 年，中共中央、国务院印发《关于深入打好污染防治攻坚战的意见》，明确提出推进污水管网全覆盖，对进水情况出现明显异常的污水处理厂，开展片区管网系统化整治。

2022 年，住房和城乡建设部、生态环境部、国家发展和改革委员会、水利部印发《深入打好城市黑臭水体治理攻坚战实施方案》，明确提出现有污水处理厂进水生化需氧量（BOD）浓度低于 100 毫克/升的城市，不应盲目提高污水处理厂出水标准、新扩建污水处理厂。

2023 年，国家发展和改革委员会、住房和城乡建设部、生态环境部印发《关于推进污水处理减污降碳协同增效的实施意见》，对于污水处理厂进水生化需氧量浓度低于 100 毫克/升的污水处理厂，从严审批核准新增污水处理能力。同时，对于污水处理厂排放标准，也明确要求各地要基于本地区经济社会情况、流域水环境容量、污水水质等因素，统筹考虑能耗、药耗增加，科学合理、因地制宜制定污水排放地方标准。

这是对"不应盲目提标"这一行业长期呼吁的细化要求。污水处理厂过度提标改造，不仅投入产出比很差，而且会显著加大碳排放。不解决污水收集处理效能低的问题，盲目扩建污水处理厂，这不仅浪费投资，还不利于减污，更不利于降碳。这种提法的背后，核心是希望各地能够从系统角度出发，全面看待问题，尤其是要更加重视污水管网，而不是一味提高污水处理厂的出水标准。

2023 年，习近平总书记在《求是》发表《以美丽中国建设全面推进人与自然和谐共生的现代化》，提出今后 5 年是美丽中国建设的重要时期，要推动城乡人居环境明显改善，美丽中国建设取得显著成效。同年，中共中央、国务院印发《关于全面推进美丽中国建设的意见》，明确提出建设城市污水管网全覆盖样板区。这一全新的提法再次给出了明确信号，预示着在今后一段时间内，我国还将持续重视城市污水管网的建设和运行维护的问题。

通过近年来的努力，我国城市的污水收集效率显著提升，部分城市污水处理厂进厂浓度也显著提升。随着我国经济社会加速进入绿色、低碳、高质量发展阶段，城市污水收集系统正逐步从粗放建设转向绿色高质量发展，相关政策体系也随之不断完善、深化。

7.1.3　总结与展望

1. 总结

回顾我国针对排水管网建设出台的相关政策文件，对合流制溢流、城市内涝、污水收集效能低等问题重视程度不断提高，工作推进思路不断完善，有效地指导了各地推进雨污管网建设，取得了显著成效。

1）逐步提高建设标准

过去我国城市排水管网设计标准偏低，雨水管网设计重现期普遍低于 1 年一遇，合流制排水管网截留倍数大都小于 1，排水不畅、内涝积水、合流制溢流污染现象突出。《关于做好城市排水防涝设施建设工作的通知》（国办发〔2013〕23号）提出各地区应根据本地降雨规律和暴雨内涝风险情况，合理确定城市排水防涝设施建设标准，在人口密集、灾害易发的特大城市和大城市，应采用国家标准的上限，并可视城市发展实际适当超前提高有关建设标准。住房和城乡建设部等部门根据近年来我国气候变化情况，及时研究修订《室外排水设计规范》（GB 50014）等标准规定，有效指导各地科学确定有关建设标准。自此以后，各地城市排水管网尤其是雨水管网建设标准显著提高。

2）理顺雨水和污水系统

我国城市化快速发展初期建设的排水管网以合流制排水管网居多，很长一段时间里，雨水系统、污水系统各自的运行规律、问题短板未被清晰认识，相关政策多聚焦于污水处理及污染防治，这与国外排水工程学科最早发源于城市卫生学科有一定的相似性。随着我国城市排水事业的不断发展，逐步理顺城市雨水、污水系统的关系，在雨水系统方面提出海绵城市建设、排水防涝体系建设等一系列注重源头减排、过程控制、系统治理的政策要求，在污水系统方面提出黑臭水体治理、污水处理提质增效等一系列注重管网全覆盖、全收集、全处理的技术指引，为加快城市雨水、污水系统建设提供全方位指导。

3）推动合流制排水系统改造与完善

我国针对合流制排水系统的改造要求和思路在实践中得到不断完善，从单一的雨污分流改造逐步转变为因地制宜推进合流制排水系统改造。《"十二五"全国城镇污水处理及再生利用设施建设规划》提出，已建的合流制排水系统要结合当地条件，加快实施雨污分流改造；《国务院关于加强城市基础设施建设的意见》（国发〔2013〕36号）要求加快雨污分流管网改造；《城市黑臭水体治理攻坚战实施方案》更进一步明确提出，暂不具备雨污分流改造条件的，要控制合流制溢流污染。

4）提升排水效能

我国城市排水系统从注重工程规模、建设标准逐步转变到评价城市排水效能，尤其是在污水收集方面，创新性提出城市生活污水集中收集率、污水处理厂进水生化需氧量（BOD）浓度等一系列污水处理提质增效评价指标，逐步扭转"重厂轻网"的建设理念，指导督促各地注重建设质量，提升排水效能，充分发挥排水管网在内涝治理、污水处理、水环境改善中的作用。

2. 展望

近两年来，我国城市污水集中收集率有了明显提升，雨水管网总量也在快速增长，但是由于我国在城市排水管网方面欠账太多，目前仍然面临着内涝积水、污水收集处理水平不高、合流制溢流污染、管网运维水平低等问题，城市雨污管网建设还需要久久为功。

2023 年，习近平总书记在中央经济工作会议提出，建设城市地下管网是城市的"里子"工程。根据已有政策的实施情况与发展趋势，预计今后国家出台相关政策文件将进一步针对当前的痛点、难点和堵点，更加关注加强合流制溢流污染控制，统筹雨污管网建设，推行厂网一体化，加大中央预算内投资，完善污水处理收费机制，引导各地区健全管网建设运维机制等方面。

1）协同推进溢流污染控制与城市内涝防治

我国城市老城区存在不同比例的合流制排水系统，部分地区雨季溢流频繁。有些城市为了减少污水漫溢，封堵原有的雨水排口，导致城市内涝积水。合流制排水管网在雨天接纳大量雨水，水量水质与平时大不相同，对于合流制地区的污水处理厂，要求污水处理厂雨天、旱天都达到同样的排放标准，这样不现实也不科学。针对合流制排水系统，允许溢流多少、如何计量与考核、雨天执行排放标准等，都应尽快制订合流制溢流污染控制的排放政策和标准，各地应科学制定目标可达，经济、技术可行的合流制溢流污水快速净化设施排放标准指引，为控制雨天合流制溢流污染、减少城市内涝，提供绿色低碳、切实可行的方案，实现污涝同治。

2）推进源网厂河湖一体化治理

污水处理厂的运行效能受排水管网建设、运维的影响显著。城市排水管网普遍存在地下水入渗和雨污混错接等问题，由于缺乏有效的水量、水质预报、预警措施，导致污水处理厂进水生化需氧量浓度长期维持在较低的水平，生化过程效率低下。城市污水处理提质增效的关键是让污水和清水各行其道，推行源网厂河湖一体，基于水量、水质和水位等要素对城市蓝、绿、灰基础设施进行统筹建设和协同运行，能够有效提高污水处理厂运行效能，精准控制雨季溢流，实现雨污水统筹管理调度，保证整个排水系统的安全和高效运行。

3）协同推进排水管网提质增效与碳减排

当前我国进入了以降碳为重点战略方向、推动减污降碳协同增效、促进经济社会发展全面绿色转型、实现生态环境质量改善由量变到质变的关键时期。我国南方城市污水处理厂进水生化需氧量浓度普遍不高，从投入产出的角度，会造成大量建设和运营经费的浪费；从污染物削减的角度，会削弱管网输送能力，加剧污水溢流；从碳排放的角度，不仅浪费额外能源，还影响污水中能源的回收，不利于污水处理厂实现能量中和。因此，污水处理提质增效既是深入打好污染防治攻坚战的重要抓手，也是推动温室气体减排的重要领域。消除城镇污水收集管网空白区，开展老旧破损、混错漏接等问题管网诊断修复更新，实施污水收集管网外水入渗入流、倒灌排查治理，全面提升污水收集效能，提高污水处理厂进水生化需氧量浓度，是污水处理提质增效与减污降碳协同推进的必经之路。

4）加大中央财政资金支持

城市排水管网建设是民生工程，全靠财政补贴。从发展需求看，我国排水管网仍需要经过数年建设，每年有大量排水管网需要改扩建，并且随着时间的推移，排水管道的年修复长度也将随着城市管网的建设规模增加而增长，排水管网的建设修复资金需求很大，需要政府加大投入解决资金难题。在地方财政普遍吃紧的情况下，如何解决管网建设的资金问题，是当前面临的最大挑战。近段时间内国家需加大城镇管网建设的资金投入，持续推进地下管网改造，提升城市排水防涝能力，提高污水处理效能。预计资金问题是近期国家关于排水管网政策方面关注的重点之一。

5）完善污水处理收费机制

目前，我国污水处理费收费标准中不包括管网运行维护成本，污水管网运行维护的费用全部依靠财政补贴。由于地方污水处理费收费标准偏低，尚不能保障城市污水处理厂正常运营资金需求，缺口全部靠财政补贴，地方政府财力更无力支撑管网运行维护。进一步完善污水处理收费机制，有关部门督促地方落实动态调整机制，逐步调整达到覆盖全成本的要求。我国可借鉴发达国家和地区通行做法，不断完善水污染防治法及有关法规政策，将污水处理费收费标准覆盖污水管网的运行维护，为管网运行维护提供必要的资金保障。

7.2 管网标准规范发展变迁

排水管网承担着收集和输送城市污水和雨水的重要职能，是城市基础设施的重要组成部分，其运行状况直接影响到城市的排水安全和水环境质量。早在 20 世纪 70 年代我国就制定《室外排水设计规范》（GB 50014）（后更名《室外排水设计标准》），指导各地市政排水管道的建设。改革开放之后，随着经济发展和城镇化快速进程，排水管渠标准化工作从完善上游规划、设计逐步拓展到施工和验收，陆续发布《给水排水工程结构设计规范》（GBJ 69）、《城镇排水管渠与泵站运行、维护及安全技术规程》（CJJ 68）、《城镇排水管道维护安全技术规程》（CJJ 6）和《市政排水管渠工程质量检验评定标准》（CJJ 3）［后并入《给水排水管道工程施工及验收规范》（GB 50268）］等国家和行业标准。

7.2.1 总体介绍

进入 21 世纪，我国国民经济发展水平和生活水平逐步提升，城市污水排放量持续增长。随着基础设施建设逐步完善、城镇化、老旧小区改造、雨污分流改造、水环境治理等工作持续推进，我国城市排水管道长度呈现持续增长趋势。根据住房和城乡建设部统计数据，我国排水管道长度从 2012 年的 43.9 万 km 增长至 2022 年的 91.35 万 km，10 年里翻了一番[6]。改革开放带来的巨大市场需求、技术交流和进步促进了排水管网相关技术的蓬勃发展，在引进国外先进成熟标准化成果的基础上，我国排水管网检测与评估、原位修复等相关标准陆续出台（图 7-3），支撑了排水管网维护更新工作的进行，也推动了排水管渠标准化工作走向全过程覆盖。

2018 年，《标准化法》正式修订发布，除全文强制性国家规范、推荐性国家标准、推荐性行业、推荐性地方标准、企业标准之外，还在技

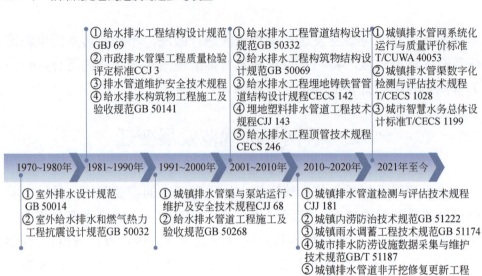

图 7-3　排水管网标准体系发展

术标准体系中新增了团体标准，开启了政府和市场双元供给的标准化模式。在标准化法的推动下，自 2020 年开始，排水管网团体标准大量涌现，主要集中在新型管材、原位修复技术、数字化检测技术、管网运行数字化平台建设等市场热点上。团体标准编制周期短、管理灵活，能更快响应市场需要，推动排水管网新技术的应用，为完善排水管网标准体系起到积极作用。

2022 年，全文强制性国家规范《城乡排水工程项目规范》发布，作为排水行业的技术法规，向上衔接上位法规《城镇排水与污水处理条例》，向下衔接工程建设全过程的技术标准，规定了排水管网的规模、布局、性能、功能，覆盖排水管网规划、设计、施工验收、运行维护和管理的全过程要求，为排水管网相关技术标准实施划定了技术底线、奠定了技术要求的基础（图 7-4）。

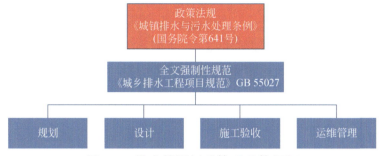

图 7-4　排水管网标准体系总体框架

目前，我国排水管网的技术标准体系基本与国外发达国家的技术体系衔接，相关标准也逐步得到完善。我国排水管网相关 27 项标准（见表 7-2），按我国工程建设项目的组成环节，分为规划、设计、施工验收、运维管理几类，覆盖单项技术或工程实施全过程，系统保障全过程质量控制。

表 7-2　我国排水管网主要相关标准

标准名称	类别
《城乡排水工程项目规范》GB 55027—2022	全文强制性
《城市排水工程规划规范》GB 50318—2017	规划
《室外排水设计标准》GB 50014—2021	设计
《城镇内涝防治技术规范》GB 51222—2017	
《城镇雨水调蓄工程技术规范》GB 51174—2017	
《给水排水工程管道结构设计规范》GB 50332—2002	
《给水排水工程构筑物结构设计规范》GB 50069—2002	
《室外给水排水和燃气热力工程抗震设计规范》GB 50032—2003	
《给水排水工程埋地铸铁管管道结构设计规程》CECS 142—2002	
《给水排水管道工程施工及验收规范》GB 50268—2008	施工验收
《给水排水构筑物工程施工及验收规范》GB 50141—2008	
《城镇排水管渠与泵站运行、维护及安全技术规程》CJJ 68—2016	运行维护管理
《城镇排水管道维护安全技术规程》CJJ 6—2009	
《城镇排水管道检测与评估技术规程》CJJ 181—2012	
《城镇排水管渠数字化检测与评估技术规程》T/CECS 1028—2022	

续表

标准名称	类别
《城市排水防涝设施数据采集与维护技术规范》GB/T 51187—2016	
《城镇排水管网在线监测技术规程》T/CECS 869—2021	运行维护
《城镇排水管渠污泥处理技术规程》T/CECS 700—2020	管理
《城镇排水管网系统化运行与质量评价标准》T/CUWA 40053—2022	
《埋地塑料排水管道工程技术规程》CJJ 143—2010	
《排水球墨铸铁管道工程技术规程》T/CECS 823—2021	
《埋地排水用聚乙烯共混聚氯乙烯双壁波纹管道工程技术规程》T/CECS 635—2023	
《给水排水工程顶管技术规程》CECS 246—2008	专项技术
《城镇排水管道非开挖修复更新工程技术规程》CJJ/T 210—2014	
《城镇给水排水管道原位固化法修复工程技术规程》T/CECS 559—2018	
《排水管道检测和非开挖修复工程监理规程》T/CAS 413—2020	
《城市智慧水务总体设计标准》T/CECS 1199—2022	

上述标准体系中，国家标准 11 项，行业标准 5 项，团体标准 11 项，排水管网标准体系已初步形成了政府和市场双元供给模式。团体标准以满足市场和创新需要为目标，聚焦新技术、新产业、新业态和新模式，弥补了推荐性国家和行业标准在新技术应用方面的空白，还围绕排水管网监测、智慧水务建设等当下排水管网工作热点提供技术支撑，体现了团体标准推动行业进步支撑国家标准的作用。可以预见，团体标准将在未来标准体系建设中发挥越来越重要的作用。

7.2.2 雨水管网标准规范

雨水管渠的性能主要由雨水管渠设计重现期决定。建国初期，为尽快满足工业生产和人民生活需要，国家提出"多快好省"建设要求，因此相当长时间里，我国城市雨水管渠设计重现期只有 0.5～1 年一遇。进入 21 世纪以来，我国城市化进程加快，对排水管渠提出了更高的建设要求，不能只发挥"排水"的效益，还要兼顾水资源循环利用的发展战略，促进人与自然的和谐发展。此外，随着温室效应带来的全球气候变化，降雨的不均匀性日趋加剧，城市遭遇暴雨淹城事件逐年增加，也暴露出我国城镇排水排涝标准偏低，未形成工程体系等问题。

《室外排水设计规范》（GB 50014，后更名为《室外排水设计标准》）作为城镇排水行业的基石性规范，在生态文明建设理念指导下，总结国内外雨水管理的先进经验和技术进步，历经数次修订，把单纯依靠雨水管渠 "快排" 的传统排水模式转变为系统治理的内涝防治标准体系，并提出了适合我国国情的内涝防治设计标准。表 7-3 对比了历次修订中雨水管渠的设计理念、设计标准和设计方法方面的主要变化。

表 7-3　《室外排水设计规范》历次修订中雨水管渠设计内容主要变化

		2006 年	2011 年	2014 年	2016 年	2021 年
设计理念		雨水管渠系统承担雨水收集排放，"快排" 为主的设计思路	在雨水管渠设计之外，引入低影响开发（LID）设计理念，提出管渠设计中考虑内河水位调控、洪涝衔接	首次提出三段式内涝防治设施体系的组成和设计标准（重现期和积水标准），并给出相应设施原则性的设计要求	在三段论的内涝防治系统上增加应急措施，以应对超过内涝设计重现期的暴雨	明确雨水系统组成及其功能、设计标准，与防洪的衔接要求
设计标准	雨水管渠设计重现期	一般 0.3～5 年一遇，重要地区 3～5 年一遇	一般 3～5 年一遇，重要地区 5～10 年一遇，特别重要地区可采用 50 年或以上标准	按城镇类型、城区类型细分重现期要求，3～50 年	新增超大城市及其内涝防治设计重现期	按城镇类型、城区类型细分重现期要求，3～50 年
	折减系数	暗管取 2，明渠取 1.2，陡坡地区暗管取 1.2～2	增加经济条件较好、安全性要求较高地区的排水管渠取 1	取消	取消	取消
设计方法		推理公式法	在推理公式法之外，提出有条件地区可采用数学模型法	在推理公式法之外规定，当汇水面积超过 2 km² 时，宜采用数学模型法	同 2014	进一步提高要求，规定当汇水面积超过 2 km² 时，应采用数学模型法

1. 设计理念转变提升

从单独依靠雨水管渠排水转为"源头减排、排水管渠、排涝除险"三段式加应急管理的城镇内涝防治体系。

1）源头减排设施

包括绿色屋顶、生物滞留设施、植草沟、调蓄设施和透水铺装等雨水渗透、滞蓄和净化设施，主要应对大概率、低强度降雨事件，通过自然和生态的绿色设施与传统排水的灰色设施相结合，共同实现雨水径流峰值削减、径流污染削减和雨水收集利用的目标。根据年径流总量控制率对应的设计降雨量，采用容积法可以计算源头减排设施的规模，保证建设地块在设计降雨量下不向城镇雨水管渠排放未经控制的雨水。

2）排水管渠

包括管渠、沟渠、雨水调蓄设施和雨水泵站等，主要应对大概率、短历时强降雨事件，保证降雨时城镇排水安全和公众生活便利。根据雨水管渠设计重现期对应的设计降雨强度、汇水面积和径流系数，通过推理公式法或数学模型法确定雨水管渠的设计规模。

3）排涝除险设施

包括河道、水库、洼地、湖泊、绿地等自然蓄排空间，主要应对小概率、长历时降雨事件，在暴雨期间为超出雨水管渠承载能力的雨水提供最终排放出路，保障城镇内涝防治设计重现期下的排水安全。设计时，排涝除险设施和源头减排设施、排水管渠设施作为一个整体系统校核，满足内涝防治设计重现期下地面积水深度和最大允许退水时间。

对于超出内涝防治设计重现期的暴雨事件，采取工程性和非工程性的应急管理措施加以应对，实现极端降雨条件下城镇的快速退水，减少人员伤亡和财产损失。

此外，《室外排水设计标准》还规定了内涝防治系统与防洪系统的衔接，避免因洪致涝。

2. 设计标准不断提高

雨水管渠设计重现期历经多次修订逐步提高，目前与国际标准基本接轨，超大城市和特大城市的中心城区要求3～5年一遇，中心城区的重要地区要求 5～10 年一遇。《室外排水设计标准》（GB 50014—2021）还规定，各地根据雨水管渠的设计重现期确定设计降雨强度，与气象预报所采用的单位一致，方便民众理解，也便于社会监督内涝防治工作的成效。以上海为例，其主城区和新城、其他地区、地下通道和下沉式广场的雨水管渠设计重现期标准分别是 5 年一遇、3 年一遇和 30 年一遇，对应的设计降雨强度分别为 58.1 mm/h、51.3 mm/h 和 82.2 mm/h。

在建国初期"多快好省"指导思想下，我国借鉴苏联经验，充分利用管道的调蓄容积，采用折减系数 m 修正暴雨公式中的汇水时间，降低设计雨水流量，以减小雨水管渠基建投资。这种设计方法降低了设计标准，增加了城市内涝积水灾害的风险。欧美发达国家在雨水流量计算中不考虑折减系数。随着我国经济水平的不断提高，为了应对气候异常带来的城市内涝频发现象，从 2011 年开始，《室外排水设计标准》在采用暴雨强度公式计算雨水量过程中取消了折减系数。

3. 设计方法探索完善

欧美等其他发达国家和地区在小汇水范围内采用推理公式法进行雨水管网设计，当汇水面积大于 200 hm^2 以上或汇水时间超过 15 min 的流域，考虑到时空集流不均匀性和管网汇流过程，均采用数学模型法进行计算。因此，《室外排水设计规范》（GB 50014—2011）也提出数学模型法计算雨水量的要求。经过近 10 年的推广应用，我国逐渐摸索出适合本土雨水管渠数学模型计算的方法和参数。

2019 年，中国工程建设标准化协会发布了《城镇内涝防治系统数学模型构建和应用规程》（T/CECS 647—2019），对模型构建和测试、参数率定和模型验证以及模型验收等细化了技术要求，支撑了数学模型法在雨水管网设计中的应用。因此，《室外排水设计标准》（GB 50014—2021）中进一步规定，当汇水面积大于 2 km^2 时，应采用数学模型法确定雨水设计流量。

7.2.3　污水管网标准规范

国内很多城市在早期建设中多采用合流制管网，随着城镇化快速发展和水环境质量要求提高，分流制管网和截流式的合流制管网逐步得到推广应用。很多城市在合改分或合流制改造的过程中，由于建设时序问题，上游合流制管网污水截流能力和下游污水处理厂处理能力不匹配，或者由于污水管网破损渗漏和雨污混接，导致外水大量侵入，污水管网雨季溢流成为近年来水环境整治中的痛点。为了保障污水系统安全运行，切实保护水环境，《室外排水设计标准》（GB 50014—2021）提出了污水管网旱季和雨季设计流量。

1）旱季设计流量

旱季设计流量通过在旱流污水量基础上乘以污水量变化系数而得出，体现污水量的最大时变化（单位 L/s）。《室外排水设计标准》（GB 50014—2021）修订了污水量变化系数。此前，这个参数一直沿用 1972～1973 年间编制组在北京、长春、郑州和广州 27 个观测点、历时 8 个月所测得的数据回归结果[7]。在本次修订中，编制组研究了上海市 80 座污水泵站 2010～2014 年之间的日运行数据。为了消除雨污混接、泵站预抽空和雨水倒灌等诸多因素的干扰，在分析中剔除了雨天泵站运行数据。在对剩余非降雨天运行数据整理和分析后，修订了日平均流量和变化系数的线性拟合公式，变化系数整体提高了 15% 左右，与美国加州污水管网设计中的变化系数已十分接近。

2）雨季设计流量

雨水设计流量是在旱季设计流量的基础上增加截流雨水量，包括合流污水和分流制初期雨水的截流量。截流雨水量根据排水管网破损渗漏情况、雨污混接和外水入侵等因素调研确定，确保污水管网与下游污水处理设施在处理能力上的匹配，为避免厂前溢流提供保障。

7.2.4 排水管网运维标准规范

与设计规范相比，目前我国排水管网运维标准规范有 1 项国标和 4 项行业标准，覆盖了排水管网及其相关设备日常运行维护、基础数据采集、管道缺陷检测与评估、管道原位修复等方面，满足排水管网运行维护的基本要求。

排水管网是保障城市排水安全和水环境质量的关键性基础设施，但因为深埋地下，叠加体制机制问题导致的养护资金不足，我国排水管网的运维管理长期得不到足够重视，运行管理常是被动响应模式，即出现问题才针对性地进行应急和维修。

近年来，随着极端气候变化下城市内涝现象的频发和水环境治理要求的提高，排水管网的健康问题逐渐引起重视。2013 年发布的《国务院办公厅关于做好城市排水防涝设施建设工作的通知》，提出全面普查摸清排水管网现状。2021 年 4 月，国务院办公厅印发《关于加强城市内涝治理的实施意见》（国办发〔2021〕11 号），再次明确提出要提升城市排水防涝工作管理水平，建立完善城市综合管理信息平台，满足日常管理、运行调度、灾情预判、预警预报、防汛调度、应急抢险等功能需要。这些要求意味着新时期我国排水管网的运行维护即将从被动响应逐步走向主动响应的新发展阶段。

在大数据和物联网背景之下，排水管网的运行管理也逐渐走向数字化、信息化和智慧化。数字化和信息化是实现城镇排水管网运行管理变被动响应为主动响应的重要基础，可以帮助管理人员及时了解管网系统现状，多因素评价管网运行效能，针对性开展日常管理和预防性的管网维护。

1. 管道清淤和通沟污泥处置

雨水和污水在通过排水管网输送的过程中，水中易沉降物质会发生沉积并逐渐累积，从而减小管道排水断面，降低管道的排水能力，甚至堵塞管道，造成污水或雨水冒溢。管道中有机沉积物通过厌氧发酵产生 CH_4、H_2S 等易燃易爆气体，对排水管网的安全运行构成威胁；CH_4 还是温室气体，造成排水管网碳排放增加；管道沉积物也是雨季面源污染的来源。因此，定期清通排水管渠及其附属构筑物中的沉积物至关重要，能保障排水管网畅通和输送能力，减少雨季面源污染，降低易燃易爆风险。因此，最早制定的行业标准主要针对管渠沉积物的清理方法和工作安全要求。

长期以来，大量管渠污泥在清通之后，无处处置，只能送入填埋。但因为管渠污泥含水率高达 40%~76%，运输过程中，难免跑冒滴漏，给环境带来二次污染风险，也容易引起居民投诉。因此，管渠清通污泥的处置问题在一定程度限制了管渠清淤工作的开展，给暴雨时排水管渠功能的正常发挥和城市的排水安全带来极大隐患。

在德国，排水管渠污泥的处置经历了从填埋向资源化利用的转变。1993 年，德国《市政垃圾技术指南》（TA-Siedlungsabfall） 规定，市政垃圾中的有机含量在填埋之前必须低于 3%[8]。这个规定推动了德国管渠污泥处理处置技术的研发。通过多级筛分淘洗，管渠污泥中有机含量降至 5%以下，满足填埋要求。经过筛分淘洗处理后，管渠污泥里砂石占比很高的无机物除去了有机污染物和臭味，可以作为建筑材料，例如制烧结砖、免烧结砖、透水砖以及陶粒，或者用作硅酸盐制品的骨料，以及用于管道基槽和沟槽回填，具有了资源化利用价值。管渠污泥资源化利用的发展保障了管渠污泥清淤工作的顺利开展，也带动了相应的技术标准化发展。

1）行业标准

目前我国涉及排水管渠清淤的行业标准有两项：一是《城镇排水管渠与泵站运行、维护及安全技术规程》（CJJ 68），规定了排水管渠及其附属物的运行维护的目标和方法，其中对城镇排水管渠、雨水口和检查井沉积物深度都有了明确规定，可以作为考核排水管渠养护工作效果的依据；本规程还规定了管道疏通可采用的方法，如推杆疏通、转杆疏通、绞车疏通、水力疏通或人工铲挖等，并给出各种疏通方法的适用范围供选用考虑；但对于清淤产生的管渠污泥，本规程只给出了运输和处置的原则性要求，例如规定在送处置场前，污泥应进行脱水处理，污泥处置不得对环境造成污染等，缺乏可以推动处理和处置工程落地实施的具体指导。

二是《城镇排水管道维护安全技术规程》（CJJ 6），侧重于城镇排水管道及附属构筑物维护过程中保障人身安全和作业安全的技术要求，包括维护作业、井下作业、防护设备与用品和事故应急救援等。

2）团体标准

随着我国对排水管渠日常维护管理工作的重视，2010 年开始，上海、北京、苏州、深圳等多个城市率先探索管渠污泥的减量化、无害化处理处置和资源化利用的方法，在引进德国先进技术和实践的基础上积累了大量经验，并逐渐实现相关处理设备的国产化。2020 年，中国工程建设标准化协会发布《城镇排水管渠污泥处理技术规程》（T/CECS 700—2020），以无害化为首要核心目标、资源化利用为辅助目标，确立以水力淘洗和多级筛分为主要处理流程，为城镇排水管渠污泥处理工程的建设与运行维护提供了依据。

2. 管道检测

从建国至今，我国超期服役的城市排水管网日益增多，有些管网的使用年限甚至超过百年。随着排水管网使用年限的增长，管段逐渐出现变形、破损、渗漏、坍塌等状况，严重威胁排水管网的正常运行。在国家的重视下，排水管网的维护管理逐渐从被动应急抢修走向主动预防性检测和养护。借助 QV 潜望镜检测、CCTV 视频检测、声呐检测等多种技术手段对排水管网进行定期检测，能帮助排水管网的运行维护和管理单位及时掌握管网病害情况，为后续管道预防性的养护、整改或者修复提供依据。

1）行业标准

排水管网检测技术自 20 世纪 70 年代在欧洲和美国等地首先发展起来，在 21 世纪初期，逐步引进国内，并开始应用。目前，适用于排水管网检测与评估的行业标准主要有《城镇排水管渠与泵站运行、维护及安全技术规程》（CJJ 68—2016）和《城镇排水管道检测与评估技术规程》（CJJ 181—2012）。

《城镇排水管渠与泵站运行、维护及安全技术规程》（CJJ 68—2016）规定，管渠的检查与评估是运行维护的工作内容之一，将管道状况检查分为功能性状况和结构性状况两类。功能状况检查周期为 1～2 年一次，易涝点每年汛期前检查一次；结构状况为 5～10 年一次，流沙易发、湿陷黄土等地质结构不稳定地区的管道和管龄 30 年以上的管道普查周期可缩短。此外，本标准还列出 CCTV 检测、声呐检测、量泥斗检测、染色检测、烟雾检查等 7 种常规检测（查）方法的适用范围和使用条件。

《城镇排水管道检测与评估技术规程》（CJJ 181—2012）。在前述标准基础上，对 CCTV、声呐等检测方法的检测过程细化控制要求，规定了设备或操作工具的技术参数，检测过程、结果的判读和评估要求，具有良好的可操作性，可有效指导排水管网现场检测和内业评估工作的有序规范开展，保障评估结果的科学性和可靠性。

2）地标和团标

随着排水管道检测设备和图像处理技术的快速发展，国内排水管道检测技术呈现出一些变化，如新型搭载设备和检测设备、影像的数字化建模处理等。这部分的变化主要体现在地方标准和团体标准中。

上海地方标准《排水管道电视和声呐检测评估技术规程》（DB 31/T 444—2022）中新增了有缆遥控水下机器人和无人机，为不能满足降水条件的特大型排水管道和箱涵的检测提供了搭载设备。2022 年中国工程建设标准化协会发布的《城市排水管渠数字化检测与评估技术规程》（T/CECS 1028—2022）中纳入了激光轮廓检测，用于判别管道的变形、破损等缺陷。山东省《城镇排水管道检测与评估技术规程》（DB 37/T 5107—2018）针对管道渗漏引入电法测漏仪检测、地质雷达法等两种新的检测方法。电法测漏仪检测也适用于无法降水的管道检测，不仅能查明渗漏位置，还能判断渗漏程度，为后续修复提供依据。大多数排水管道检测方法属于管道内窥，无法准确直观地了解管道周围土体的状况。而地质雷达可以直接对管道周边是否存在空洞等土体病害进行检测，当地质雷达检测与管道内窥检测结合时，可以同时得到地下排水管道外部土体扰动情况及管道内部的完整性情况，为管道的非开挖修复提供准确而充分的设计资料，避免修复后的管道因外部土体的不稳定而再次断裂。

上海地方标准《排水管道电视和声呐检测评估技术规程》（DB 31/T 444—2002）中纳入了数字化电视和三维全景声呐检测技术。与传统电视检测相比，数字化电视检测是利用数字传输技术将高清视频传输到终端计算机，对数字图像进行处理，提取到足够数量的图像特征点进行匹配，并获取足够数量的密集点云来构建三维模型，可以实现对管道变形、错口、起伏、脱节、沉积等缺陷尺寸的精确测量，提高管道检测评估中缺陷的定量水平。传统声呐采用的是二维技术，不够直观，现场操作人员凭着经验判读时，易导致检测数据不准确或误判。三维全景声呐检测，从各个角度显示了管道的管径、管壁、管道轮廓成像、3D 图像任意旋转、透视、缩放，便于判断管道变形、孔洞、支管稀泥及硬质沉积物厚度。

山东省《城镇排水管道检测与评估技术规程》（DB 37/T 5017—2018）在检测结果评估中纳入了反映管道周边土体病害影响的环境指数，形成了基于修复指数、养护指数、环境指数三个评价指标的综合评估方法体系，为防范管道运行的次生灾害提供指导。

3. 管道修复

我国城市地下管线复杂，城市道路的荷载越来越大，地下排水管道破裂修复需求逐年增加。非开挖修复技术以其铺管速度快、效率高、对道路交通影响小等优点，逐渐应用于地下排水管道坍塌的修复中。随着排水管道非开挖修复在国内的应用，相关的标准规范从最初的工艺工法逐渐扩大到施工管理和材料质量。

1）工程标准

行业标准《城镇排水管道非开挖修复更新工程技术规程》（CJJ/T 210—2014）覆盖了非开挖修复的设计、施工和验收全过程的技术要求；针对目前应用的主要非开挖修复技术，给出每种方法的适用范围、使用条件、设计和施工要求，方便设计人员因地制宜选用。

2018 年，中国工程建设标准化协会发布《城镇给水排水管道原位固化法修复工程技术规程》（T/CECS 559—2018），在总结实践经验的基础上，对翻转式原位固化法和拉入式原位固化法细化了技术要求，在上述行标的基础上补充了树脂和内衬管等材料的性能技术指标，加强对原位固化法材料的质量控制，细化管道预处理要求和具体施工要求。补充了确保原位固化法施工质量的材料和施工要求。

针对目前排水管渠非开挖修复工程缺少监理，施工管理不规范、施工质量参差不齐等问题，2020 年，中国标准化协会发布《排水管道检测及非开挖修复工程监理规程》（T/CAS 413—2020），除了规定工程项目监理工作的一般要求之外，针对非开挖修复工作的特点，特别规定了原材料和构配件的产品质量文件、抽样送检以及管道预处理和修复作业中各个工序的监理内容和技术要求等，从工程管理角度保障非开挖修复工程的质量。

2）产品标准

为了规范排水管道非开挖修复市场所使用的修复材料质量要求，避免良莠不齐的产品扰乱市场秩序，非开挖修复的产品标准也开始出现。其中，国标《非开挖修复用塑料管道　总则》（GB/T 37862—2019）针对行业标准《城镇排水管道非开挖修复更新工程技术规程》（CJJ/T 210—

2014）中所涉及的所有塑料管材给出技术要求。2021 年，中国城镇供排水协会发布《城镇排水管道原位固化修复用内衬软管》（T/CUWA 60052—2021），专门针对原位固化修复法中使用最广泛的内衬软管，提出结构型式、基本参数、控制性能指标等，进一步完善了原位修复材料的技术要求。

4. 管网信息化和智慧化运行

1）管网信息化标准

为更好地应对城市暴雨内涝灾害，2013 年 3 月 25 日发布的《国务院办公厅关于做好城市排水防涝设施建设工作的通知》，明确提出要"全面普查摸清现状"。2019 年，住房和城乡建设部、生态环境部、国家发展和改革委员会联合发布了《关于印发城镇污水处理提质增效三年行动方案（2019—2021 年）》（建城〔2019〕52 号）明确，依法建立市政排水管网地理信息系统（GIS），实现管网信息化、账册化管理，建立并完善基于 GIS 的动态更新机制。这条要求也被纳入全文强制性规范《城乡排水工程项目规范》（GB 55027）中，作为指导当代排水管网信息化和智慧化建设的底线要求。

这方面的国家、行业标准包括：《城市排水防涝设施数据采集与维护技术规范》（GB/T 51187—2016），用于指导城市排水防涝设施静态和动态实时监测数据的采集和维护工作，规定了排水防涝设施数据的统一格式和编码原则、数据的采集、录入、校核、维护和使用；《城市地下管线探测技术规程》（CJJ 61—2017）则通过物探方法确定排水管道的埋深等空间信息和几何尺寸、材质等属性信息。

团体标准方面，2023 年 11 月，中国工程建设标准化协会标准《排水管网地理信息系统技术规程》通过专家评审，为排水管网地理信息平台的建设、运行和动态维护提出详尽指导。

2）管网智慧化标准

目前，全国很多城市开始尝试在排水系统信息化建设的基础上，以物联网、大数据、云计算、人工智能为技术支撑，融合建筑信息模型（BIM）、城市信息模型（CIM）、GIS 技术，构建数字孪生智慧排水管网管理平台，实现排水管网地理信息管理、管网巡检养护管理和管网运行决策管理等多项目标。2022 年，中国工程建设标准化协会发布《城市智慧水务总体设计标准》（T/CECS 1199—2022），规定了智慧水务总体架构、智能感知层、基础设施层、数据管理层、模型管理层、应用支撑层、业务应用层、系统集成、运行维护、信息安全等内容；应用涵盖了供水、排水防涝、水资源、水环境、水监管、水务政务六个业务系统，覆盖了城市水务相关的运行、管理和决策要求，为城市水务智慧平台搭建提供技术支撑。

7.3　小　　结

排水管网作为城市重要基础设施，一直伴随着城镇化的进程和经济发展持续发展。进入 21 世纪以来，气候异常和城市内涝频发问题，让党中央高度重视城市排水管网的建设和管理质量。自 2013 年起，国务院在指导城镇化建设和城市基础设施建设的发文中，反复强调排水管网对于保障城市排水安全的重要性，要求加快排水管网雨污分流改造，建设完善的城市排水防涝工程体系，解决城市内涝积水问题。2015 年国务院以《水污染防治行动计划》（水十条）提出了污水实现全收集、全处理的目标，作为城市水环境治理的重要抓手。随后住房和城乡建设部发布了一系列针对提高排水管网建设和运行质量的政策文件，从新建污水管道消除污水管网空白区、雨污混接改造、老旧管网修复改造直到建设专业化养护队伍，从污水厂的进水浓度入手倒逼管网建设质量和运行管理水平的提升，这些政策文件不仅指引了行业发展，也带动相关技术标准的发展。

围绕着科技发展和行业需求变化，排水管网的功能、组成、性能、设计理念、设计标准和设计方法也在经历变革，这些都体现我国排水管网相关标准规范体系在不断完善中。现阶段，我国已建成较为全面和系统的排水管网相关标准规范体系，能保障现阶段排水管网设计、施工验收和运行维护的全过程技术要求。目前，雨水系统已构建了"源头减排、排水管渠、排涝除险"三段式加应急管理的城镇内涝防治体系，追求灰色雨水管网和绿色设施相结合的建设理念。以雨季设计流量衔接雨水系统和污水系统，污水系统在保障污水全收集、全处理目标之下，纳入受污染雨水的截留、调蓄、输送和处理，保障了溢流污染和径流污染控制目标的落实。

在我国排水管网政策体系与标准体系的建立和完善过程中，既积极借鉴参考国际先进理念和实践经验，也充分考虑我国国情和发展阶段的需求，逐步向先进性、科学性、适用性的目标迈进，为推动排水管网建设和行业的可持续高质量发展提供持续动力和保障。

参 考 文 献

[1] 章林伟, 牛璋彬, 张全, 等. 浅析海绵城市建设的顶层设计[J]. 给水排水, 2017, 53(9): 1-5

[2] 章林伟. 中国海绵城市的定位、概念与策略——回顾与解读国办发[2015]75 号文件[J]. 给水排水, 2021, 57(10): 1-8.

[3] 王家卓. 科学谋划 加大投入 系统推进城市内涝治理[J]. 中国经贸导刊, 2021(12): 63-66.

[4] 王家卓, 胡应均, 张春洋, 王晨. 对我国合流制排水系统及其溢流污染控制的思考[J]. 环境保护, 2018, 46(17): 14-19.

[5] 孙永利. 城镇污水处理提质增效的内涵与思路[J]. 中国给水排水, 2020, 36(2): 1-6.

[6] 中华人民共和国住房和城乡建设部. 中国城乡建设统计年鉴 2022[M]. 北京：中国统计出版社, 2023.

[7] 李春鞠. 上海市综合生活污水量变化系数研究[J]. 给水排水, 2017, 43(6): 141-144.

[8] 杨笛音. 通沟污泥处理处置技术方案选择——以上海市浦东新区为例[J]. 四川环境, 2020, 39(3): 125-131.

第8章

展望与建议

　　雨污管网是城市绿色可持续高质量发展进程中不可缺少的基础设施，是城市水环境、水资源、水生态、水安全协同推进的重要工作界面，是城市建设和管理水平的重要体现，正在迎来其高质量发展的转折期、机遇期。本章系统梳理并反思我国城市雨污管网建设和发展的历史经验，重点关注排水体制、管网建设标准、运维管理及材料产业化发展等方面问题。结合当前气候变化、经济社会发展等新形势新变化对雨污管网发展的需要，明晰雨污管网未来发展方向和趋势，提出创新性思路和建议。

8.1　历　史　经　验

　　城市排水管网作为城镇重要基础设施，承担着城镇雨水、污水的收集、输送等功能，是经济发展、居民安全以及生命财产的重要保障。但由于区域发展不平衡以及设施建管不到位，排水管网在规划、标准、选材等方面存在建设短板，部分城市在运维方面也存在失修、失养、失管等状态，影响区域的水安全、水环境等一系列问题。

8.1.1　排水体制及管网规划设计

　　目前我国大部分城市排水体制仍不健全，分流制与合流制并存，并且存在雨污混接、错接的现象。城市已建区尤其是老旧城区雨水排水系统标准偏低，积水内涝问题依然突出，此外，雨水径流污染和合流制溢流污染问题已经成为雨季环境水体污染物的主要来源之一。未来对于排水体制和管网规划的设计，应统筹考虑城市内涝、雨水径流污染、污水收集率等问题。加大城市排水管网的监测和诊断评估，建立定期普查的长效运维机制，拓展资金保障措施。

1.以问题和目标为导向，逐步完善现有排水体制

对于已建区，以问题为导向，针对积水内涝、合流制溢流污染等突出问题，通过管网普查、监测等，采用灰绿结合的方式，提出近、远期系统化实施方案。尤其是老旧城区，大多采用合流制排水系统，但随着城镇化后城市人口和污水排放量不断增加，排水管道新、改、扩的项目中设计和施工等的不规范，使得合流制管网改造不彻底和新建区域分流制管网雨、污混接，导致同一区域分流制与合流制并存。新建区以目标为导向，因地制宜选择排水体制，统筹考虑污水、雨水水量水质变化特征，逐步实现"厂—网—河"一体化。

2.加强规划引领，优化系统设计

城镇排水与污水处理设施布局的空间属性和运行的系统属性，决定了必须坚持先规划后建设的原则。城镇排水与污水处理规划是引领城镇排水系统建设、改造、运行、维护的顶层设计，科学规划是充分发挥其公共安全、卫生防疫、环境保护、资源再生、节水减排等功能的根本保证。但一些城镇存在缺少现行有效的规划，造成排水设施建设缺乏系统的规划指导，制约整个排水系统的建设完善、优化布局和能力提升，使得现状排水设施系统不完整、体系不完善，成为城市排水基础设施短板和弱项。或虽有规划，但是由于土地拆迁困难、暂不具备施工条件等种种原因，规划无法得以有效落实，同样造成了排水设施建设不系统的问题。

8.1.2 管网建设标准

1.完善管网建设标准体系和内容

目前我国已基本形成了相对完善的城市排水管网标准规范体系，为城市排水管网的高质量建设提供了良好的支撑，但现行标准规范在某些重要术语、设计方法、关键参数、系统关系的处理等方面仍有一定的完善空间，尤其是随着城市化的不断发展和气候变化，城市的人口、功能分区、用水结构、管材、水文特征等发生了较大变化，存在标准规范部

分内容滞后于城市发展需求的现象，有些甚至容易形成误导，直接影响工程和设施的设计，进而影响投资和实效，有时甚至造成"无效工程"。

比如：由于缺少对适用条件、各系统匹配等方面具有指导性、系统性的说明和要求，一些设计人员的设计中容易忽略系统关系、盲目取值，就会出现"厂前溢流""无效截流"等情况。此外，尚缺乏针对合流制排水系统和溢流控制系统方面且内容全面的国家标准和技术规范。因此，今后管网建设标准方面应紧密围绕新型城镇化和城市高质量发展的迫切需求，统筹安全、经济、环境等因素，不断更新和完善内容、优化设计参数，充分发挥行业引领作用，保障工程建设质量。

2. 提高城市排水管网覆盖率，保障工程建设质量

随着水污染防治工作的开展，排水管网建设已取得一定的成效。根据住房和城乡建设部《2022 年中国城市建设状况公报》数据，全国城市排水管道总长度 91.35 万 km，污水处理率 98.11%，城市生活污水集中收集率 70.06%。

但在一些地方排水管网仍存在管网的底数不清（基础资料缺失、信息化建设落后等）、管网覆盖率低（管网规划不到位、建设未全覆盖等）、管网建设质量不高（缺陷、坍塌等）、运管不到位（建管分离、无人运维）等问题严重影响到排水管网的运行效能。

此外，很多排水管网投资建设主体呈现多元化，使得排水管网建设缺乏良好的系统统筹，导致管网建设不匹配、不协调等缺陷和问题，影响排水系统功能实现。例如：一方面雨水管线随道路规划实施，由于实施主体或实施进度不同，容易形成管线"断头"；另一方面由于流域内管线建设缺乏统筹，容易造成管线建设标准不匹配。

8.1.3　管网的运行维护与管理

城市排水管网设计和运行过程中目前还存在一些不足，如在规划建设阶段没有考虑城市所在地的地理环境、气候特点等，不能因地制宜、科学地规划设计管网，导致排水管网设计不合理，排水系统无法充分发挥作用，此外，老城区排水管网存在结构性和功能性缺陷的管段占比较高。部分城市实现了管道维护与大数据等智慧科技结合，根据管道排查结果，有针对性开展维护运营工作。

如深圳、上海等地将地理信息系统（GIS）可视化技术引入城市排水管理中，实现了排水管网、水厂等基础设施的图形化管理；无锡利用物联网技术搭建了自己的排水综合管控平台，为系统自动化运管技术提供支持[1, 2]。武汉市开展管网探测、混错接调查及管网内部状况检测，根据隐患排查结果有效地进行排水系统改造从而提高了管网运行能力[3]。因此，未来仍需要进一步完善城市排水管网运行维护管理，有条件的城市应逐步建立涵盖监测、检测、诊断、养护等内容的城市排水系统运维平台，并与城市的 CIM 平台、智慧水务平台等相结合。从政策、规范标准、保障机制等方面建立起完善的城市排水管网运行维护管理制度。

1）完善排水管网运行管理制度

受"重建设、轻管养"理念的影响，目前排水管网的运行管理水平普遍不高。许多城市排水管网运管力量薄弱、专业化水平低，缺少运行及养护的专业设备，难以对排水管网提供计划性、系统性的专业运维，整体管理水平低。由于缺乏日常专业化巡查、养护、修复、更新等，排水管网往往存在淤积、高水位运行、结构破损、河水倒灌、混接错接、清污混流等功能性和结构性缺陷，其运行存在一定的风险。此外，部分城市排水管网的多家运营、分头管理，使得不同的运营单位之间难以高效协调运营，整个排水系统亦无法发挥最大功效，城市排水系统保障度低下，不可避免导致城市水环境质量不稳定、积滞水频发等诸多城市水问题。

2）落实排水管网运行管理标准

目前，排水管网巡查养护主要依据的标准为《城镇排水管渠与泵站运行、维护及安全技术规程》（CJJ 68），主要内容是对排水管渠和附属构筑物的巡查与养护、排水泵站和调蓄池的检查与维护做出了明确的规定和要求，指导了全国在排水管网巡查养护方面的作业；另外，《城镇排水管道检测与评估技术规程》（CJJ 181），主要内容是对排水管道的检测方法、标准以及检测后的评估方法进行了规定。这两项标准规范支撑着全国各地的管网运维和评估的相关工作。但全国各城市对上述规范标准的执行情况差别较大，各地需要落实排水管网运行管理标准执行的实施细则。

8.1.4　管网材料与产业化

近年来，我国城镇化进程飞速发展，城市化进程成为增量管网建设的助推剂，我国排水管道长度不断增长，排水管网检测、修复及改造需求旺盛。污水年排放量持续增长对排水管网检测、修复及养护提出更高要求，地下管网检测、修复及养护工作得到快速发展，财政资金投资力度不断加大，相继出台了一系列政策规划来加强城市地下管线建设管理。但我国管网产业发展仍存在一些挑战与不足，突出表现为：产业链粗放、统筹不够紧密；相比其他行业，利用新技术改变传统模式的进程还不够快；管网城市安全保障度需要提升；"双碳"背景下管网能源开发和减排刚刚起步，尚有较大发展空间。今后仍需围绕排水系统运营模式升级优化、生产作业模式转变、城市安全系统管理、排水系统温室气体减排、管网能源开发等方面加大建设力度。

1. 提高排水管网材料标准化水平

由于钢管、铸铁管道具有较高的强度和耐腐蚀性，适用于城市化进程出现的大规模排水需求，所以新中国成立之初排水管网采用的是钢管和铸铁管材质，随着材料技术的发展，塑料管道逐渐使用并取代铸铁和钢管道。随着复合材料的研发，排水管网管材发展进入繁荣阶段。目前，常用于排水管道的管材有钢筋混凝土管及混凝土管、玻璃钢管、HDPE双壁波纹管、HDPE缠绕增强管、UPVC双壁波纹管及各种新型管材等。与此同时，伴随着管道的修复更新，施工工法也从最初的开挖修复发展到非开挖修复，主要材料为树脂类材质、纤维类材质和高分子聚合物等。针对管网材料发展的形势需求，急需进一步提升标准化水平，规范市场发展。

2. 多措并举推动排水产业健康发展

目前，我国排水产业处于由粗放型外延式发展转向集约型内涵式发展的关键转折点，随着城市化进程的加快和水环境治理力度的不断加强，排水产业市场规模将继续扩大。在科技创新大背景下，近年来相关产业链不断完善，涵盖规划、设计、装备、建设、运维等多个环节，已形成较为完整的产业体系，开发应用高效、节能、环保的技术和工艺，探索新型运管模式。但是面对新发展阶段的实际需求，排水产业发展仍面临一系列问题，比如设施存量更新缓慢、总体技术和管理水平不高、专业技术人才队伍缺乏、资金投入规模不足等，制约排水产业高质量发展。

8.2 未来展望

排水管网是城市的"血管"，畅通的排水系统对城市"健康"至关重要。当前，我国高度重视"管网补短板"工作，《"十四五"城镇污水处理及资源化利用发展规划》指出"污水管网建设改造滞后"，从国家到地方规划均给出了明确目标并在财政上予以支撑。据估测，每千米污水管道造价约 150 万～350 万元人民币，无论是新增还是修复，都需要万亿级的市场投资。2023 年 1 月，中建一局中标国内投资规模最大的雨污管网类 PPP 项目，总投资 102.52 亿元，项目合作期约 30 年，其中建设期 3 年，运营期 27 年。排水管网的更新改造提升工作，涉及央地政府巨量投入，事关政产学研各个环节，因此，讨论明晰雨污管网未来发展趋势具有现实意义。

8.2.1 综合发挥雨污管网系统效益

针对当前存在的问题和挑战，需要加强雨污管网系统的管理、维护和升级改造工作，提高雨污管网系统运行效率和综合效益。与此同时，雨污管网系统升级改造和运营管理需要大量资金投入，也能够带动相关产业发展，创造就业机会。

1）加强与城市各类规划的协同

城市雨污管网系统作为城市基础设施的重要组成部分，对于改善城市环境质量、保护生态环境具有重要意义。实现城市雨污管网系统的生态、社会和经济效益是一个复杂过程，涉及多个方面。通过与城市绿地、湿地等生态系统进行有机结合，城市雨污系统不仅能够更好地发挥其生态功能，更能促进城市的绿色发展和生态平衡，为城市发展提供更多方面的效益。要发挥城市雨污管网系统的综合效益必须从整体上强化与城市各类规划的衔接和协同。

2）精细化开展径流污染削减和雨水集蓄利用

雨污管网系统综合效益最大化，必须从系统维度出发，从雨污管网存在的问题着手，精细化开展相关工作。根据不同排水体制的特点，从源头、过程和末端不同角度，加强城市雨水径流污染削减、雨污水资源收集和利用，采取源头雨水收集处理和资源化利用、定期巡查雨水管网、清掏管道沉积物、增加截流干管截流倍数、扩大污水处理厂规模、建设调蓄设施等措施，同时注重非工程措施的作用，系统管控城市雨水径流排放污染和雨水集蓄利用。同时，补充完善现行法律法规、政策标准中对于城市雨水径流污染、水资源收集利用的治理要求，不断补充加强对于城市雨水径流污染、雨水集蓄利用的判别标准、可行技术措施、出水标准以及工程设施建设、验收、运维要求等的科学指导。

3）因地制宜控制合流制溢流

2024 年 3 月，住房和城乡建设部等 5 部门联合发布《关于加强城市生活污水管网建设和运行维护的通知》，推进雨季溢流污染总量削减，要因地制宜采取雨前降低管网运行水位、雨洪排口和截流井改造、源头雨水径流减量等措施，削减雨季溢流污染入河量。通过借鉴发达国家经验，应充分认识合流制溢流控制的艰巨性和复杂性，认识到雨污分流改造是手段而非目标。美国、日本、德国有合流制排水系统的城市，大部分选择保留原有合流制系统，并对溢流污染进行控制，对局部"合改分"改造条件相对较好的区域，结合城市更新改造进行局部分流，这往往是作为区域溢流控制系统方案中的一项技术措施，并需与其他措施进行统筹考虑。只有极少数合流制区域，由于城市大规模重建或合流制区域较小等原因，在对改造投资、污染负荷削减情况等系统评估后，选择全面推行"合改分"，但通常也经历了较长的实施周期，改造后也需要对雨水径流污染进行单独控制。

4）推进雨污水混接点整改

当前，各地积极推进城市雨污管网系统改造及优化工作，以完善城市排水管网，提升城市排水能力和水环境质量。各地在进行排查和整治时，不应仅将传统意义上的废水、污水排口作为实施对象，应将城市雨水排口也纳入进来。对于晴天有污水排出的雨水排口，以排口为起点，制定科学可行的排查方案，对雨水管网服务范围内的排污情况进行细致的溯源排查，查找雨污混接点，整改混接错接管网。

5）推动"厂网河共管"排水一体化管理模式

以效能提升为核心，以管网补短板为重点，坚持问题导向、重点突破、建管并举、系统整治、精准施策，推动建立厂网统筹的专业化运行维护管理模式。以污水处理厂进水浓度为抓手，倒逼收水范围内排水管网的检查和评估，根据评估结果修复管道结构性缺陷和功能性缺陷。如图 8-1 所示，应实现厂、网、河一体化运营，各地应因城施策，积极研究出台排水管网日常维护技术指南，建立日常维护管理体系。对日常维护内容、维护频次、人员配备要求、可行技术选择、合格标准判定等方面提出明确的要求。建立完备的考核机制和奖惩措施，监督责任人员落实。

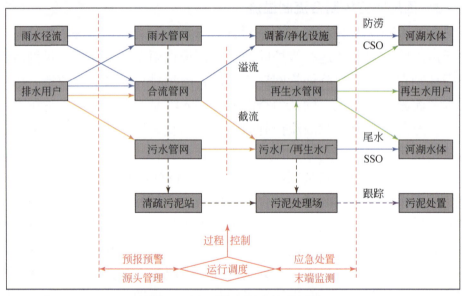

图 8-1 厂、网、河一体化运营

综合发挥雨污管网系统效益是一项紧迫且重要的研究方向，是增强城市生态韧性、实现系统综合效益的关键所在，这一领域具有广阔的发展前景和无限的创新潜力，对提升城市环境质量、保护水资源以及促进经济发展等方面都具有重要意义。

8.2.2 提升雨污管网突发事件的应对能力

排水突发事件通常是指在城市排水系统中，由于突发的自然灾害、异常气象、设施故障或其他意外原因引发的排水问题，水体无法迅速、顺畅地排除，可能引发内涝、污水外溢、道路积水、污染等紧急情况。突发事件能否科学有效处理非常考验一座城市的应急管理水平，2020 年河南郑州 "7·20" 暴雨已经充分说明了应急管理的重要性。

1）深化应急管理体制改革

应将雨污管网系统纳入到应急管理机制改革中，实现 "统一指挥、专常兼备、反应灵敏、上下联动" 的应急管理机制。各地应结合实际情况对应急管理需求进行全面评估，将雨污管网系统纳入城市风险管理框架中，评估工作与深化改革紧密连接，从机构设置、运行管理等多方面实现应急管理体制的高效发展，强化专业机构支撑。

2）加强雨污管网等市政基础设施建设

根据城市基础硬件设施情况，优化空间布局，夯实城市建设基础。重点优化与城市公共安全直接相关的设施，及时调整老化设施，降低各类潜在风险，在城市系统受到冲击后能够通过调整恢复至原本状态，是城市规划与发展布局的方向。要提升基础设施系统的科技水平，拓展基础设施新技术的研究范畴，如工程结构的隔震、减震与消能技术等。进一步优化高密度城市基础设施的管道材料，加快城市基础设施共同沟的建设，使大部分管线实现地下化、廊道化。运用智慧技术对基础设施进行实时监测、破损自动探测和切断装置，科学预测、控制和消除灾害的风险隐患。

3）提升内涝灾前预见能力

城市内涝高标准设防与用地高度紧张矛盾突出，传统内涝治理模式难以适应新时期的城市内涝治理系统化要求。对于特大突发公共事件中的城市治理，应通过信息与通信技术的高效应用，系统性、整体性治理，实现城市资源的共享与城市功能的协同，在精细化管理目标引导下，以自我感知与自我管理提高城市排水防涝水平。着力解决传统城市综合防灾能力低效与碎片化问题，通过统一目标、统一规划、多维共治、系统优化，实现内涝治理、系统达标，夯实防灾应对突发事件的能力和基础。

4）提升内涝灾后恢复能力

客观评估自然灾害的整体情况对于提升综合防灾能力至关重要。通过借助数据量化与定性分析方法，对城市防控手段、管理手段进行全面且科学的评估，并将结果及时反馈给相关部门，可为决策者调整综合防灾规划提供参考。同时，注重灾害发生后的反馈与修正，依托遥感、大数据、云计算、物联网等技术实现对灾害情况的实时监测。如内涝灾害发生后地表水的变化情况监测，是灾后恢复的重要考虑因素，需要及时了解城市各个区域和路段的积水状况，准确把握各项防灾治理设施的动态变化情况，实时调整城市综合防灾建设的各环节，根据反馈结果更快捷、有效开展灾后恢复建设。

5）极端降雨情形下排水系统应急管理

极端降雨情形下雨污管网系统的应急管理，应该重视事前、事中、事后全过程的管理。发展建立全面、实时的智能化预警系统，推动大数据和人工智能等智能化技术在雨污排水管理中的应用，提高对降雨的监测和响应能力。加强对雨污排水应急处理人员培训，建立定期演练机制，提高人员应对突发情况的应急能力。推动环境监测与信息共享，加强与相关部门的协同，提高应急决策的科学性和准确性。综合运用新技术，推动综合运用物联网、大数据、人工智能等新技术，优化雨污排水管理体系，提高排水系统智能化水平。

8.2.3　增强气候变化条件下雨污管网的韧性

在全球气候变化加剧背景下，城市亟需优化现有治理路径，提高面对自然灾害等突发公共事件时的应对能力，雨污管网韧性建设在其中发挥着关键作用。当城市受到雨洪灾害威胁时，在不受外界帮助的情况下，保持城市自身正常运转的基本结构不被破坏（即抵抗）、基本结构遭受破坏后能及时恢复城市正常秩序（即恢复）、不断学习调整内部结构以期下一次更好地应对雨洪灾害（即适应）的能力。

1）构建城市内涝风险专项体检评价体系

极端降雨增多、城市自然渗滞蓄空间破坏、竖向破坏、城市内涝防治系统不完善以及河道水系破坏等因素，给雨污管网韧性带来极大影响。应在"城市体检"安全韧性的准则下，建立包括流域防洪能力、下垫面自然承载能力、排水系统能力、重点区位与人员保护能力以及应急管理能力的城市内涝风险专项体检指标体系。在流域防洪能力准则下设置防洪工程能力和防洪排涝系统衔接效果指标，排查因洪致涝情况；在下垫面自然承灾能力准则下设置渗滞蓄条件、竖向条件和水面率指标，排查本底规划和建设的合理性；在排水系统能力准则下，设置大排水系统下的行泄通道和雨水调蓄、小排水系统下的雨水管渠和雨水泵站以及微排水系统控制指标，排查排水防涝系统对雨水的排放、控制能力；在重点区位和人员保护准则下设置重点区位和人员暴露性情况指标，排查内涝带来的损失风险；在应急管理能力准则下设置灾前、灾中、灾后全过程能力评价指标，排查灾前预防、灾中响应和灾后恢复能力。

2）构建"平急两用"韧性排水系统

随着极端降雨在各城市出现的频率增加，若城市排水管网体系没有及时做出相应提升，城市工程体系标准落后、建设不规范等问题将会严重制约城市内涝韧性的发展。构建"平急两用"的韧性排水系统对解决城市内涝问题带来新的重要契机。国务院办公厅《关于积极稳步推进超大特大城市"平急两用"公共基础设施建设的指导意见》（2023 年）、自然资源部《关于统筹做好"平急两用"公共基础设施国土空间规划和用地保障工作的通知》（2023 年）均提出构建"平急两用"公共基础设施。目前，深圳市发展和改革委员会已制定《深圳市"平急两用"公共基础设施建设实施方案》（2023 年），"平急两用"公共基础设施建设在全国多个城市引起关注。在内涝防治体系规划中对低洼地、蓝绿空间等进行保护，提供充足的雨洪滞蓄空间，将对缓解内涝灾害起到关键性作用。合理规划管道布局，充分考虑地下管道的铺设空间，避免产生线路冲突而导致的雨污合流混接、错接、漏接、破损等现象，同时对管道的参数设定进行科学性的布局选择，保障城市雨污管道的高效运行。如图 8-2 所示，利用城市中的开放空间作为雨水调蓄的多功能开放空间，在满足休闲娱乐功能的同时还能够增加城市中雨水调蓄容量，降低城市内涝风险，完善城市防灾减灾体系。

3）绿色雨水基础设施与传统管网相结合

各国都在探索将绿色雨水基础设施与排水管网系统更新改造和提升城市韧性紧密结合。美国匹兹堡的"绿色优先计划"将绿色雨水基础

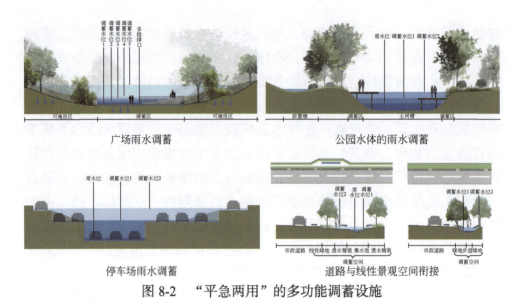

广场雨水调蓄 公园水体的雨水调蓄

停车场雨水调蓄 道路与线性景观空间衔接

图 8-2 "平急两用"的多功能调蓄设施

设施（GSI）与传统管网系统相结合，从城市尺度对城市多个排水分区进行分类与评估，进而将 GSI 融入排水管网的分区规划，从而形成高韧性的雨水管理系统，达到城市多目标融合和良性循环。

将城市雨污管网与海绵城市建设相结合，利用 ArcGIS 及雨洪管理模型等辅助城市雨污管网设施的整体评估和协同规划，将优化过后的 GSI 融入排水分区尺度上的城市设计框架，对排水分区内不同灰绿雨水基础设施进行 CSO、内涝削减及成本效益等方面的方案设计与评估。与老旧小区改造和城市更新等工作相结合，对雨水管网进行源头蓄滞、末端截留、构建雨水调蓄池等措施，对雨水进行收集、调蓄和传输，充分利用雨水资源并增渗回补地下水，缓解城市内涝灾害的同时也能美化城市人居环境。

4）着力增强市雨污管网管理韧性水平

雨污排水管网的升级改造是提高城市韧性的重要组成部分和重点研究方向。如图 8-3 所示，为了做好城市排水系统韧性提升工作，应明晰城市内涝灾害形成的过程，从每一个环节提升城市管网输送能力。同时，为提升极端天气下城市超标雨水的排水管网韧性，应从前期规划到中期施工再到后期维护全过程进行综合改造和能力提升。将城市排水管网改造与城市双修、路面维修相结合，提高排水管网改造修复力度，降低对环境及交通的影响，修复城市存量管网病害，提升城市的污水收集能力和水环境质量。建设完备的城市雨污管网的日常管理维护机制，避免事故性维护情况的出现，通过对排水管网的动态监测，提前发现并预警潜在的风险。将排水管网的建设与管理放在同等重要的位置上，理顺管理机制、明确部门职责；将排水管网运维由事业向行业升级，明确责任方，推动产权与运营权的清晰、分离，将排水管网交由专业化的排水公司进行运营，提高效率，降低成本。

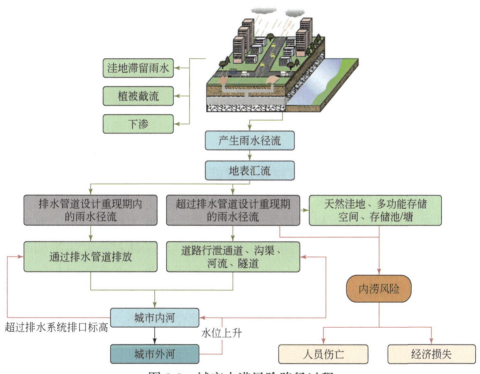

图 8-3　城市内涝风险路径过程

8.2.4　有序发展新型雨污管网材料与运维产业

随着城市更新改造速度逐渐加快，大量城市雨污管网需要进行新建、更换以及修复等工作，对雨污管道的需求不断加大，拉动了雨污管道行业高速发展，行业未来前景广阔。

1）发展雨污管网新型材料

诸如 PE 管材类化工材料管材，施工难度较低，甚至在大型市政给排水工程建设过程中，无需启用重型设备便可完成主管材铺设，从而节省大量建设成本，其优质耐用不易损耗特点还有助于节省大量后续维护投入。在市政工程排水管网材料选择时，需要注重对新型材料的使用，如 PCCP 管、PE 管、PVC-U 管、聚乙烯管等，管道材料表面较为光滑，质量相对较轻，排水量较大，后期施工也较为方便。市政排水管网一般是以地埋式进行铺设，加上入户部分，其往往处于复杂的环境之中，因此需要管材具备较高强度、抗压性和抗腐蚀性等特点。未来雨污管网新型材料的研发和应用应更好地适应管网所处的环境特点。

2）加大信息化技术复合管材技术应用

市政给排水管网大部分都是以地埋式工艺深埋于地下，信息化复合管材则给排水管网系统状态监测和检修提供了便利。目前，我国相关行业正在联合研究一种具备定位功能的复合管材，其主要方式是在 PE 管材中植入金属导线，不仅能进一步增加 PE 管材综合强度，同时还能结合相关信息技术设备进行定位检测。

3）提升雨污管网自修复材料研发能力

管网自修复体系实际上是通过中空纤维载体的网络化来实现的，其修复机理与中空纤维自修复体系本质上一致。如同人体受伤后，血液可以从人体不同的血液管道流到受伤部位一样，当基体材料发生损伤时，修复剂也可以通过网络中的不同的管道流到受损处，并实现对材料的多次修复。相较于传统修复方式，通过修复材料修复管道技术，具有对交通和周围环境影响小、综合成本低、施工简便等优势，正在得到广泛推广应用。但目前排水管网修复领域修复材料环保性能差，面对日益增长的需求和绿色发展趋势，研发新型绿色修复材料具备紧迫性。

8.2.5 全面提升管网智慧水平

当前，城市精细化管理要求越来越高，市政排水管网日趋复杂及巨量化，传统管理理念和方法已不能满足当前排水管理的需求。随着新兴信息技术在排水领域的应用越来越广，智慧排水管网在未来具有广阔应用前景。

1）排水系统智慧化管理

从排水系统智慧化管理的角度，应将数学模型、优化算法、在线水位监测有机结合，建立具有自寻优功能的管网智能化模型系统。当排水管网在线水位监测数据与现状模型模拟结果之间存在显著的异常变化时，可通过智能化模型系统，实现对异常排放的快速反演定位。对于城市内涝预警和管网溢流污染控制，数值模型和机器学习模型都是重要的实现手段。对排水系统的整体运行调控调度，还有赖于数值模型、优化算法和机器学习算法的进一步融合，从而生成实时调度方案。应用地理信息系统、全球定位、遥感应用等数字化技术，建设具有雨情分析、灾害监测、预报预警、远程监控、风险评估等功能的综合信息管理平台和指挥调度系统，如图 8-4 所示。联合气象、水利、交通、公安、消防、园林绿化、市容、环卫等相关部门进一步健全互联互通的信息共享与协调联动机制，通过制订和完善城市排水与暴雨内涝防范应急预案，提高城市排水防涝设施规划、建设、管理和应急水平。

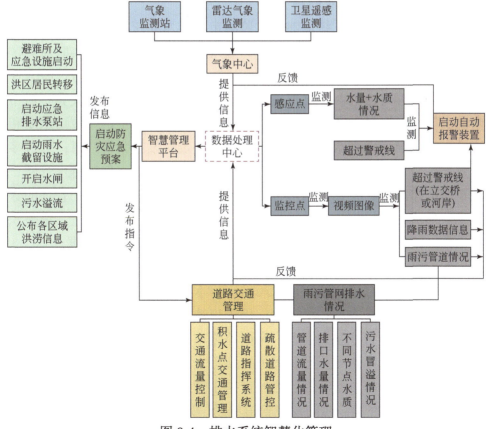

图 8-4 排水系统智慧化管理

2）精准化调度和控制

通过大数据分析和人工智能技术，实现排水系统的精准化调度和控制，减少能源和人力的浪费，提高整个系统的运行效率和经济效益。通过各种设备和传感器，实时监测市政排水系统的运行状况，包括排水量、水质、压力等参数，及时发现管道堵塞、水质污染等问题，实现风险预警；针对排水管道可能出现的问题（如降雨过大、管道容量不足、管道漏损等），及时做好应对措施，降低风险事件的发生概率；对排水系统进行精细化调度和控制，根据天气预报的雨情、城市用水情况和排水管网流量情况，调整排污口流量、污泥浓度等参数，结合实时监测数据及时调整控制策略，最大限度地发挥排水系统的效能。通过对排水系统进行分析和调度，优化排水系统运行方式，降低能耗、减少污染物排放，提高污水的处理效率和水质，达到节能减排目的。

3）发展智能化水质监测

智能化水质监测系统能够实时监测市政排水系统的水质，提供高准确度的监测数据（如图 8-5 所示）。通过安装传感器等设备实时监测，迅速发现水质问题，提高污水处理和排放效率；通过现状调查、综合评估、信息共享等方式，建立覆盖关键排放口、水体敏感点以及典型城市内涝点等重要区域的在线监测网络，对河道水质和水位、排放口水质和流量、雨情、道路积水等进行实时监测，并及时发布预警信息；通过多源数据融合，排水管网智慧化可以整合排水设施数据（包括排水管网、检查井、排放口、泵站、闸门等）和已有探测数据，建立统一管理的数据库，形成排水设施资产的"一张图"，接入气象预报、雨量、道路积水水位、河道水质和水位、排放口水质和流量等在线监测数据。

4）推进全面管线监测

全面管线监测的应用，可保障城市排水系统的正常运行，提高排水系统的安全性、可靠性和稳定性，促进市政排水系统整体效能得到全面提升。通过加装智能感知设备，全面监测市政排水系统的管道状况，及时了解网络状况，防止漏损和管道破裂等安全事故发生。智慧排水系统通过安装传感器等设备实时监测城市排水管道状况，包括管道破损、水压等参数，从而在第一时间发现管道问题，保障城市排水系统正常运行。根据传感器收集的数据分析排水管道的损坏情况，包括管道老化程度和

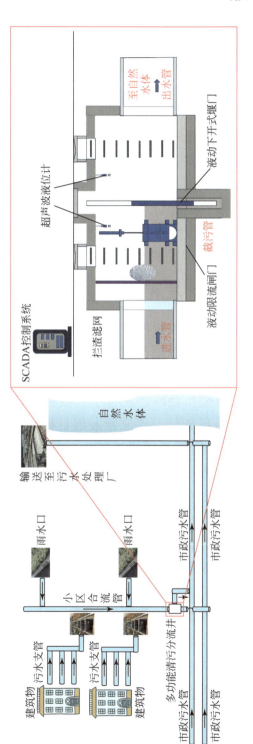

图8-5 智慧排水管网关键环节水质监测

腐蚀情况，有针对性地进行维修和更换。通过大数据分析和在线水力模型等技术，对可能出现的故障进行预测和分析，提前制定维修计划，降低故障对排水系统的影响。

5）积极防范风险事件

智慧排水系统通过预警机制，提前制定预案、及时响应，可以有效预测和防范各类风险事件的发生，最大限度减少损失。管网数学模型是实现智慧决策的核心工具，其前提是管网模型的可靠性，尤其需要对管网入流入渗水量的边界条件进行合理确定。智慧决策的关键在于智能化模型，而开源模型的二次开发或者自主模型是建立智能化模型的基础，未来应进一步加强研究，实现在底层技术上的突破。

8.2.6　助力排水系统低碳发展

随着城市排水管网系统规模长期扩增，在建设及运行等过程中消耗大量建材与能源，已成为城市基础设施中不容小觑的碳排放源。随着我国"双碳"目标提出，为控制城乡建设领域碳排放量增长，住房和城乡建设部、国家发展和改革委员会联合发布了《城乡建设领域碳达峰实施方案》，为城市排水系统低碳转型确立新发展目标与方向。

1）精准核算城市排水管网系统碳排放

当前，我国城市排水管网碳核算工作尚未全面开展，城市排水管网系统碳排放总量不明确。面对碳排放总量的不确定性，首先需要认识到核算城市排水管网系统碳排放是一个复杂的过程，涉及核算边界确定、核算方法选择、活动水平数据与排放因子收集、碳排放量核算、数据质量管理、结果分析与报告编制等多个环节。

其中，活动水平数据是碳排放核算基础，数据精度与时效性决定了核算结果有效性，这对管网数据完整性与更新速度提出了更高要求。与其他基础设施碳排放不同，排水管网系统运行阶段碳排放受排水量、水中有机物浓度等因素影响动态变化，故运行阶段碳排放核算需依托于常态化、规范化的数据统计监测与计量体系。

城市排水管网系统碳排放核算具有多维价值，是推动城市排水系统低碳转型的关键步骤，对提升排水系统稳定性与应对外部环境变化韧性，实现排水系统可持续发展具有深远意义。管理部门可依据核算数据明确碳减排目标、合理规划排水系统减排路径，为制定有效的环境管理政策提供数据支持；为相关水务企业参与碳交易市场做支撑，有助于生产企业了解自身排放水平，挖掘减排潜力；公开透明的核算结果，也有助于增强公众对于水资源保护与气候变化间关联的认识，实现碳排放管控及水资源可持续管理的良性循环。

2）城市排水管网系统碳排放活动识别与划分

城市排水系统碳核算边界如图 8-6 所示，涉及污水、再生水及雨水多个子系统，排放活动分散、复杂。为进一步明确城市排水管网系统碳排放活动，以管网为核心，采用两种分类方式系统梳理了城市排水管网系统碳排放活动。分类方式一：参照《温室气体核算体系》及《温室气体——第一部分：组织层面上温室气体排放和去除量化报告指南》（ISO 14064-1：2018）中温室气体排放分类方式划分，分类结果见表 8-1；分类方式二：参照《温室气体核算体系》中温室气体排放分类方式及时间范围进行划分，根据碳排放产生时间又将时间范围分为建设、运行维护、资产重置与拆除三个阶段，分类结果见图 8-7。

3）城市排水管网系统碳排放核算方法

城市排水管网系统碳排放核算方法主要为碳排放因子法，其核心思想是通过活动数据与排放因子的乘积估算出碳排放活动的碳排放量。活动数据来源有三种，按照数据精度由高至低排列，包括能够直接获取的碳排放活动数据、关联基础数据及行业当量数据。根据数据精度将核算方法分为三个层次，运行企业、行业协会及水务管理部门可根据核算需求及数据来源灵活选用不同层次的核算方法。

从具体核算来看，以典型碳排放活动为例，如化石燃料消耗、电力消耗及材料消耗碳排放，均可参照表上述分类方式一的排放活动划分方式；当缺少总量数据时，可参照分类方式二划分的碳排放活动进行核算；而运行维护阶段生化反应产生的温室气体排放与典型碳排放活动不同，既可通过长期监测获取碳排放量，也可通过相关碳排放核算公式核算，该部分核算公式差异较大。此外，由于建设阶段排水管渠及附属构筑物的碳排放活动相对固定统一，其建设阶段碳排放量可通过设施建设阶段碳排放强度与设施规模相乘进行估算。

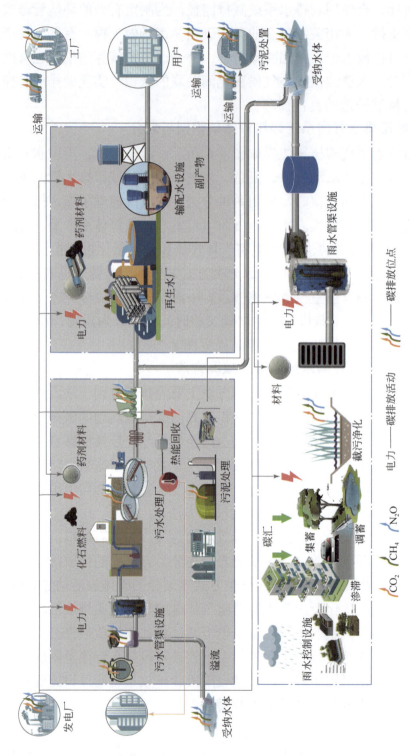

图8-6　城市排水系统碳核算边界示意图

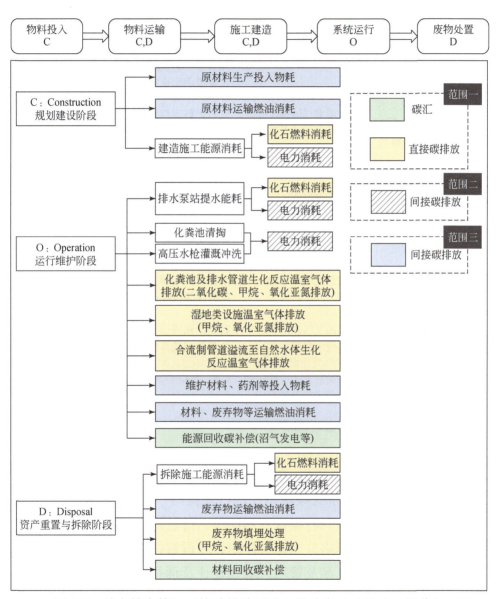

图 8-7　城市排水管网系统碳排放活动和排放类型（按阶段划分）

表 8-1　城市排水管网系统碳排放活动和排放类型（按范围划分）

范围（温室气体核算体系）	类型（ISO 14064-1：2018）	排水管网系统
范围一：归属或受控于核算主体自身活动导致的温室气体排放	直接温室气体排放或碳汇	化石源 CO_2、CH_4、N_2O 排放：化粪池、排水管道中生化反应
		化石燃料直接排放：边界内化石燃料的消耗
		资源/能源回收碳补偿：材料回收利用、沼气发电等
范围二：由于购买电力、蒸汽、热/冷源导致的温室气体排放	间接温室气体排放——电力消耗	电力消耗间接排放：化粪池清掏、提升泵站、高压水枪灌溉冲洗等消耗电能
	间接温室气体排放——运输	运输过程间接排放：包括运输各类材料、废弃物等过程产生的间接碳排放
范围三：其他因核算主体活动导致的但在其核算边界外产生的间接温室气体排放	间接温室气体排放——材料投入和服务	材料消耗间接排放：系统运行过程投加的化学药剂或其他材料、更换维修耗材等
	间接温室气体排放——资产和副产品处置	CH_4、N_2O 排放：合流制溢流（CSO）生化反应
	间接温室气体排放——其他	—

4）城市排水管网系统碳减排技术行动策略

城市排水管网系统具有碳排放周期长、排放活动分散等特点，据此将其碳减排技术行动策略分为源头控制、过程管控、资源回收利用三种类型，如图 8-8 所示，涉及管理、规划设计及运行多个部门，协同助力排水系统低碳发展。

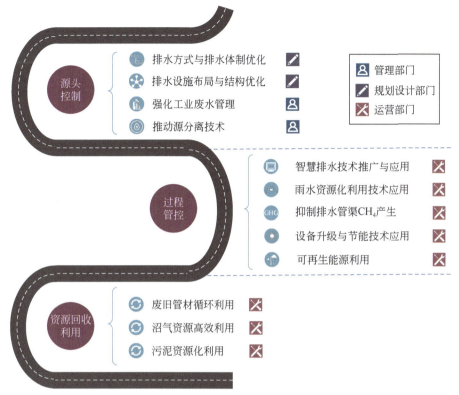

图 8-8 城市排水管网系统碳减排路线图

8.3 创 新 思 路

为进一步提升我国城镇雨污管网高质量发展水平，协同增效，为打造韧性城市、低碳城市、安全城市提供基层保障支撑，未来雨污管网系统应打破行业壁垒，与城镇基础设施匹配协同发展，同时完善管网技术产业链，做好数字化时代的管理转型，并建立强有力的保障体系与制度法规。

8.3.1 加强雨污管网与其他系统的衔接

加强雨污管网与其他城市基础设施系统之间的衔接是确保城市安全、高效运行的重要措施。作为城市污水和雨水系统的重要构成，地下排水管网与给水、道路、防洪、电力、通信等系统紧密衔接。这种衔接涉及物理、设计、施工和维护等多个维度，共同确保城市功能的整合、服务韧性的增强、资源的优化利用和应急响应能力的提升。雨污管网与其他系统之间的衔接是一个多维度、多层次的过程，包括物理衔接、设计衔接、施工维护衔接以及信息共享和决策支持。通过跨部门合作，实现规划的同步化和系统操作的集成化，促进城市有效应对各种挑战，提高服务质量。

1）优化完善基础设施规划中的雨污管网布局

雨污管网的布局应与城市其他基础设施系统共同规划，实现空间上的合理配置。考虑道路规划的不确定性，排水管渠系统应优先布置在现状道路下或施工难度小的规划道路下，也可放在没有拆迁、施工难度小的近期规划道路下，避免日后在进行城市土地开发时因为设施间隔太近而发生互相干扰的情况，同时也方便日后管网的检修与维护。例如，污水处理厂和雨水收集区的位置应考虑到电力供应和再生水管网的配套设施，确保在紧急情况下能迅速切换资源，保障城市排水系统运行。并且当一个区域内的地下管网需要维修或升级时，相关的给水管、电缆和光纤网络也应按照协同工作的原则进行检查和必要的更新。

2）系统梳理与城市防洪排涝体系的衔接关系

城市防洪排涝和雨水管网在边界条件和设施建设方面存在衔接关系，雨水管网与防洪排涝设施需要紧密配合，形成有机整体。在边界条件方面，城市防洪排涝主要关注在大重现期暴雨条件下的城市安全，确保不产生内涝灾害。而雨水管网的设计边界条件则相对较小，主要关注在小重现期暴雨下，城市区域不产生严重积水。在设施建设方面，雨水管网负责收集、输送雨水，而防洪排涝设施则负责在超出雨水管网处理能力的情况下，进行额外的排水和防洪排涝工作。例如，在暴雨来临时，雨水首先通过雨水管网进行排放，当降雨量超过管网处理能力时，防洪排涝设施如排水泵站、蓄洪区等将发挥作用，确保城市不受内涝影响。防洪排涝设施的建设也需要与雨水管网相协调，确定联排联调措施，加强防洪排涝系统的堤防、闸门、泵站、排水管网和调蓄设施的优化。

3）系统梳理与城市环境保护的衔接关系

污水管网与城市环境保护之间有着密切的关系。通过污水管网的有效收集和处理，可以大大降低污染物排放量，保护生态环境。高水平的污水管网建设和运营，有助于提升城市污水处理效率和质量。通过加强对污水管网的科学维护和管理，可以确保其长期稳定运行，避免因管网破损、堵塞等问题导致的污水泄漏和环境污染。未来，污水管网的建设和管理也应更加注重环保和可持续发展，如在管网材料选择、施工工艺、污水处理技术等方面，都更加倾向于选择环保、节能、高效的方案。

4）实现信息共享与管理决策整合

雨污管网与其他系统的衔接不仅涉及物理和技术层面，还包括信息共享和管理决策。良好的信息交流机制确保各部门在规划、施工和应急响应中共享数据。雨水管网方面，城市防洪决策系统可利用多种信息优化雨污管网使用，预防和应对洪水风险；智能基础设施系统的引入可提高互动性和响应速度。污水管网方面，通过共享管网运行数据、污水水质信息、设备状态等数据，各部门和相关单位可以实时了解管网的运行状况，及时发现潜在问题，迅速采取应对措施，通过整合各部门决策意见避免决策冲突和资源浪费，提高运营效率。

加强雨污管网与其他系统之间的衔接是推进城市基础设施建设的重要环节。通过优化管网布局，确保排水系统的顺畅运行。通过构建信息共享平台，实现雨污管网数据的实时更新和共享，可以为管理者提供科学决策的依据，为城市的可持续发展提供有力支撑。

8.3.2　雨污管网新材料新技术开发

随着城市化进程的持续推进以及城市高质量发展的大势所趋，传统雨污管网材料、施工技术面临迫切的升级更新需求。新型雨污管网材料的研发和应用以及雨污管网施工新技术的发展已成为行业关注焦点。其中，雨污管网新材料应注重环保和可持续发展、提升管网性能、更新制造工艺、降低投资成本等方面；建设施工方面新技术旨在通过引入智能化施工技术、推广预制装配式施工技术、研发绿色施工技术以及加强施工监测与信息化管理等方法，解决传统施工模式导致的一系列问题。

1. 雨污管网新材料

1）更加注重环保和可持续发展

新型雨污管网将优先采用高分子复合材料、耐蚀合金等环保材料，具备良好的耐用性和耐腐蚀性；在材料研发阶段，加强耐久性测试，模拟恶劣环境下的材料表现，确保材料在实际应用中具有足够的稳定性；在材料生产过程中，也应注重环境友好，减少能源消耗和排放；在使用过程中避免对环境造成污染。同时，这些材料的废弃物可回收利用，有助于实现资源循环利用，符合未来城市绿色发展要求。

2）提升管网性能

新型雨污管网需能应对未来城市面临的挑战，能够适应各种复杂环境下的管道工程需求，为城市提供稳定、可靠的排水和污水处理服务，在材料选择上，应注重材料的耐用性、稳定性和可靠性，并且需要根据具体的工程需求和环境条件进行评估。例如，在地质条件复杂或外部载荷较大的地区，应选择具有优异抗外载能力的材料；在高温或高压环境下，耐高温和耐压性能较好的材料则更为适用。同时，要选择具有优良耐腐蚀性和耐久性的材料，可以确保管网长期稳定运行，减少维护和更换的成本。

3）制造工艺更加成熟

随着科技的不断进步，新型雨污管网材料的制造工艺也将更加成熟和智能化。利用预制技术和先进的生产设备，管网部件可以在工厂内高效预制完成，减少现场施工时间，提高施工效率，为城市基础设施建设带来更大的便利和效益。预制技术能显著提高施工效率，并且由于预制构件在工厂环境中生产，其制造精度和质量更有保障，能有效减少建筑垃圾和粉尘的产生，噪声也更小，从而可提供更加健康环保的施工环境。预制技术可通过标准化设计，可以使得不同部件之间具有更好的互换性和通用性，降低维护和更换的成本。而模块化设计则使得管网的建设更加灵活和便捷，可以根据实际需要进行快速组合和调整。

4）价格稳步降低

虽然新型材料管网的价格相对较高，但随着技术的不断成熟和成本的降低，其价格也将逐渐趋于合理。同时，由于其耐久性好、维护成本低等因素，整个管道系统的全生命周期成本将得到有效控制。从长远来看，新型雨污管网材料的应用将为城市基础设施建设带来更大的经济效益和社会效益。

2. 雨污管网施工新技术

1）智能化施工技术

在智能化施工技术方面，机器人等先进设备的引入将极大提升施工效率和准确性，它们可以执行高精度、高重复性的施工任务。此外，借助传感器、摄像头等设备，可以实时采集施工现场的温度、湿度、风速等环境数据，以及施工设备的运行状态、工作效率等数据，通过实时反馈的施工数据监测，结合大数据与人工智能技术的智能决策支持系统，可以实现施工方案的优化。

2）预制装配式施工技术

预制装配式施工技术通过工厂预制管网部件，实现模块化设计，可以简化施工流程，提高施工速度和质量。通过工厂预制管网部件，利用先进生产设备和技术对部件进行精确制造，避免现场施工中因环境、天气等因素导致的质量问题。同时，利用快速连接技术和自动化设备，可进一步提升装配效率，缩短施工周期。结合预制和现浇技术，可形成灵活多变的施工方案，更好适应各种复杂施工环境。

3）绿色施工技术

未来排水管网将采用环保材料和低排放设备，减少对环境的影响。注重使用可再生能源和节能措施，例如，太阳能和风能等可再生能源可以用于排水泵站的供电；推广应用高效节能的污水处理设备、智能化控制系统等节能型设备和技术，推动城市基础设施可持续发展。

4）施工信息化管理

通过引入传感器和监测设备，对施工过程进行实时监测，并通过建立信息化管理平台，实现对施工进度、质量、成本等各方面的全面监控和管理。大数据分析技术的应用，则有助于深入挖掘施工数据，为后续施工和管理提供有力支持。

未来，新型雨污管网材料将在城市基础设施建设中发挥越来越重要的作用，将以其环保、高效、智能的特点，为现代城市提供更加稳定、可靠的排水和污水处理服务，推动城市向着更加绿色、可持续的方向发展。而雨污管网施工新技术在资源消耗、成本效益、长期效益以及监测和维护方面都已表现出显著优势，通过智能化设备和自动化控制系统降低人力成本和材料消耗，提高施工效率和质量，从而减少了总体成本。同时，这些新技术的推广应用还将有效提升雨污管网功能，增强排水系统的稳定性和可靠性，为城市基础设施建设带来更大的经济效益和社会效益。

8.3.3 雨污管网建设与运营管理模式创新与实践

传统的雨污管网建设模式，如工程总承包（EPC）、政府和社会资本合作（PPP）以及施工总承包等，虽然各有其独特优势，但在实际操作中也日渐暴露出资金短缺、项目推进缓慢等问题。为了应对这些挑战，需要探索构建全新的雨污管网建设与运营管理模式，充分发挥各方优势，实现高效、可持续的雨污管网建设。

1）更加注重项目整体承包

雨污管网建设项目应尽量全过程一体化管理，由一家企业负责设计、采购、施工等环节，实现协同推进。项目整体承包商需要具备较强的项目整合能力，协调各个子系统、供应商和利益相关方，确保整个项目有序推进。项目整体承包模式下，高效的沟通与协作显得尤为关键。承包商需要与政府、社会资本、设计单位等多方保持紧密联系，及时传递信息，解决问题，确保整个项目按计划推进。这种模式有助于避免信息传递中的误差，提高项目执行效率。项目整体承包还降低了建设单位介入实施的难度，使整个建设过程更加顺畅和一致，确保项目的科学性和系统性。

项目整体承包作为新模式的关键组成部分，旨在通过整合资源、降低协同难度、提高执行效率，从而更好适应城市发展的需要。风险共担机制、技术创新引入、项目整合能力以及高效沟通与协作，共同构成项目整体承包在新模式中的重要角色。

2）资金来源更加灵活多元

传统的资金模式在工程总承包模式中往往受到地方政府资金实力的制约，而政府和社会资本合作模式虽然引入了社会资本，但仍然存在合作关系复杂、监管难度大等问题。在创新的雨污管网建设与运营管理模式中，将引入更为灵活的资金模式，以满足项目各阶段的资金需求。资金来源的多元化可提高财政资金的使用效率；通过社会资本投资、绿色金融等多元资金来源，项目不仅获得了更广泛的资金支持，还增强了项目的融资灵活性，降低了财政依赖风险。在资金模式中引入市场化运作理念，鼓励社会资本更加主动地参与项目；通过市场竞争机制，吸引更多社会资本进入雨污管网建设与运营领域，提高项目的资金实力和可持续性。

多元化资金来源、弹性的资金调配、高效的资金利用、市场化运作、风险共担机制和合理的回报机制共同构成了新模式下的资金体系，为雨污管网建设与运营提供了更为可行的路径。

3）推广风险共担机制

为了降低承包商的风险，新型模式应引入风险共担机制，政府和承包商共同承担项目风险。不仅包括工程本身的技术风险，还应考虑市场变化、自然灾害、政策法规变动等外部因素。通过全面的风险识别，双方能够在项目开始前就有清晰的风险认知。共担风险并不仅仅是分担责任，更包括双方共同制定并执行风险应对措施。例如，在项目实施中，双方可以建立及时的沟通机制，保持透明度，对风险变化能够快速做出反应，采取有效措施；及时沟通风险变化、项目进展情况，能够有效协助双方更好理解风险责任，共同应对挑战，避免因信息不对称而导致的问题，以降低损失，保障项目顺利进行。

风险共担机制作，不仅在理念上强调建设单位和承包商在项目中共同应对风险的责任，更在实践中通过明晰的合同和透明的沟通机制，确保风险的全面评估和合理分担。这一机制的引入，有助于构建更加公平、合作的建设模式，提高项目的整体韧性。

在新发展阶段，我国城市雨污管网建设将更加注重创新、高效和可持续。通过构建全新的建设与运营管理模式，整合各方资源，优化资金结构，降低风险压力，推动雨污管网建设的健康发展，为城市化发展提供强有力支撑。

8.3.4　政府管制与市场激励制度完善

近年来，传统的政府管制与市场激励制度在面对雨污管网建设的复杂性和多样性时，已经逐渐暴露出其局限性，为更好地适应现代城市发展需求，急需进行深入改革与完善。

1）统筹谋划雨污管网建设

雨污管网建设的顶层设计至关重要，地方政府应高度注重从全局视角出发，对系统建设的各方面、各层次、各种要素进行统筹考虑；综合考虑城市规划、环境保护、经济发展等多方面因素，制定科学合理的管网建设规划；制定科学系统的技术路径，通过优化设计方案、加强技术创新、推广智能化管理等手段，提高管网建设的整体水平和综合效益。

2）建立高效领导机制

高效的领导机制应通过明确的工作制度和组织结构实现，避免"领导小组"流于形式，确保其真正发挥协调推动作用。形成跨部门、跨层级、"一把手"负责的协同体系，可有效解决管网建设过程中面临的多方面、复杂性问题。领导小组成员来自各相关责任单位的"一把手"，负责限期解决问题，确保各项任务的迅速响应、有序展开；面临困难和挑战时，责任单位能够快速作出决策和行动，领导小组可提供迅速、高效支持，确保问题得到及时妥善的解决。高位推动机制将使雨污管网建设工作紧密结合城市实际，确保细节有效把控。

3）优化部门协同组织架构

地方政府应从建设、水务、城管、规划、财政等相关部门抽调业务骨干组成雨污管网建设管理办公室，确保各部门都有专业人员参与到建设过程中，形成一个跨部门、跨领域的综合性团队。这一机制能够使得各部门之间的沟通更加直接，协调更加高效。同时要求各相关职能部门明确内部各业务科室负责雨污管网项目的兼职联络专员，能够进一步确保沟通的及时性和精准性。通过建立以雨污管网建设管理办公室为主力、各部门协调支持的工作格局，实现项目的规划、审批、资金监管等环节的高效运作。

4）完善市场激励制度

可以通过引入社会资本等方式激发市场活力，吸引更多企业参与雨污管网建设。通过制定合理的回报机制和风险分担机制，激发企业投资热情，推动管网建设的快速发展；还可通过政策扶持、税收优惠等措施，降低投资成本，提高项目盈利性。

5）设置专职运维机构

地方政府在建设项目完成后应设立专职机构，负责雨污管网设施的长效运维管理，防止在工程建设结束后出现"重建设、轻管理"情况，确保排水设施得到科学合理的维护和管理，发挥长期效益。

6）建立绩效考核机制

为确保雨污管网建设工作在各个管理部门间的充分协同，地方政府应当确立奖惩分明的考核制度。通过规范性文件明确各部门责任，并将雨污管网建设工作纳入对各部门的绩效考核体系中，形成明确的考核机制；激励各部门全力推动雨污管网建设工作，避免权责不清导致的相互推诿，形成多部门协同推进雨污管网建设的合力。

通过深化改革、创新机制、激发市场活力等措施，完善政府管制与市场激励制度是推动雨污管网建设持续健康发展的关键所在，从而为城市的可持续发展提供有力支撑和保障。

8.4　小　　结

在美丽中国建设中，雨污管网是重要关键环节之一。面向未来，雨污管网建设事业任重而道远，应深刻理解和思考雨污排水管网发展过程中存在的问题和不足，充分反思并吸取经验教训，牢牢把握雨污管网未来的发展方向，结合创新思路和建议，共同推动雨污管网事业取得新发展。与此同时，广大水务事业工作者应进一步从雨污管网全生命周期出发，逐一分析研究各环节的理论、技术、应用和创新发展路径等问题，持续推动体制机制创新，强化产业统筹和运维管理，不断突破发展瓶颈，为雨污管网事业的高质量发展提供强有力支撑。

参 考 文 献

[1] 甘显峰, 张彦晶, 吴卫红. 地理信息系统在城市排水管理中的应用[J]. 中国市政工程, 2007(2): 48-49, 92.

[2] 祝君乔, 刘云, 蒋岚岚, 等. 基于物联网技术的排水综合管控信息系统[J]. 中国给水排水, 2015, 31(16): 26-29.

[3] 王圣杰, 侯荣夫, 崔英良, 等. 浅谈排水管网检测修复和信息化建设技术的应用[J]. 城市勘测, 2023(S1): 198-201.